高等教育"十三五"规划教材

U0818500

超硬材料

主　编　李尚升
副主编　胡美华　胡　强　宿太超

中国矿业大学出版社
· 徐州 ·

内 容 简 介

超硬材料是一种集多种极限性能于一体的材料，利用其超硬特性在机械加工、煤矿开采及地质勘探等工业领域发挥着重要作用。随着超硬材料合成技术的发展，其光学、电学、热学等性质方面的应用也越来越多。鉴于此，结合超硬材料技术的新发展编写了本教材。

本书系统阐述了以金刚石和立方氮化硼为代表的超硬材料的发展历史，应用领域，晶体结构，晶体性质，合成理论，合成设备，原辅材料，合成技术，提取检测及其微粉、聚晶的制备技术。超硬材料技术的新进展也体现在各相关章节中。

本书可作为高等学校材料科学与工程及相关专业的本科教材，也可供超硬材料行业相关人事人员及研究生阅读参考。

图书在版编目(CIP)数据

超硬材料/李尚升主编.—徐州：中国矿业大学出版社，2020.2

ISBN 978-7-5646-3956-3

Ⅰ.①超… Ⅱ.①李… Ⅲ.①超硬材料 Ⅳ.①TB39

中国版本图书馆 CIP 数据核字(2018)第 071997 号

书　　名　超硬材料
主　　编　李尚升
责任编辑　杨　洋
出版发行　中国矿业大学出版社有限责任公司
（江苏省徐州市解放南路　邮编 221008）
营销热线　(0516)83885370　83884103
出版服务　(0516)83995789　83884920
网　　址　http://www.cumtp.com　**E-mail**:cumtpvip@cumtp.com
印　　刷　江苏淮阴新华印务有限公司
开　　本　787 mm×1092 mm　1/16　**印张** 13.5　**字数** 345 千字
版次印次　2020 年 2 月第 1 版　2020 年 2 月第 1 次印刷
定　　价　29.50 元

（图书出现印装质量问题，本社负责调换）

前　言

材料、能源、信息是现代社会发展的三大支柱，其中材料是基础，材料的发展能够促进其他行业的发展。晶体材料金刚石、立方氮化硼及其制品发展初期被利用的主要是其超硬特性，故被称为超硬材料。超硬材料集诸多优异性能于一体，除已将其超硬特性应用于传统的机械加工行业外，其光学、热学、电学等功能特性正被广泛应用于工业、科技、国防等领域。

自从20世纪60年代超硬材料实现产业化以来，现代化工业发展的需求促进其迅猛发展。目前我国超硬材料产量占世界总产量80%以上，已成为超硬材料生产大国。“十二五”期间超硬材料向着拓宽功能方向发展，一些新技术、新产品应运而生。诸如宝石级金刚石大单晶高压合成技术的产业化，大尺寸金刚石聚晶复合片技术已达世界先进水平，纳米聚晶金刚石、纳米孪晶金刚石和非晶态(玻璃态)金刚石的成功制备等。

本书编者长期从事超硬材料相关的教学与科学研究工作。在编写本书过程中，编者利用自己在超硬材料方面所积累的丰富经验，按照理论与实践相结合的原则，既注重知识结构和理论体系的系统性、连贯性、完整性，同时兼顾技术方面的针对性、实用性、新颖性。因此，本书可以作为高等学校相关专业的本科教材，也可以作为超硬材料行业技术人员及研究生的参考书。

本书系统地阐述了以金刚石和立方氮化硼为代表的超硬材料的发展历史，应用领域，晶体结构，晶体性质，合成理论，合成设备，原辅材料，合成技术，提取检测及其微粉、聚晶的制备，最后介绍了其他新型超硬材料的技术与发展。在内容的选择和篇幅安排上，力求全面、简洁、准确地概括描述整个超硬材料领域理论与实践全貌，反映超硬材料行业科研与生产目前达到的技术水平及其新发展。

本书主编为河南理工大学李尚升，副主编为胡美华、胡强、宿太超，王军凯、常玉凯、边华英(河南建筑材料研究设计院有限责任公司)等参与编写，李小瑞(焦作市第二十五中学)负责校对。各章节编写分工如下：第1章和第6章6.1节至6.3节由李尚升编写；第2章的2.1节由边华英编写；第2章2.2节、第3章、第6章的6.4节、第9章的9.8节、第10章由胡美华编写；第4章由宿太超编写；第5章由王军凯编写；第7章由常玉凯编写；第8章和第9章的9.1～9.7节由胡强编写。全书由李尚升统稿。本书编写前期的资料收集整理工作由硕士研究生于昆鹏、王健康、韩飞、王君卓、郭明明、高广进、尤悦、聂媛完成。

本书的出版得到了河南理工大学材料科学与工程学院和中国矿业大学出版社的大力支持。衷心感谢吉林大学超硬材料国家重点实验室贾晓鹏、马红安教授的长期指导和帮助；感谢超硬材料业界同仁针对本书技术方面内容提出的宝贵意见。另外，本书引用了一些单位和专家的资料和成果，在此表示谢意。

超硬材料涉及多个学科且应用领域十分广阔，基于编者学识水平有限，书中不当之处在所难免，衷心希望行业同仁和各位读者不吝赐教。

编者

2020 年 1 月

目　录

第1章 绪　论

1.1　超硬材料简介

超硬材料主要是指金刚石和立方氮化硼以及利用二者微粉所制备的聚晶复合片。金刚石是目前世界上已知的最硬的物质，立方氮化硼的硬度仅次于金刚石。金刚石和立方氮化硼的硬度都远高于其他材料，诸如磨具材料刚玉、碳化硅以及刀具材料硬质合金、高速钢等，这就是超硬材料名称的由来。

超硬材料适于用来制造硬质材料，与其他材料相比具有无可比拟的优越性，占有不可替代的重要地位，正因为如此，超硬材料在工业中获得了广泛应用。超硬材料在光学、电学、热学方面具有一些特殊性能，还是一种重要的功能材料，引起了学者们的高度重视，这方面的性能和用途正不断得到研究开发。

1.2　超硬材料发展史

1.2.1　金刚石

1.2.1.1　天然金刚石

金刚石又名钻石，早期的拉丁文名为 adamas，与中文“金刚石”同义，原意是无敌的、不可征服的。宝石级金刚石晶莹剔透，显现特有的金刚光泽，闪闪发光，灿烂夺目。自古以来，金刚石就被当作珍贵的纪念品和美丽的装饰品，制成钻戒、胸饰以及王冠上的明珠，作为社会地位、富贵和荣誉的象征。

1.2.1.1.1　*矿藏与成因*

天然金刚石有原生矿和外生矿（砂矿）两种，此处仅介绍原生矿。世界上的金刚石矿藏绝大部分在非洲。储量最多的是刚果，达 5 亿 ct（克拉），约占全世界总储量的一半。其次是南非、坦桑尼亚等国。此外，南美洲的巴西，亚洲的印度、中国等国家也有金刚石资源。

已发现的 500 ct 以上的钻石有 13 颗，大多数产于南非和巴西。最大一颗原石重达 3 106 ct（1 ct＝0.2 g），尺寸为 100 mm×65 mm×50 mm，于 1905 年发现于南非。我国的金刚石产地为山东省、湖南省、贵州省、辽宁省等省。1977 年 12 月 21 日在山东临沭县常林村发现了一颗巨钻，重 158.9 ct，淡黄色，光彩夺目，被视为国宝，命名为“常林钻石”。1982 年在同一地区又发现了一颗 90 多克拉的巨钻。

天然金刚石原生矿主要产于金伯利岩筒中，这种岩筒是地壳的裂隙，向下可能与地幔相通。岩筒中的金伯利岩是金刚石矿床的母岩。天然金刚石的成因目前尚未定论，一种较为普通的看法：天然金刚石是在地壳深处的超基性岩浆中结晶形成的，深度为地表下 100～

300 km,最适宜的结晶条件为 5～7 GPa 和 1 200～1 800 ℃。早在火山爆发以前,金刚石就已经在深部岩浆中析出,并成为金伯利岩、橄榄岩等超基性岩的组成部分。随着火山爆发,金伯利岩浆将金刚石晶体携带至地表。

1.2.1.1.2　选矿、分级与加工

天然金刚石矿含量不高,提取困难,需经过破碎、提纯与分选等一系列工序,才能从几吨矿石中提炼出 1 ct 纯金刚石。原生矿最低开采品位为 0.1～3 ct/t。砂矿最低开采品位为 0.1～0.2 ct/m^3。

(1) 选矿

天然金刚石原生矿的选矿流程为:原生矿→破碎解离→重介质粗选→精选提纯。首先要经过多段破碎、磨碎、筛分,从矿石中先将金刚石解离出来,接着采用重介质选矿法进行初选,初选后得到金刚石和重矿物的混合物,然后根据金刚石与这些伴生矿物性质上的各种差异进行精选提纯。精选方法有很多,例如:

① X 光电选矿法——基于金刚石在 X 光照射下发荧光,使用 X 光分选机将荧光变成电流并放大,成为控制执行机构的信号。

② 油选法和表面泡沫浮选法——基于金刚石亲油和疏水的表面特性,将金刚石与亲水而疏油的矿物分开。

③ 磁选法和电选法——基于金刚石的非磁性和电绝缘性,使之与磁性矿或导电矿分离。

④ 化学处理法等。

总之,要根据具体矿物性质综合利用多种方法进行精选。

(2) 分级与加工

经过粗选、精选得到的纯金刚石还需要进行分级和加工。De Beers 公司天然金刚石分级流程如图 1-1 所示。

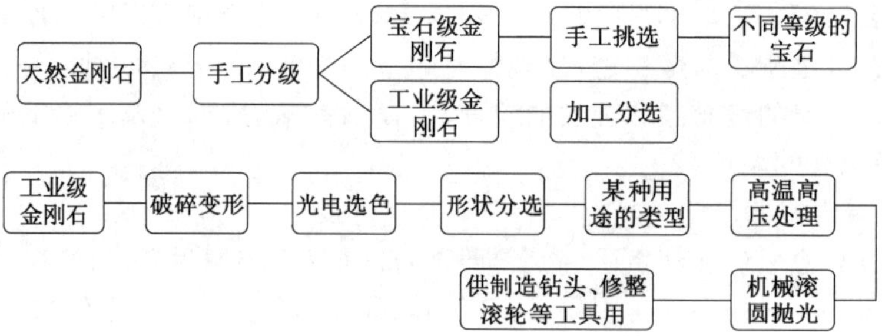

图 1-1　天然金刚石分级流程

在天然金刚石中,可作为首饰的宝石级金刚石占 1/3～1/4,其余较细碎的为工业级。宝石级金刚石挑选分级的标准一般参照 De Beers 公司提出的“4C”指标,即 carat(克拉,克拉数表示颗粒大小)、colour(色泽)、cutting(切磨形状及完整性)、clarity(纯净度,即澄澈透明程度,表示内部瑕疵、包裹体及裂隙等缺陷)。

1.2.1.2　人造金刚石

18 世纪,从英国化学家坦南特(S. Tennant)开始,人们得知金刚石是碳的一种结晶形态，与石墨同为碳的同素异形体。而且，既然金刚石比其他形态的碳具有更大的密度，那么就可以设想，压力能够促使其他形态的碳转变为金刚石。于是在那之后的一个半世纪中，先后有许多学者进行各种各样的实验，试图人工制造金刚石。由于当时缺乏足够的理论知识和合适的高压设备，上述实验无异于在黑暗中摸索，结果都失败了。

直到20世纪中叶，近代科学知识奠定了合成金刚石的理论基础，高压装置的诞生和不断完善又为之提供了必要的手段。在这两个前提条件下，学者们开始了有实际意义地利用高压、高温技术研制金刚石的工作。从1940年起，这项工作同时在下述两个方面取得了进展：① 理论方面，以罗辛(Rossini)计算1 200 ℃以下石墨-金刚石平衡曲线为开端，合成金刚石所需要的压力、温度条件逐渐趋于明朗；② 设备方面，在布丽吉曼(P. W. Bridgiman)对顶砧的基础上，经过邦迪(F. P. Bundy)、霍尔(H. T. Hall)等的相继努力，于1953年成功设计了年轮式(Belt)两面顶超高压装置。在这些进展的基础上，终于在1954年12月16日，美国的物理化学家霍尔成功试制了人工金刚石，并于1955年第一次发表了可重复合成金刚石的报道，当时是利用了Belt式装置，在石墨中添加含铁物质(陨硫铁)，首先合成了金刚石。1960年，瑞典ASEA公司的利亚德(Liander)和伦德布兰特(Lundblad)宣称他们早在1953年就已经在六面顶压机上使用石墨和金属碳化物成功地合成了金刚石，不过当时未予公布。

天然金刚石矿藏稀少，开采困难，价格昂贵，不能满足不断增长的工业需求。因此，人造金刚石一经问世便在科学研究和工业生产中得到迅速发展。

自1954年研制成功之后，关于采用静压触媒法合成金刚石的研究不断取得重大进展。

1961年，德卡利(Decarli)与贾米森(Jamieson)在30 GPa冲击压力下第一次用爆炸法成功合成金刚石。

1962年，邦迪在3 000～4 000 K和12 GPa以上的静压条件下实现了将不用触媒的石墨直接转变为金刚石，并测定了金刚石、石墨与液相碳的三相点为4 100 K、12.5 GPa。

1956年，杜邦(Dupont)在德卡利等的基础上研究成功爆炸合成金刚石的冲击-猝灭法，并投入工业生产。同年，霍尔研制成功Mega型金刚石粉末烧结体(聚晶)。

1970年，温托夫(Wentorf)成功获得人工生长宝石级大颗粒金刚石晶，尺寸约为6 mm，质量为1 ct。

1972年，美国Compax型烧结体投产，开辟了制造聚晶复合体的新途径。

20世纪80年代以后，人造金刚石薄膜的研究掀起了热潮。超硬材料薄膜被称为21世纪新材料。

1.2.1.3 金刚石工业发展历程

世界工业金刚石耗用量随着人造金刚石产量的增长而增长。20世纪70年代以前，平均每年递增9.6%，而同时期世界工业增长的总平均速率为4%，目前仍保持5%～6%的增长率，而这期间普通磨料没有增长反而稍有下降。尽管就重量而言金刚石远比不上普通磨料，但按产值计算，美国、日本、英国等工业发达国家都已经超过普通磨料的总和。例如苏联，1980年在整个切削加工工具中超硬材料产值占28%(金刚石占20%，立方氮化硼占8%)，而普通磨具只占15%。

人造金刚石在工业应用领域的发展史可以划分为五个阶段：

① 20世纪50年代，是研制和初建工业阶段，在美国开始小规模生产。

② 20 世纪 60 年代，是产业化阶段。工业生产初具规模，但是由于专利权的限制，工业生产控制在少数国家和垄断企业手中。这期间，金刚石主要用来制作磨具，在磨削加工中起补充作用。用于硬脆材料的高精度和低粗糙度加工。

③ 20 世纪 70 年代，金刚石磨具迅速发展，同时，金刚石的应用范围扩展到钻探工具和切削工具。

在磨具方面，金刚石磨削由精磨扩展到粗磨、成型磨、强力磨领域。超硬磨料（金刚石和立方氮化硼）取代普通磨料（碳化硅和刚玉），成为世界上磨料磨具行业发展的大趋势，此即“A→B、C→D”进展（A 为 alumina，刚玉；B 为 borazon，立方氮化硼；C 为 carborundm，碳化硅；D 为 diamond，金刚石）。这种进展从磨料制造角度来看，可以节省能源，改善劳动条件，防止环境污染，并且便于实现生产过程的自动化；从使用效果来看，可以提高磨削加工的质量和效率以及磨具使用寿命。

在钻探工具方面，金刚石聚晶（包括聚晶烧结体和聚晶复合体）制成的地质钻头和石油钻头取代硬质合金钻头，不但可以钻透钢粒钻难以钻进的最硬岩层，而且钻速快，可提高 1～2 倍，井孔正直，还可以实现小口径钻进，因而金刚石钻头成为发展方向。金刚石聚晶刀具从 20 世纪 70 年代开始被使用，代替硬质合金刀具，在加工硬而脆的合金钢之类难加工材料方面表现出无与伦比的优异性能。随后出现的立方氮化硼聚晶刀具，在加工硬而韧合金钢之类难加工材料方面，同样取得巨大成功，因而成为 21 世纪先进数控机床和柔性加工系统所必需的大有发展前途的新型加工工具。

④ 20 世纪 80 年代，金刚石锯切工具发展较快，成为与金刚石磨具和钻探工具并列的用量最大的三大类金刚石工具之一。金刚石锯切工具主要用于天然和人造石材加工，此外还用于高速公路、机场跑道及混凝土建筑构件的锯切加工。

⑤ 20 世纪 90 年代，无论是超硬材料单晶和聚晶，还是超硬材料工具，都进入向着高质量、低成本、多品种、专用化、系列化全面大发展的新阶段。在此期间，石材加工工具迅速发展，其金刚石耗用量超过了磨具，上升到第一位。在我国开发应用的各类金刚石工具中，石材矿山开采、板材锯切和表面磨抛加工用金刚石工具，成为用量最大的一类，约占整体的 50%。目前国内外超硬材料（含金刚石和立方氮化硼）中各类工具的构成比按照数量的排列顺序为：磨具及其修整工具（约 30%）、锯切工具（约 30%）、切削刀具（约 15%）、钻探工具（约 15%）、其他工具（约 10%）。

进入 21 世纪之后，金刚石在功能材料方面的应用越来越受到重视，研究重点是金刚石半导体功能材料，尤其是可用在宝石级或功能材料方面的金刚石大单晶。

1.2.2 立方氮化硼

自人造金刚石问世后不久又出现了另一种人造超硬材料——立方氮化硼。它是由物理化学家温托夫（R. H. Wentorf）利用类似于合成金刚石的高压、高温技术于 1957 年研制成功的。尚未发现天然立方氮化硼矿藏，其完全由人类创造。

超硬材料正在向着高质量、多品种、专用化的方向发展，继续向前发展的主要途径包括：

① 单晶合成——采用不同原料（不同成分和形态的石墨和触媒合金），不同的高压、高温合成设备（两面顶、六面顶）和不同工艺合成不同的单晶产品。

② 单晶分选——合成的单晶产品，按照颗粒形状、粒度、堆积密度、杂质含量以及强度、韧度、耐热性等性能指标的不同进行分选，从而分为不同的单晶品种。

③ 表面镀覆——经过分选的不同品种的单晶，利用化学镀、电镀、真空镀等表面镀覆方法，在其晶粒表面镀覆不同种类、厚度的金属镀层(单金属或合金，单层或多层)，使之成为具有不同性能和用途的金刚石或立方氮化硼品种。

④ 聚晶制造——利用金刚石单晶粉或石墨粉以及适当的金属粉和非金属粉等原材料，按照适当的配合比，采用相应的工艺(高压、高温烧结法或直接生长法)，制造具有不同的形状、规格、性能和用途的聚晶。例如，常见柱状、块状和复合片状聚晶，分别用来制造地质钻头、拉丝模、石油钻头、切削刀具等各种工具。

⑤ 薄膜生长——采用低压条件下的各种气相沉积生长法制造具有特殊性能和较大尺寸的金刚石薄膜或类金刚石薄膜，从而开辟制造金刚石的新途径和新的应用领域。超硬材料金刚石和立方氮化硼具有广阔的发展前景。

除用作磨具以外，非磨削使用的超硬材料占很大比例(已经超 50%)。随着高品级金刚石和聚晶烧结体制造技术的日益完善，制造成本不断降低。金刚石切削刀具、钻探工具、锯切工具等各类工具的应用范围日益广泛。超硬材料的耗用量成为其工业发展水平的一个重要标志。超硬与超强、超精等新材料、新技术的发展互相适应，互相配合，形成现代科学技术发展的新潮流。

由于金刚石具有特殊的光学、热学、电磁学性能，其在科学技术中的应用还有很大的潜在可能性。世界上最先研制出金刚石的是通用电气公司，而不是磨料公司，这并非偶然，因为该公司本来就一直进行着金刚石的特殊物理性能研究，目前仍然致力于大单晶金刚石以及金刚石薄膜的研究和开发。大单晶和金刚石薄膜被誉为 21 世纪新材料。

1.3 超硬材料的工业应用

1.3.1 金刚石的工业应用

1.3.1.1 工业金刚石制品种类

① 磨具——包括固结磨具、涂覆磨具和松散磨具，如砂轮、砂瓦、珩磨磨石、异型磨头、金刚石砂带、精磨丸片、研磨膏等。

② 锯切工具——分为两类：一类是锯切花岗岩、大理石、混凝土用的圆锯、带锯、排锯、绳锯等；另一类是切割金属及半导体材料的内圆切割片和外圆切割片。

③ 钻探工具——包括地质、石油、煤炭、冶金等勘探和开采用的钻头、扩孔器以及建筑工程套钻。

④ 切削刀具——金刚石聚晶复合片或天然大单晶可制成车刀、镗刀、铣刀，用来精加工汽车、飞机及精密机械上的非铁金属零件及塑料、陶瓷之类的非金属材料。

⑤ 修整工具——成型修整滚轮、修整笔、修整块。

⑥ 拉丝模具——金刚石聚晶制成拉丝模，拉制电线、灯丝、筛网丝等各种金属细丝。

⑦ 其他工具——划线刀、玻璃刀、雕刻刀、套料刀、什锦锉、量具测头、轴承、唱针、金刚石手术刀等。

⑧ 特殊仪器元件——硬度计压头、表面粗糙度仪测头、高压腔压砧、内燃机喷嘴、大功率三极管、红外窗口、微波器、激光器、电阻温度计、大规模集成电路中的金刚石散热元件等。

1.3.1.2 金刚石工具适宜加工的材料

(1) 硬质合金

金刚石对硬质合金的磨削能力是 SiC 的万倍。金刚石砂轮是磨削硬质合金的特效工具,刃磨出的硬质合金车刀,可以避免用 SiC 加工时产生裂纹、崩口,从而延长刀具寿命。一些特殊类型的金刚石还可用以加工钢结硬质合金。

(2) 硬而脆的非金属材料

金刚石工具在加工光学玻璃、高铝陶瓷、石材、宝石、半导体材料时表现出无可比拟的优越性。

以上两类材料属于硬而脆的材料,是金刚石工具加工的主要对象,使用普通工具难以加工或者根本无法加工。对于硬而脆的材料,除了在某些特殊情况下采用电化学方法和激光方法进行加工外,利用金刚石工具加工是普遍使用的经济、有效的方法。

(3) 铜、铝等有色金属及其合金以及橡胶、树脂类软韧材料

金刚石车刀加工铜、铝等非铁金属及其合金时,镜面光洁,加工精度可达 0.55 μm。金刚石刀具车高硅铝合金时,耐用度是硬质合金的 50 倍,车镗巴氏合金时耐用度是硬质合金的 100 多倍。金刚石聚晶拉丝模拉制铝镁合金,耐用度是硬质合金拉丝模的 200 倍。对于这些软韧材料,用普通工具也可以加工,但使用金刚石工具加工可以大幅度提高加工质量和生产效率,不仅因为金刚石硬度高,还因为金刚石与这些材料之间的摩擦系数低、加工时发热少。

由于金刚石在磨削高温下能与 Fe、Co、Ni、Cr、V 等过渡金属元素发生化学反应,出现粘刀现象,使用寿命缩短,加工质量下降。因此,金刚石工具一般不适用于加工钢材,包括普通钢和各种韧性合金钢。

1.3.1.3 金刚石工业应用领域

(1) 机械加工工业

金刚石磨具是磨削硬质合金的特效工具,其最大的成功是利用树脂结合剂金刚石砂轮刃磨硬质合金刀具,包括车刀、铣刀、拉刀、铰刀、滚刀、钻头的刃磨,推动了刀具硬质合金化的发展。同时,其还适用于磨削硬质合金量具、模具、夹具以及其他硬质合金工件。

刃磨硬质合金车刀时,每磨除 1 g 金属要消耗 SiC 磨料 4～15 g,而消耗金刚石仅 2～4 mg。金刚石砂轮磨削硬质合金比普通砂轮磨削高 1 000 倍,成本降低 10%以上。金刚石砂轮刃磨硬质合金刀具可以避免用碳化硅砂轮加工时容易产生的裂纹、锯口等缺陷,加工出的刀具粗糙度和精度高,刀具寿命可延长 50%～100%,还可以省掉刃磨后的抛光工序。生产效率可提高数倍。

在汽车制造工业中,用金刚石磨具取代普通磨具获得了明显的效果。用金刚石磨石珩磨汽车发动机汽缸时,一块金刚石磨石相当于 300 块碳化硅油石;加工表面粗糙度(Ra)由 0.8～0.4 μm 提高到 0.2～0.1 μm,汽缸椭圆度和锥度从 0.03 mm 减小到 0.015～0.02 mm。

金刚石磨具磨削合金工具钢时比普通砂轮时的磨削比提高 10 倍以上,成本下降 10%,还避免了用普通砂轮加工容易引起的烧伤现象。

(2) 电子电气工业

硬而脆的贵重半导体材料,如硅、锗、砷化镓、磷化镓等,若要制成小片状半导体器件,需要经过切割和研磨加工。使用钢丝锯切割效果不佳,切口损耗大,激光切割尚未进入实用阶

段，因此目前最适合的方法是用金刚石切割锯片加工。用金刚石研磨膏抛光半导体材料，不但效率高，而且可达到最高一级表面粗糙度(0.006 μm)。

金刚石拉丝模可以拉制电子电气工业用的超细金属丝导线，精度可达1～2 μm，比硬质合金拉丝模的寿命长200多倍。

电气工业中使用的夹布胶木和环氧树脂纤维板等非均质绝缘材料，用金刚石薄片砂轮加工，废品少、效率高、成本低，解决了用其他工具切割时存在的烧伤、表面粗糙度低、尺寸不准、废品多、效率低等问题。

在加工硬脆的铁氧体磁性以及高硬度的电绝缘陶瓷材料方面，金刚石工具同样是最有效的工具，例如可加工含刚玉35%的高压电瓷(用SiC也很难加工)。

(3) 光学玻璃和宝石加工业

以前利用碳化硅加工光学玻璃，效率低，劳动条件差，现在已全部采用金刚石磨具加工，包括下料、套料、切割、铣磨、磨边以及凸凹曲面的精磨，综合生产效率提高10倍。随着金刚石成本的降低，除了光学和精密玻璃器件以外，许多本来可以用普通磨料加工的一般性玻璃制品(汽车车窗玻璃等)，现在也都采用金刚石加工。在加工宝石、玛瑙、玉器等方面的应用，也具有类似的效果。

(4) 钻探与开采工业

在石油、煤炭、冶金、地质勘探等钻探和开采领域，广泛使用金刚石钻头。由于其硬度高、耐用，不但能钻进最硬的岩层，而且起钻次数少，钻进快，进斜小，可小口径钻进，降低劳动强度，节约钢材，比用硬质合金钻头的总成本低。

(5) 建筑与建材工业

在对大理石、花岗岩、人造铸石、混凝土等建筑材料的切割加工和磨削加工中，广泛使用金刚石工具，例如大型圆锯和排锯，中等切边锯片，小规格的干、湿切割片以及金刚石绳锯等。此外还有金刚石磨轮和磨边轮，用于板材磨面和磨边。

在石材开采、锯切、磨光及现场施工过程中，石材加工效率随着这些新型金刚石工具的应用而得到成倍提高。

在涂覆磨具方面，金刚石砂带以尼龙为基体，金属切除量比普通砂带的高100倍。

(6) 在功能材料方面的应用

① 光学：人造金刚石可用作激光光学元件，这主要得益于金刚石具有优异的光学、热学和力学性能。

② 热学：金刚石热沉材料最先用在电信行业中敏感电子元件上。

③ 辐射探测器：金刚石可满足苛刻辐射探测应用，用其所制备的系列电子级CVD金刚石产品可用于高能物理、医疗放射剂量的检测、地球物理勘探等领域。

④ 传感器：人造金刚石的极端特性，特别是硬度、耐磨性和化学惰性，都可以用在传感器上。对金刚石进行硼掺杂使其具有导电性，这种金刚石与流体接触，可测量流体中的化学杂质。因而金刚石传感器是一种电化学传感器，还可以作为污染物的探测器。

⑤ 量子：在量子应用中，人造金刚石作为杂质的宿主，扮演固态原子陷阱的角色。这些杂质(如氮空位缺陷)的量子特性可被单独操控，也可以相互影响，而且可以从这些杂质中所发出的光子读取它们的量子信息。在量子计算中，人造金刚石可以用作量子位元或量子位。

⑥ 半导体：金刚石与硅类似，可通过添加硼、磷、硫等杂质元素使其具有p型或n型半

导体特性。掺硼 p 型半导体材料已经获得应用,但是 n 型半导体材料因为磷、硫等原子的半径比碳的大而难以掺入,使得其 n 型半导体材料不理想,难以获得应用。因此,n 型半导体材料成为业界关注的研究热点。

1.3.1.4 金刚石磨具磨削加工的特点

由于金刚石硬度极高、研磨能力强、磨削力小和磨削热少,所以金刚石磨削加工质量好、效率高、磨耗小、寿命长。金刚石磨削的特点可以概括为以下几个方面:

(1) 磨削力小而稳定

在使用金刚石磨具时,磨削力远小于普通磨具。金刚石树脂砂轮磨削硬质合金时的工作压力仅相当于普通砂轮磨削力的 1/4～1/5。这首先有利于减少机床动力消耗和减弱磨削振动,磨削系统(工件、机床、砂轮主轴)形变小,有利于砂轮表面状态保持稳定。这样就可以减少工件的形位和尺寸公差,提高加工精度和表面粗糙度。其次,由于磨削力小,被加工表面残留应力小,应力层薄,有利于防止工件产生崩口和裂纹。

(2) 磨削热少

由于金刚石磨削力小,而且与许多被加工材料之间的摩擦系数很小,因此磨削发热少。同时,导热性好,散热快,导热率比 SiC 的高 8～9 倍,因此磨削区温度低于其他磨具的。当进给量为 0.2 mm,用 SiC 磨具磨削硬质合金时,温度达 1 100～1 200 ℃。而用金刚石树脂砂轮,磨削温度只有 400 ℃。当进给量为 0.01 mm 时,温度只有 200 ℃。金刚石磨具可以实现无火花磨削,避免工件烧伤、退火变软等组织和性能的改变,从而保证了工件表面质量,延长了工件使用寿命,同时也有利于延长砂轮寿命。

(3) 磨削比高

金刚石磨料研磨能力很高,金刚石磨具磨削比可以做得很高,磨耗很小,使用寿命很长,有“半永久性”磨具之称,一般可连续使用数月至三五年。在加工过程中减少了修整和更换砂轮的次数,节约工时,因此效率高,磨削费用低,而且方便操作,改善了劳动条件。

金刚石砂轮与碳化硅砂轮磨削效果对比见表 1-1,被加工件为长 33 mm、直径 9.5 mm 的硬质合金铰刀。

表 1-1 金刚石砂轮与碳化硅砂轮的磨削效果

序号	碳化硅砂轮	金刚石砂轮
1	磨外圆、开口直径变化量为 0.02 mm	磨外圆、开口直径变化量为 0.005 mm
2	刃口有小锯口	刃口无小锯口
3	刀具表面粗糙度(Ra)小于 0.4 μm	刀具表面粗糙度(Ra)小于 0.2 μm
4	磨外圆、开口废品率≥20%	磨外圆、开口废品率≥0.5%
5	每只开口工时 2 h	每只开口工时 1 h
6	磨外圆粗磨、精磨各需 24 h	一次磨成共需 24 min
7	磨外圆消耗砂轮 2 片/d 和人民币 10 元	每月消耗 5 元
8	操作时尺寸不易掌握	尺寸易掌握
9	粉尘太多,有害健康	粉尘很少
10	每把刀具加工周期为 13.5 h	每把刀具加工周期为 3.2 h

1.3.2 立方氮化硼的工业应用

立方氮化硼(以下简称 cBN)是继人造金刚石之后由温托夫采用类似合成金刚石的静压触媒法于 1957 年制造成功的一种新型人造超硬材料(不存在天然立方氮化硼)。自 20 世纪 60 年代末镀金属的 cBN-Ⅱ型产品问世之后,各国开始广泛使用。我国于 1967 年合成出样品,1975 年开始工业生产。

立方氮化硼的发展历程同人造金刚石一样,在有了低强度、细粒度的产品之后,进一步向高强度、粗粒度、多品种、专用化方向发展。

cBN 的两个主要用途:一是制造磨具,二是制造聚晶复合片(用作刀具材料)。

cBN 的硬度仅次于金刚石,而热稳定性远高于金刚石,对铁系金属元素有较强的化学惰性。因此,cBN 加工黑色金属材料有独到之处,为硬而韧的难加工钢材提供了新的加工工具。金刚石适用于加工的材料和 cBN 适用于加工的材料可以互相补充。近年来 cBN 得到了很快发展,年产量递增率达 15%～20%,为金刚石的 2 倍。cBN 与金刚石、刚玉、碳化硅并称为磨料四大品种。国内已经研制出相当于 GE 公司的 cBN 500 型高品级产品,同时发展了表面镀金属品种,分选出了适用于研磨抛光黑色金属和有色金属的 cBN 微粉,并研制出了聚晶复合片车刀。cBN 目前主要用于加工工具钢(包括高速钢、模具钢)、轴承钢、不锈钢、镍基合金以及冷硬铸铁。在这些加工领域,cBN 代替刚玉,取得了良好的技术经济效益。特别是在加工 HRC50 以上的硬质合金钢时,cBN 比刚玉锋利,比金刚石性能稳定,具有一系列优越性。

(1) cBN 砂轮耐用度很高。磨削比可达 3 500～5 500,比刚玉砂轮高百倍,比金刚石砂轮高 3～5 倍。

(2) cBN 砂轮比刚玉砂轮加工磨削力小,磨削热也少,加工工件应力小,应力层薄,表面粗糙度和精度高,不产生烧伤、裂纹和退火变软现象,加工的工件耐用度可提高 30%～50%。

(3) 磨具形状保持性好,修整更换次数减少,从而缩短了总的加工时间,有利于实现在自动线上加工,保证被加工工件的精度。

(4) cBN 聚晶复合片刀具有"红硬性",可用于高速干切削。高速切削产生的高温软化了被加工材质,改善了其可加工性。在加工镍基合金时,cBN 车刀的寿命比硬质合金车刀的长上百倍。

1.4 超硬材料合成方法综述

1.4.1 金刚石合成方法

自人工合成第一颗金刚石至今,金刚石合成方法越来越多,也越来越完善。根据图 1-2 所示碳的相图中金刚石合成的区域,金刚石合成方法可以分为静压法、动压法、低压法;从生长机理来分,金刚石合成方法可以分为熔媒法、直接法、外延法。目前静压法和爆炸法是国内外合成金刚石广泛使用的方法。

1.4.1.1 静压法

静压法,全称静态超高压、高温合成法,利用高温、高压设备使石墨转换成金刚石。静压

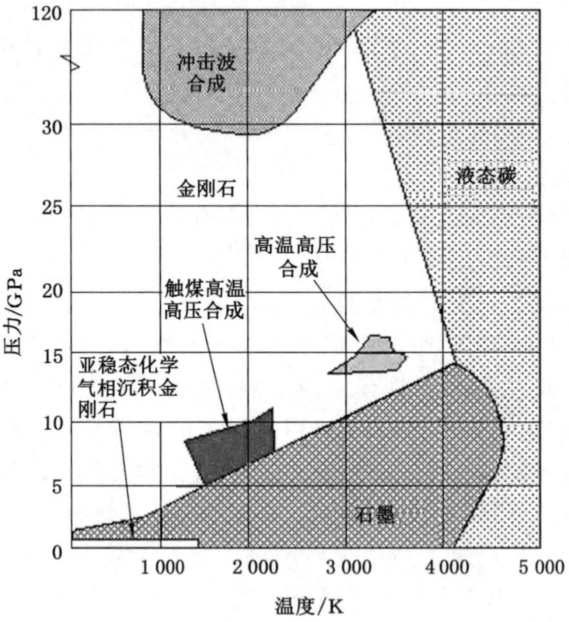

图 1-2　碳的相图

法对保温、保压时间可控。按照有无触媒参与反应，静压法又可分为静压触媒法和静压直接转变法。其中静压触媒法是现代化工业生产中使用最普遍的方法。

(1) 静压触媒法

静压触媒法是指在超高温、高压下，通过加入金属触媒，降低石墨向金刚石转化过程中在温度和压力上的难度，从而合成金刚石。这种方法使用液压机设备通过传压介质加压去挤压试块获得超高压，利用大电流使发热体产生高温。液压机按照超高压模具的种类分成两面顶压机、四面顶压机、六面顶压机，国内经常使用的是六面顶压机。常用的静压触媒法有膜生长法和温度梯度法。

① 膜生长法。膜生长法是指使用高温、高压设备，将石墨溶于粉末状金属触媒中，当浓度过饱和时，溶解度较低的金刚石相会透过金属触媒膜析出，在晶种上不断沉积生长，如图 1-3 所示。由于合成尺寸比较小，膜生长法一般用于工业级金刚石的生产。采用这种方法将石墨转变为金刚石的温度条件为 1 300～1 450 ℃，压力条件为 5.0～5.5 GPa，合成所用时间大约为 12 min。

② 温度梯度法。温度梯度法是指在高温、高压下，在温度差的推动下，处于高温的石墨熔于金属触媒，向低温区扩散，金刚石相在低温区的晶种上不断析出生长，如图 1-4 所示。温度梯度法通常用于宝石级金刚石大单晶的合成。采用这种方法合成金刚石的温度条件为 1 230～1 350 ℃，压力条件为 5.5～6.0 GPa，合成所用时间为 3～12 h。

(2) 直接转变法

静压直接转变法是指在没有金属触媒的参与下，高温、高压下瞬时使石墨直接转变为金刚石。这种金刚石合成方法的温度需要控制在 3 000 ℃以上，压力需控制在 10 GPa 以上，合成时间极短，瞬间就能完成。由于这种方法对温度和压力的要求过高，且合成的多数为金

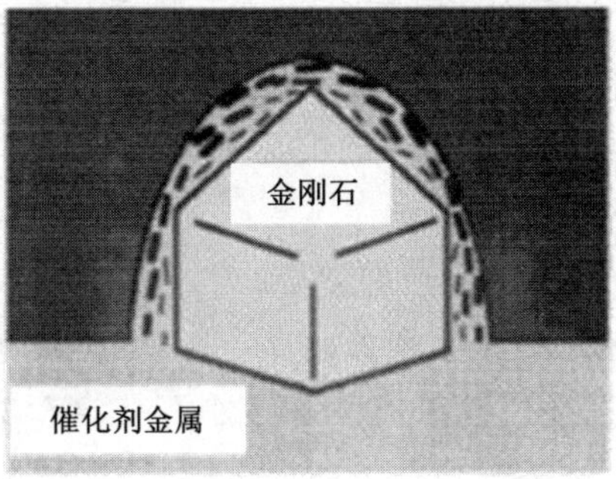

图 1-3　膜生长法金刚石合成示意图

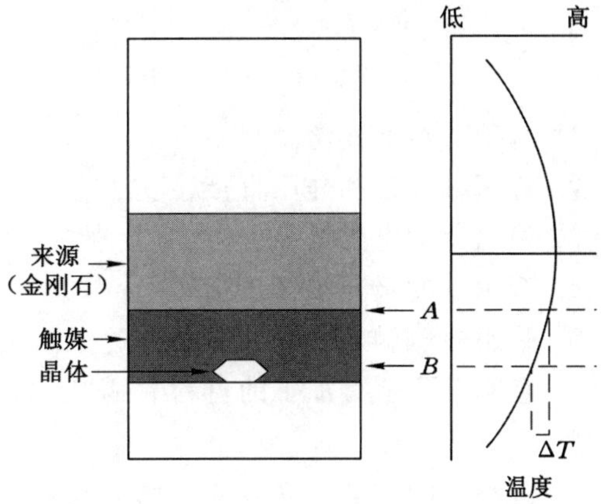

图 1-4　温度梯度法金刚石合成原理

刚石微粒或者粉末，因此一般不使用。

1.4.1.2　动压法

动压法是指利用爆炸、高速物体冲撞等产生冲击波和瞬间产生的高温、高压，使石墨转变为金刚石。根据合成金刚石所需原料的种类，动压法分为爆炸法和液中放电法。

（1）爆炸法

在封闭的爆炸室空间内引爆烈性炸药，利用爆炸瞬间产生的高温和高压，使石墨直接转变为金刚石。该方法成本低、产量高、简单，但是合成的产品多数为纳米级的多晶体，而且晶体缺陷较多、强度低。该合成产品可用于制作研磨膏，作为合成聚晶金刚石的原料，用于研制纳米级金刚石。

（2）液中放电法

在液体电解质中放置含有金属触媒石墨电极和空心石墨电极，接上蓄电池时产生火花放电，这时会产生冲击波，使石墨转变为金刚石。这种方法能连续生产，成本比较低，但是产量也较低。

1.4.1.3　亚稳态生长法

不同于静压法和动压法，亚稳态生长法是在常压或者真空条件下合成金刚石。低压法可分为气相沉积法、常压高温合成法、超声法等，目前最常使用的是气相沉积法。

气相沉积法是指在低压、800 ℃左右的条件下，加热甲烷等含碳气体，分解出游离碳原子，使其在晶种上生长。这种方法分为物理气相沉积法和化学气相沉积法两大类。化学气相沉积法比较常用。气相沉积法成本较低，但是耗时很长，需要上百个小时才能合成金刚石单晶，多用于金刚石薄膜的合成。

1.4.2　立方氮化硼的合成方法

立方氮化硼的合成方法主要有静压触媒法和亚稳态生长法，与金刚石合成方法类似，此处不再赘述。

练习题

1. 超硬材料的概念。

2. 静压触媒法和静压直接转变法有哪些异同点?

3. 根据氮的有无及存在方式,金刚石如何分类?

4. 金刚石的极限特性包括哪些?

5. 采用静压触媒法合成金刚石的工艺大致分为哪三个阶段?

6. 金刚石不适宜加工的材料有哪些? 为什么? 哪种材料能弥补金刚石在这个方面的应用?

7. 金刚石的硬度比立方氮化硼的高,生产工艺技术也比立方氮化硼成熟,为什么立方氮化硼在超硬材料中仍占有一席之地?

8. 从结构和性能上谈谈你对金刚石的理解,举例说明金刚石在各方面的应用。

第 2 章　超硬材料的结构与性能

2.1　金刚石的结构与性能

金刚石是目前地球上被发现的最坚硬物质，而宝石级金刚石则是世界上最名贵的物质之一。昂贵且坚硬的金刚石可以由廉价且质地柔软的石墨在高温、高压下形成。石墨和金刚石是碳的同素异形体，它们的化学性能非常接近，但是物理性能完全不同(表 2-1)。金刚石的晶体结构是决定其特殊物理性能的关键因素。

表 2-1　石墨与金刚石的主要物理性能对比

物理性能	石　墨	金　刚　石
密度/(g/cm^3)	2.25	3.515
硬度(莫氏)	1	10
熔点/℃	3 652	3 550
沸点/℃	4 827	4 827
外观颜色	黑色，不透明	无色，透明
导电性	导体	一般为电介质
导热性	良导体	比石墨好

2.1.1　金刚石的结构

2.1.1.1　金刚石的晶体结构

金刚石是典型的原子晶体，有两种晶体结构：① 六方结构(图 2-1)，属于 P63/mmc 群，首次在陨石中被发现，也可以利用动态冲击波法或在静态超高压、高温条件下合成。② 典型立方结构[图 2-2(a)]，目前绝大多数天然金刚石和采用静高压方法合成的金刚石均属于该结构，立方结构金刚石是一种由两个面心立方点阵沿立方晶胞的体对角线偏移 1/4 单位嵌套而成的晶体结构，属于面心立方布喇菲点阵(bravais lattice)，Fd-3m(227 号)空间群。本书主要介绍立方结构金刚石。

金刚石的配位数是 4，是纯单质性的，所以是等大球堆积的。这种晶体基本结构粒子是碳原子，每个碳原子与相邻的 4 个碳原子形成的共价键是饱和键，每个碳原子都以杂化轨道与 4 个碳原子形成共价单键，键长为 1.55×10^{-10} m，方向性很强，键角为 109°28′，构成正四面体。每个碳原子位于正四面体的中心，周围 4 个碳原子位于 4 个顶点上，在空间中构成连续的、坚固的骨架结构。因此，可以把整个晶体看成一个巨大的分子[图 2-2(b)]，C—C 键的键能大(347 kJ/mol)。

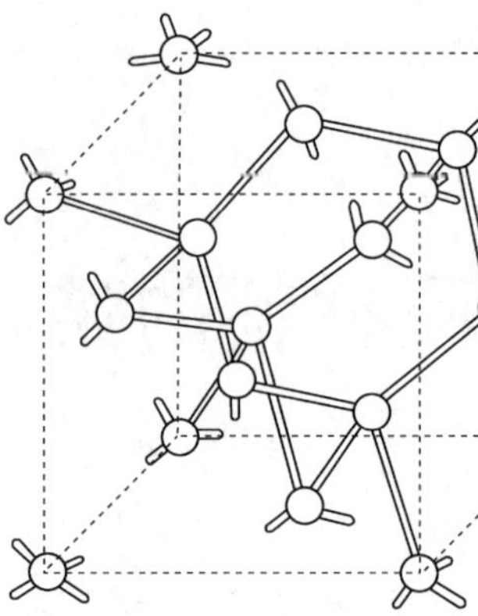

图 2-1　六方结构金刚石的晶体结构

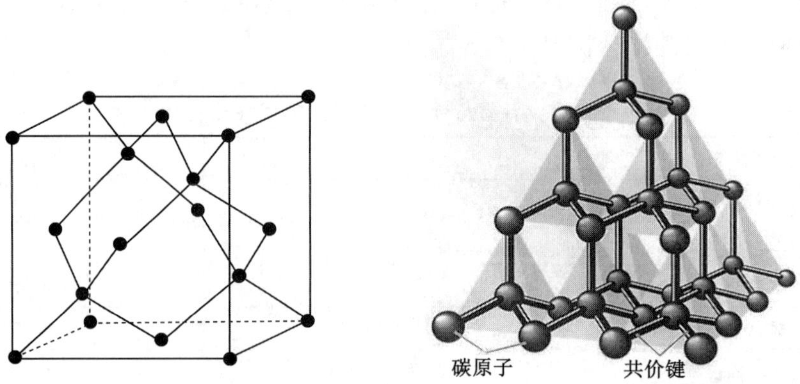

(a)　　(b)

图 2-2　立方结构金刚石的晶体结构

2.1.1.2　金刚石的电子结构

如图 2-2 所示，金刚石结构中每个四面体中心有 1 个碳原子，它伸出 4 根键拉住四面体顶角 4 个碳原子，顶角的碳原子也可以成为其他四面体的顶角(或其他形式)，以至把顶角的碳的四价用完。每个晶胞有 4 个四面体，晶胞可延伸成晶体，四面体也可以延伸成一个个晶胞，最终成为晶体。由图 2-2(b)可清楚看到它的配位形成，金刚石中 C 原子的配位数为 4，是纯单质性的，所以是等体积球。

共价键结合的是原子，每个原子都以共用电子对方式形成稳定电子构型，当两种电负性相差很小或相等(即同种元素)的非金属原子相互接近时，由于双方都有夺取对方电子的倾向，且二者夺取电子的能力接近或完全相等。结果是双方各自提供 1 个或若干个电子，组成公共电子对，之后把正电荷的原子联系起来，形成共价键。这种共价键键力很强，对物质硬度极有利。

杂化轨道是普遍的原子结合形式之一。首先是鲍林(L. Pauling)和斯来托(J. C. Slater)于 1931 年提出的。量子力学中有叠位原理和简并状态，金刚石碳原子的电子层结构是 $1s^2$，$2s^2$，$2p_x^1$，$2p_y^1$，它们是归一的，又是相交的，即能量相同的原子轨道是可以“混合起来”组成新的轨道,当然新轨道还是 p 轨道,只是方向不同而已。因为 s 轨道的能量比主量子数相同的 p 轨道能量低,所以孤立在原子中间。但是分子中的"原子"情况就不同,共价键的形成改变了原子状态。这种外力使原来状态发生改变的作用,在量子力学中被称为"微扰"。由于共价键产生"微扰"作用的能量比 s 轨道和 p 轨道之间的能量差别大,这时按量子力学的"微扰理论",本来并不简并的 s 轨道和 p 轨道也可以混合起来组成新的轨道。在这种新轨道中有 s 轨道成分,也有 p 轨道成分,它和原来的 s 轨道或 p 轨道不同,组成 sp^3 杂化新轨道。

原子轨道杂化可使成键能力增强,因而生成的分子更加稳固。同时为了使平均成键能力最大,每一杂化轨道中的 s 成分必须相等,这时 p 成分也必须相等,成键能力也相等,这时的轨道称为等性轨道。等性轨道的电子分布完全相同,所不同的只是空间取向。

由量子力学还得知:共价键是由 2 个原子的电子云互相穿插、重叠形成的,故在两个原子核间有最大的电子云密度。当相互结合的是 2 个相同的原子时,构成共价键电子中心,可以正好是 2 个原子的正中间,这时偶极矩等于 0,形成非极性共价键,另外也有一定程度的偏移的极性共价键仍属离子键,但实质上是介于典型离子键和非极性共价键之间的化学键。

首先,共价键必须有相反的自旋方向,否则两者的电子云相互排斥而不能形成共价键;其次,一个电子与另一个电子配对后不能再与其他电子配对。所以 1 个原子能形成多少个共价键,取决于它有多少个成对的电子数,如金刚石的碳原子(图 2-3),在形成共价键时放出来的能量足以使 2s 中的 1 个电子激发到 2p 轨道上去,形成 sp^3 杂化轨道。每个 sp^3 杂化轨道具有 1/4 的 s 成分和 3/4 的 p 成分,4 个不成对的电子形成 4 个共价键,价电子都参与共价键的形成,是最稳定的 4 价,不可能产生极化现象,晶体中没有自由电子。

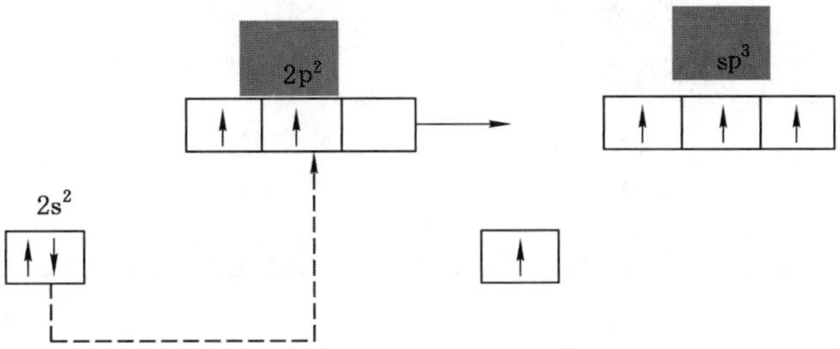

图 2-3　碳原子中 $2s^2+2p^2$ 激发跃迁至 sp^3 示意图

从图 2-4 中可以看出:p、d 轨道的电子云分布都呈一定的方向,p 中的电子云均显垂直势态。在金刚石中,由于 sp^3 杂化轨道的电子云伸展方向,相当于指向正四面体四个顶角的方向,相互交角均为 109°28′,构成正四面体配位。一个原子形成多个共价键时,其每个电子只能在一个特定的方位相互连接,这就是共价键的定向性。

金刚石由于其饱和性和方向性,4 个共价键等长,夹角均相等,形成了最理想的排布形式,是任何其他元素无可比拟的,所以其硬度最高。

2.1.2　金刚石的性能

2.1.2.1　金刚石的物理性能

(1) 金刚石的力学性能

① 硬度。金刚石的硬度,在旧莫氏标度上为 10 级,在新莫氏标度上为 15 级,努氏硬度值为 90 GPa,维氏硬度值约为 100 GPa,显微硬度为 10 000 kg/mm^2,比石英高 1 000 倍,比

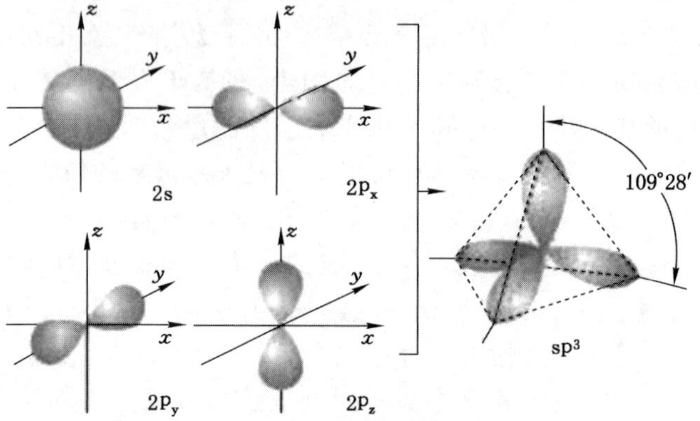

图 2-4 s、p 、d 轨道的电子云形状

刚玉高 150 倍。硬度是决定金刚石工业价值最重要的性能，金刚石与一些工业材料的硬度列于表 2-2。正因为硬度高、耐磨性好，所以金刚石被广泛用于切削、磨削、钻探等。

表 2-2 超硬材料与硬质材料的显微硬度

材料		维氏硬度	努氏硬度
超硬材料	天然金刚石	100～100.6	90
	人造金刚石	86～101	70
	立方氮化硼	73～100	47(45～48)
硬质材料	碳化硅	28～36	24(18.75～39.8)
	刚玉	18～24	20～21
	硬质合金	10～20	21.9
	高速钢	7～8	—

单晶体各向异性，不同晶面硬度不同。各个面硬度顺序与面网密度的顺序一致，即(111)＞(110)＞(100)，参见图 2-5。同一晶面不同方向的硬度也有差别，原子间距小的方向上硬度高。

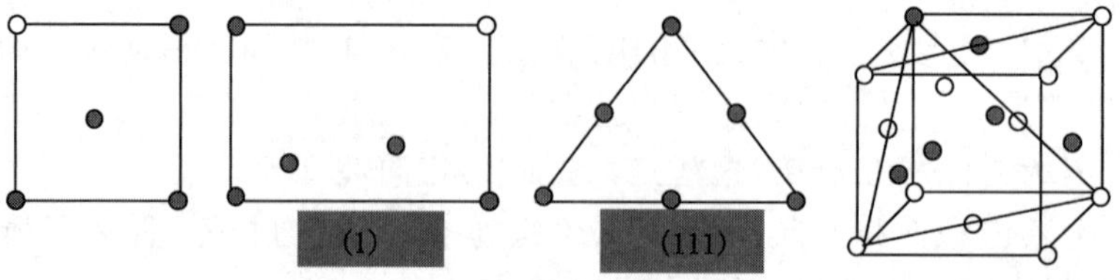

图 2-5 金刚石晶体中几种重要的晶面

利用金刚石单晶各向异性性能，使用时定向排列可使金刚石钻头或滚轮的耐磨性提高 50%～100%。

② 解理与脆性。当晶体受到强大外力撞击时可能会沿一定的结晶方向裂开形成一个平面，该性质就称为解理。钻石具有中等解理，解理倾向于沿着原子键结构较弱的平面破

裂，这是钻石的缺点之一。所以说钻石“不怕磨，但怕打击”，加工师傅可借此将钻石劈开。金刚石各晶面的理论解理能见表 2-3，从表中可以看出(111)面的解理能最小，因此最容易解理，而(100)面的解理能最大，最难解理。

表 2-3　金刚石各晶面的理论解理能

晶面	与(111)面的夹角	理论解理能/(J/m^2)
(111)	0°,70°32′	10.5
(332)	10°	11.6
(221)	15°48′	12.1
(331)	22°	12.5
(110)	35°16′,90°	12.8
(322)	11°24′	13.2
(321)	22°12′	14.6
(211)	19°28′	14.8
(320)	36°48′	15.1
(210)	39°14′	16.2
(311)	29°30′	16.4
(100)	54°44′	18.2

金刚石的解理发生在结合力较弱的面网之间，如面网间距较大者。如图 2-6 所示，(111)面网间距不均匀，互相靠近的两个面网可视为一个面网偶。而两个面网偶的间距大于(110)及(100)面网间距，这就是金刚石沿着(111)面最容易解理而发生脆裂的原因。(111)面网间距还可以用图 2-7 表示，图中虚线表示容易断裂的位置。

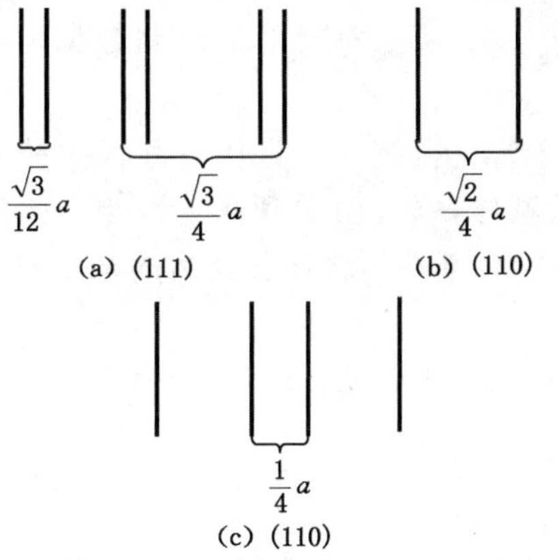

图 2-6　金刚石各种面网的间距

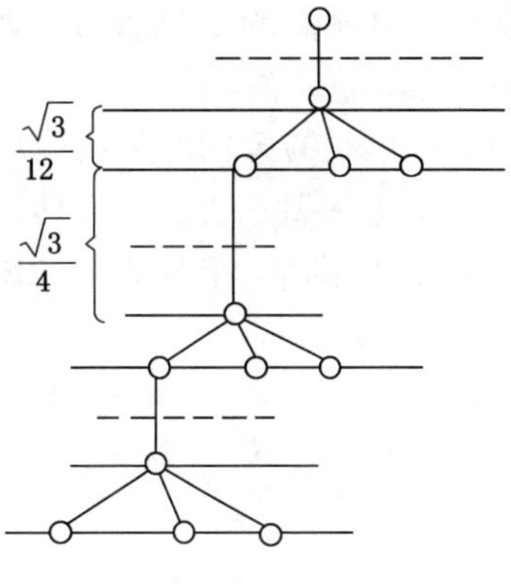

图 2-7　(111)面网间距

脆性还与晶体完整程度有关。结晶缺陷会产生很大的内应力，甚至会引起晶体自然劈裂。而完整晶体具有较高韧性，劈裂所需临界压力达到 30～100 MPa。多晶体由众多微晶聚合而成，根据统计规律可知整个晶体表现为近似各向同性。因此多晶金刚石具有脆性小、韧性高的优点。

冲击韧性是金刚石质量的重要指标之一，可采用专门的仪器测定。例如 Friatester 测定法：取一定量试样，在一定条件下做冲击实验，然后过筛，测其保持原有粒度的百分数，即可间接表示试样的韧性。《超硬磨料 人造金刚石冲击韧性测定方法》(JB/T 10987—2010)规定以未破碎率为 50%时的冲击次数来表示试样的冲击韧性。

③ 强度。表 2-4 所列为金刚石和其他晶体的理论强度。

表 2-4 金刚石和其他晶体的理论强度

材料	取向	拉伸强度 $\sigma/(\times10^{10}\ N/mm^2)$	σ/E	材料	取向	剪切强度 $\tau/(\times10^{10}\ N/mm^2)$	τ/μ
金刚石	〈111〉	19	0.17	金刚石	〈110〉(111)	12.1	0.24
Si	〈111〉	3.2	0.17	Si	〈110〉(111)	1.37	0.24
MgO	〈100〉	3.7	0.15	MgO	〈110〉(110)	1.6	0.12
NaCl	〈100〉	0.43	0.1	NaCl	〈110〉(110)	0.28	0.12
Cu	〈111〉	3.9	0.2	Cu	〈112〉(111)	0.12	0.039
Ag	〈111〉	2.4	0.2	Ag	〈112〉(111)	0.077	0.039

注：μ 为剪切模量。

金刚石不仅硬度极高，也是目前已知的强度最高的材料，因此其强度的测量比较困难。金刚石的强度与碳-碳键能有关，奥罗库安(Orocuan)根据原子理论推导出金刚石的强度计算公式：

$$\sigma=(E\gamma/\alpha)^{1/2}$$

式中，σ 为金刚石的理论强度；E 为金刚石的弹性模量；γ 为金刚石(111)面表面破坏能；α 为金刚石结构中的原子最近距离。

金刚石和其他几种晶体的理论强度预测值见表 2-4。E 为弹性模量，μ 为剪切模量。从表中可以看出金刚石的拉伸强度和剪切强度之比为 1.57，而且从计算的材料数据可见此比值越大韧性越高。

各种晶体形状的金刚石强度，其测量结果相差 2～4 倍，按照立方体→平面尖棱八面体→菱形十二面体→尖晶孪生八面体→圆棱八面体的顺序，强度由低到高。金刚石强度受其所包含的包裹体、杂质、结晶缺陷的影响也很大。小的金刚石颗粒往往比大的金刚石具有更高的强度，即存在尺寸效应。

a. 抗压强度。一般磨料级金刚石的抗压强度为 1.5 GPa。晶形完整的高品级金刚石为 3～5 GPa。国外一些实验测定值参见表 2-5。

表 2-5 金刚石抗压强度测定值 单位：GPa

晶体种类	平均值	最大值
天然八面体(受压面积为 1 mm^2)	8.6	16
人造金刚石(受压面积为 6.6～7.3 mm^2)	6.17	
人造金刚石(受压面积为 0.5～0.7 mm^2)	17.1	25
对照(YG6 硬质合金)	4.6	

我国使用单颗粒抗压强度计测量金刚石的抗压强度，取 40 颗破坏负荷的平均值，一般为 2～40 kg/粒。不同产品差别很大。

b. 抗切(张)强度。金刚石的抗切强度为 1.3～2.5 GPa(采用压痕法测得，压头的材料和尺寸对测量结果有一定影响)，表 2-6 所列为金刚石的理论与实验抗切强度。

表 2-6　金刚石的理论与实验抗切强度

	抗切强度
理论值	120 GPa
摩擦实验值	87 GPa
扭力实验值	0.3 GPa
YG6 硬质合金(参照材料)	10～20 MPa

c. 弹性模量与压缩系数。金刚石具有最高的弹性模量和最小的压缩系数，见表 2-7。

表 2-7　金刚石的弹性模量与压缩系数

材料	性质	
金刚石	弹性模量	1 050 GPa
	体积模量	500 GPa
碳化钨	弹性模量	350～580 GPa
金刚石	压缩系数	1.7×10^{-8} cm^2/N
钨	压缩系数	3.3×10^{-8} cm^2/N

(2) 金刚石的热学性能

金刚石热学性能特点：熔点高，导热率高，比热容值低，热膨胀系数低。

① 熔点高：熔化温度 $K=(3\ 700\pm100)$ ℃。

② 比热值低：$C_V=6.17$ J/(mol·K)。

③ 热导率高：金刚石热导率与温度相关。图 2-8 为不同类型金刚石和金属铜的热导率与温度的关系曲线。

金刚石的热导率受杂质含量影响较大。金刚石中最常见的杂质为氮元素，如图 2-9 所示，随着氮含量的增大，金刚石中声子散射逐渐加强，热导率降低。

④ 热膨胀系数低：金刚石具有非常低的热膨胀系数，其数值比石墨、钨、石英等材料的还低得多。金刚石及其他典型材料的热膨胀系数见表 2-8。

表 2-8　金刚石及其他典型材料的热膨胀系数

材料	温度/℃	热膨胀系数 $\alpha/(\times10^{-6}\ \mathrm{K}^{-1})$
金刚石	100	0.4±0.1
	20	0.8±0.1
	100～900	1.5～4.8
石墨	20	7.8
Invar 合金	20	1.2
钨	20	4.5

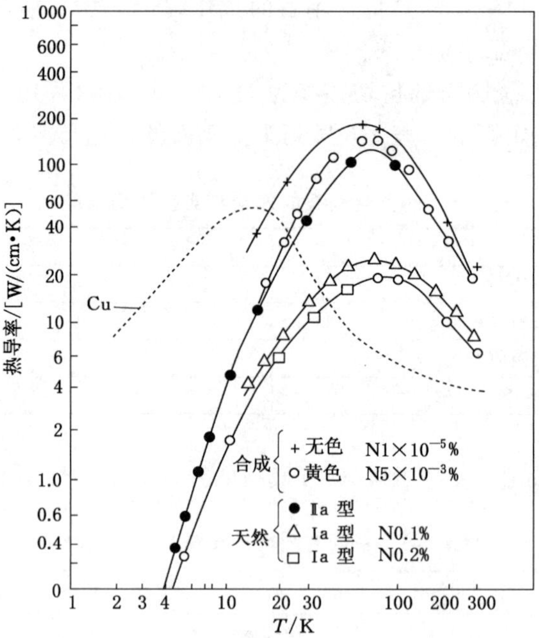

图 2-8　不同类型金刚石和金属铜的热导率与温度的关系曲线

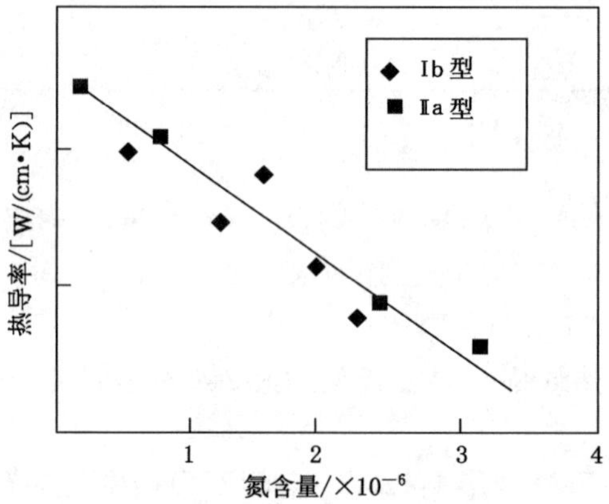

图 2-9　金刚石热导率与氮含量关系曲线

表 2-8(续)

材料	温度/℃	热膨胀系数 α/($\times10^{-6}$ K^{-1})
硅	20	2.4
锗	20	6.0
石英玻璃	20	0.4

(3) 金刚石的光学性能

① 光泽、折射与色散。完整、光滑的金刚石具有强烈的光泽(反射比为 0.172),很高的折射率(n=0.24),并且具有高度色散(0.062),这意味着折射率随入射光波长变化而强烈

改变(表 2-9)。如果不停旋转钻石,自然光线折射后会分解为各种光色,就可以看到变幻无穷的绚烂多彩的反射光。

表 2-9　不同波长入射光时金刚石的折射率

波长/nm	404.7	435.8	486.1	589.3	656.3
折射率 n	2.462 6	2.448	2.435 4	2.417 5	2.141 04

金刚石晶体有异常双折射现象,这是晶体内部杂质包裹体和位错等缺陷引起的。

② 透光性。由于金刚石的折射率极高($n=2.4$),其理论透光率只有 71.4%,如图 2-10 所示。金刚石的绝对透光率虽然比某些视窗材料(如熔融石英、LiF、CsI 等)低,但是因其硬度和强度远超过一般材料,金刚石的视窗厚度可以大幅度减小,因此整体的相对透光率仍是最高的。金刚石吸收辐射波的量极小(小于 1%),散热迅速,因此可以维持较低温度。金刚石的抗压强度是一般视窗材料的数十倍,因此视窗厚度远小于其他材质,使其透光的损耗大幅度降低。

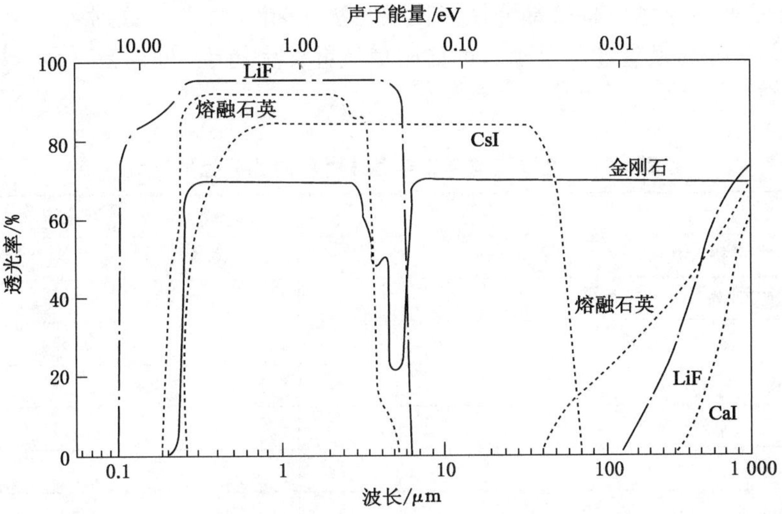

图 2-10　不同视窗的相对透光率与透光波段

金刚石是宽禁带半导体,透光范围从紫外光到红外光。不同类型金刚石可透过的光波波长范围如下:Ⅱ型为 225 nm～3 μm,Ⅰ型为 30 nm～3 μm。

可见,Ⅱ型金刚石在红外区的吸收带为 3～6 μm,其中Ⅱa 型金刚石吸收带为 4～5 μm,其余宽广的红外波长范围内的光皆可透过,所以Ⅱ型金刚石可用作红外透射线窗口。激光波长大多数在 10 μm 左右,此范围内的光不被吸收,故Ⅱa 型可作为大功率激光器的辐射窗口。

完整、纯净的金刚石在可见光区域内是完全透明的,但实际上往往由于存在杂质和缺陷,使金刚石在可见光区域内出现吸收带,导致金刚石“染色”。Ⅰ型色很浅,透明度接近 100%。在Ⅰ型金刚石中,由于杂质和缺陷较多,透明度可降到 80%以下,透光范围也变狭窄,当含 N 较多时,在红外区域 7～8 μm 处出现吸收带。

③ 金刚石的发光。金刚石有光致发光、电致发光、热致发光和摩擦发光现象。光致发光:在紫外线、X 射线和 γ 射线的照射以及高速离子的激发下,金刚石会发出各种频率和强度的光。热致发光:具有结晶缺陷的金刚石晶体,受热时有一定的热发光特性,经过高压热处理后,热发光强度随着热缺陷的减少而减弱。电致发光:在电场中一定的电势差作用下而发光。此外,还有摩擦发光特性。

有些结晶不完整的金刚石还有荧光现象。

(4) 金刚石的电学性能

理想金刚石电阻率为 10^{68} Ω·m,天然和人工合成的金刚石中含有一定量的杂质,杂质导致金刚石的电阻率大幅度降低,室温条件下Ⅰ型和Ⅰa 型金刚石都有很高的电阻率,接近工业绝缘体,而Ⅱb 型金刚石为半导体。

金刚石的能隙为 5.45 eV,是一种优良的半导体材料。大多数天然金刚石晶体的电导率 σ 与温度 T 的关系式如下:

$$\sigma=\sigma_0 \exp(E_g/2kT)$$

式中,σ_0 为 0 K 时的电导率;E_g 为金刚石的能隙;k 为玻尔兹曼常数。

金刚石与常见半导体材料的部分性能比较见表 2-10。由表中数据可知金刚石的熔点、迁移率、击穿电压等均远超硅。金刚石的能隙值比硅的大得多,可成为更高能量和频率的半导体材料。

表 2-10 金刚石与常见半导体材料的部分性能比较

性能	金刚石	β-SiC	砷化镓	硅
晶格常数/Å	3.567	4.358	5.65	5.43
热膨胀系数/($\times10^{-6}$ K^{-1})	1.1	4.7	5.9	2.6
密度/(g/cm^3)	3.515	3.216	5.27	2.328
熔点/℃	4 000	2 540	1 238	1 420
能隙/eV	5.45	3.0	1.43	1.1
饱和电子速率/($\times10^7$ cm/s)	2.7	2.5	1	1
电子迁移率/[cm^2/(V·s)]	2 200	400	8 500	1 500
空穴迁移率/[cm^2/(V·s)]	1 800	50	400	600
击穿电压/($\times10^5$ V/cm)	100	40	60	3
介电常数	5.5	9.7	12.5	11.8
电阻率/(Ω·cm)	1 022	150	103	10
热导率/[W/(cm·K)]	20	5	0.46	1.5
吸收边/eV	1.2	0.4	—	1.4
折射率	2.42	2.65	3.4	3.5
硬度/GPa	100	35	6	10

利用Ⅱb 型的半导体特性,金刚石可制作整流器和三极管,允许在高达 600 ℃温度下使用。利用Ⅱb 型电阻与温度的线性关系可制成半导体温度计,允许在−200～600 ℃范围内使用。金刚石热敏电阻温度计可安装在蜗轮机旋转叶片上进行测温。通过掺杂 B、S、P 等

元素制备的半导体金刚石具有优异的性能。近年来,半导体金刚石的应用受到广泛关注,如作为基底被制成金刚石基二极管、金刚石场效应晶体管的金刚石半导体器件,可应用于卫星通信、信号中转站和高分辨率相控阵雷达,导电性粒子计数器以及紫外发光和探测等领域。

2.1.2.2　金刚石的化学性能

(1) 疏水性

金刚石对水不润湿,然而容易粘油。这种疏水亲油的特性是由金刚石 sp^3 杂化的非极性键的本质决定的。这一特征提示人们可以使用油脂去提取金刚石,在制造金刚石磨具时宜选用含亲油基团的有机物作为金刚石润湿剂。

(2) 常温下的化学稳定性

常温下金刚石和酸、碱、盐等一切化学试剂都不能发生化学反应。在加热情况下(1 000 ℃以下),除个别氧化剂以外,金刚石不被其他化学试剂腐蚀。因此利用金刚石的化学稳定性,酸碱可以被用来提纯金刚石。目前人工合成金刚石都采用酸处理方法除去金属触媒以提纯金刚石。

(3) 高温下的氯化性(热稳定性)

数百度高温下,金刚石可以与 KNO_3、$NaNO_3$、高氯酸盐等发生作用而被腐蚀。600 ℃以上纯氧中,金刚石会失去光泽,表皮出现黑色,称为烬化。700～800 ℃开始燃烧。在空气中时,金刚石在 740～840 ℃温度下开始氧化。热稳定性取决于金刚石晶体的完整程度,可通过热失重分析法和差热分析法测定。

在真空或惰性气体中,当加热到某一高温时,金刚石会发生石墨化。

$$C_{金刚石} \xrightarrow[\text{非氧介质}]{>1\,500\ ℃} C_{石墨}$$

1 500 ℃能检验表面开始石墨化,随着温度升高,石墨化速度加快,1 700 ℃左右(1 600～1 900 ℃)整个晶体开始迅速石墨化。2 100 ℃时,一颗 0.1 ct 的八面体钻石在 3 min 内会全部化为灰烬。

存在极少量氧气时石墨化在较低温度(1 000 ℃以下)下就开始了。在 1 400 ℃以下发生的石墨化实际上是氧的作用。

$$O_2 + 2C_{金刚石} = CO$$

$$2CO + C_{金刚石} = CO_2 + 2C_{石墨}$$

过渡金属会加速石墨化过程。石墨化还与晶体方位有关,在(110)方向上容易石墨化,而(001)方向石墨化最慢。

(4) 金刚石与过渡金属的化学反应

一些过渡金属能与金刚石发生化学反应,促使金刚石解体。这些金属分为两类:一类是周期表中ⅦB族和Ⅷ族金属,如 Fe、Co、Ni、Mn 及 P 系金属,熔融状态时,它们是碳的溶剂。在磨削高温下会使金刚石产生溶剂化现象。另一类是容易生成稳定碳化物的金属,包括ⅣB、ⅤB、ⅥB族,例如 W、V、Ti、Ta、Zr 等,与金刚石具有更强的亲和力,在高温下能与金刚石发生化学反应,生成相应的稳定碳化物。

金刚石与过渡金属的作用是用它加工这些材料时发生粘刀现象的化学本质,从而决定了金刚石工具、磨具的使用范围。

2.2　立方氮化硼的结构和性能

2.2.1　立方氮化硼的结构

氮化硼采取 sp^3 杂化后有两类金刚石结构，分别是具有闪锌矿结构的立方氮化硼(cBN)和具有纤锌矿结构的密集六方氮化硼(wBN)，如图 2-11 和图 2-12 所示。

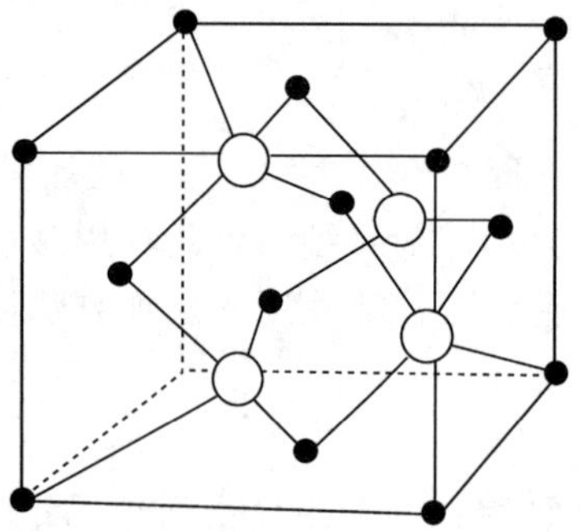

图 2-11　立方氮化硼(cBN)

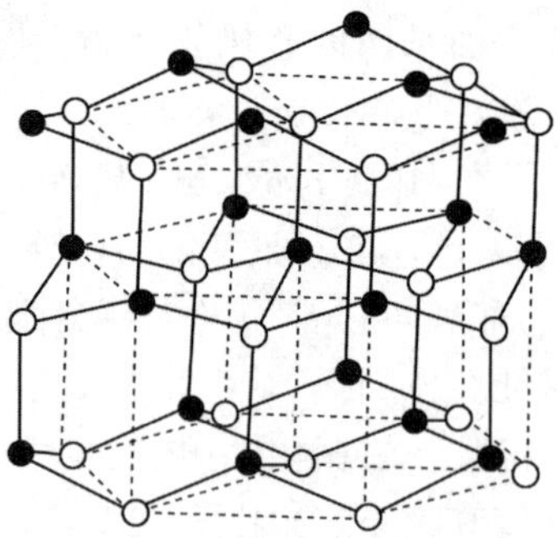

图 2-12　密集六方氮化硼(wBN)

氮化硼的几种晶体形式和结构特征见表 2-11。立方氮化硼单晶的几种多面体外形如图 2-13 所示。

表 2-11　氮化硼的几种晶体形式和结构特征

名称	氮化硼		
	类金刚石结构氮化硼		六方氮化硼
晶系	立方	六方	六方
结构与空间群	F43m	P63mc	P63nmc
键的杂化状态	sp^3(正四面体形)	sp^3(正三角形或层片形)	
配位数	4	4	3
晶胞原子数	8	4	4
a/nm	0.361 5	0.255	0.250 4
c/nm	—	0.423	0.666 12
最近原子间距		0.157 5	0.144 57

2.2.2　立方氮化硼的性能

2.2.2.1　机械物理性能

(1) 立方氮化硼的莫氏硬度为 9.8～10；显微硬度为 71 540～98 000 MPa；努普硬度为 5 200。

(2) 弹性常数 C_{11} 为 7.12×10^7(由 C_{11}/C_0 计算得到)；C_{12} 为 8×10^6(估算)；C_{44} 为 3.34×10^7(由 C_{44}/C_0 计算得到)；K(体积模量)$=\dfrac{C_{11}+2C_{12}}{3}\approx2.9\times10^6\ \text{N/cm}^2$。

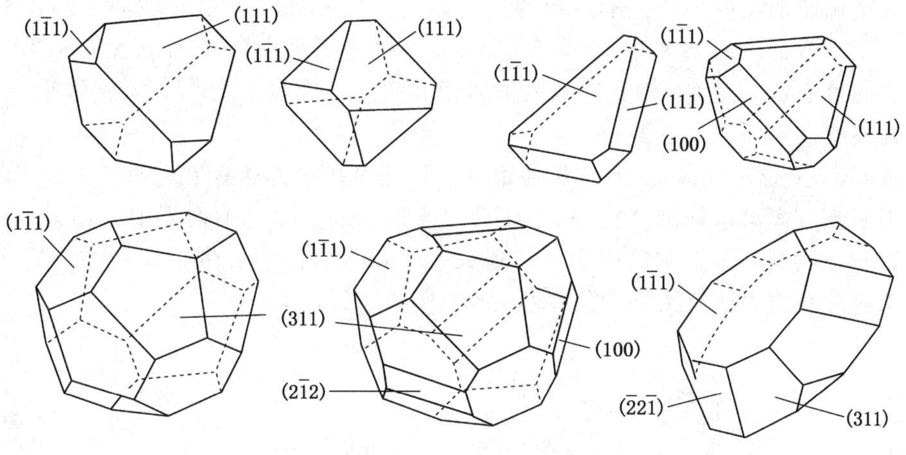

图 2-13　立方氮化硼单晶多面体

(3) 压缩率为(0.24～0.37)$\times10^{-17}$(根据不同的关系式计算),根据弹性常数($1/K$)计算得到 0.34$\times10^{-17}$ cm^2/N。

(4) 位错迁移温度大于 1 573 K。

(5) 破坏方式:在 6 个(011)面上容易破坏,一些晶体加热到约 1 173 K 容易破坏。

2.2.2.2　光学性能

立方氮化硼具有闪锌矿结构,晶胞中有两个原子,横波光学模 TO_r 和纵波光学模 LO_r 的计算值分别是 1 045～1 075 cm^{-1} 和 1 315～1 340 cm^{-1},测量结果如图 2-14 所示。

cBN 具有强大拉曼各向异性,如图 2-15 中单晶的两个极性拉曼光谱。黑色立方氮化硼的声子频率与黄色的晶体有微小差别。但是,当激发激光的波长改变时,其强度受到的影响很大,这两种最典型,具有不同的拉曼共振效应。

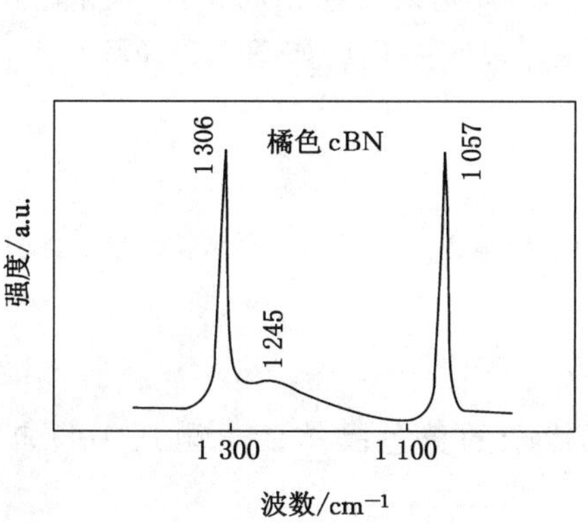

图 2-14　立方氮化硼的拉曼光谱

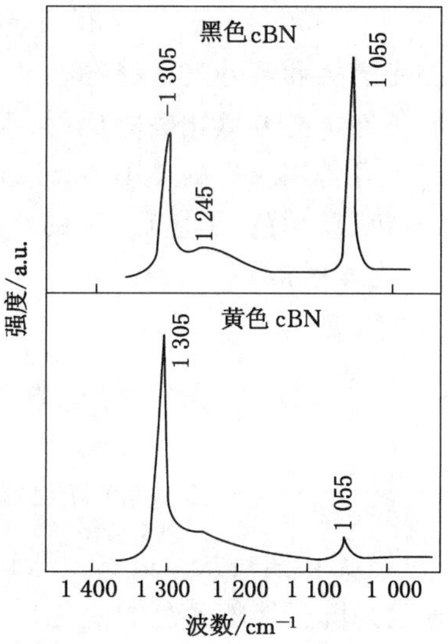

图 2-15　单晶 cBN 的拉曼各向异性

立方氮化硼的反射率与光学常数的关系如图 2-16 所示。在低频波数一端，cBN 反射率近似 22%，700 cm^{-1} 时增大到 25%，1 150 cm^{-1} 时增至最大值 84%。在 1 370 cm^{-1} 出现一个尖锐的最小值 0.6%。随后在较高波数段几乎变成常量 10.5%。在高波数一侧没有出现边结构或阈。

测量 cBN 复合片样品，主要是看在最大反射率范围内是否存在一些小的结构。在液氮温度下仍未能分离出这样的结构，只是在最大值附近很窄的范围内反射率增大 2%，并向高频方向有一小段漂移。在空气中 350 ℃退火 15 min 后，在主要带中这一结构完全消失，这种温度依赖关系也表明其为强束缚结构晶体，如图 2-17 所示。

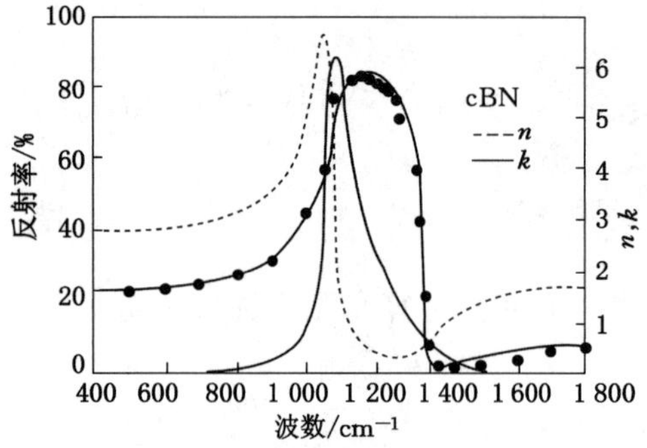

图 2-16　cBN 的反射率与光学常数的关系

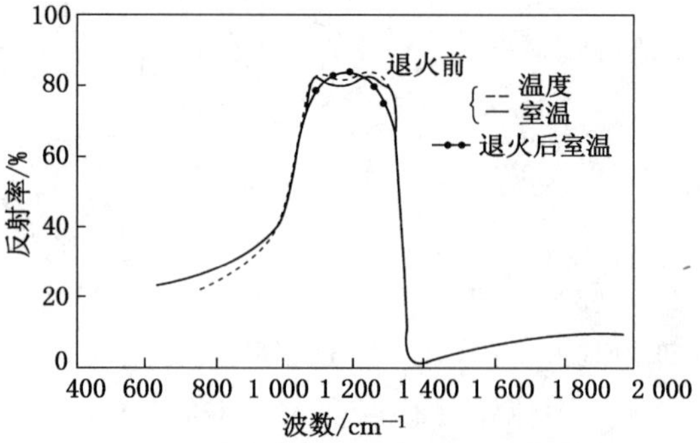

图 2-17　不同条件下 cBN 的反射光谱

(1) 颜色：通常为黄色(琥珀色、姜黄色、棕黄色)、橘色、黑色(掺 B)、褐色、深蓝色(掺 Be)，极少数为无色。

(2) 色散 $n\lambda_1 \sim n\lambda_2$

——	687.0 nm	397.0 nm
0.044	687.0 nm	430.8 nm
0.028	656.3 nm	486.1 nm

红外光谱峰和紫外光谱峰约在 9.1 μm 处。

不同条件下立方氮化硼的反射、吸收、透射光谱如图 2-18 至图 2-21 所示。

邹广田等曾用改进的美国 Nicolet 公司产 5DXFT-IR 光谱仪在相同条件下测量了不同颜色(淡黄色、琥珀色、黑色)cBN 的红外光谱，按统一标尺归一化后如图 2-22 所示。

2.2.2.3　电学性能

(1) 电阻率

① $\dfrac{\text{P 型}}{10^2 \sim 10^4}$(Be 掺杂)的导电激活能为 0.19～0.23 eV。

② $\dfrac{\text{P 型}}{10^3 \sim 10^7}$(B、Si 掺杂)的导电激活能为 0.05～0.41 eV。

③ 10^{10}(无掺杂)：从 298 K 升到 773 K 时，无掺杂的黄色晶体的电阻从 10^{10} Ω 降到 10^7 Ω(电阻的降低伴随颜色的变化)。

(2) 介电常数

$\varepsilon_0 = 7.1$；$\varepsilon_\infty = 4.5$。

立方氮化硼的空间群，因为没有对称中心 $F43m$，故显示压电性。机电耦合系数 K_{14} =

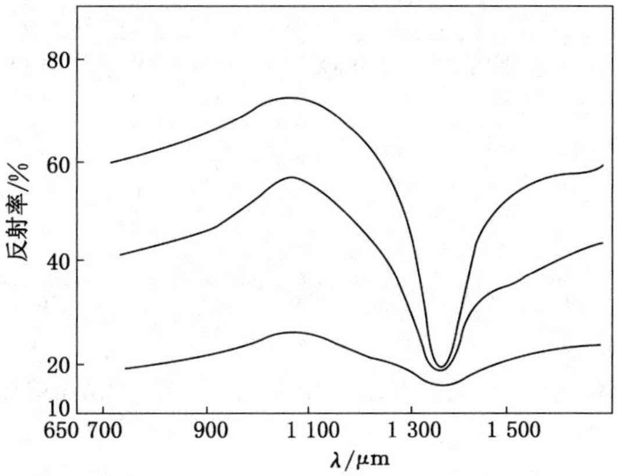

图 2-18　不同条件下立方氮化硼的反射光谱

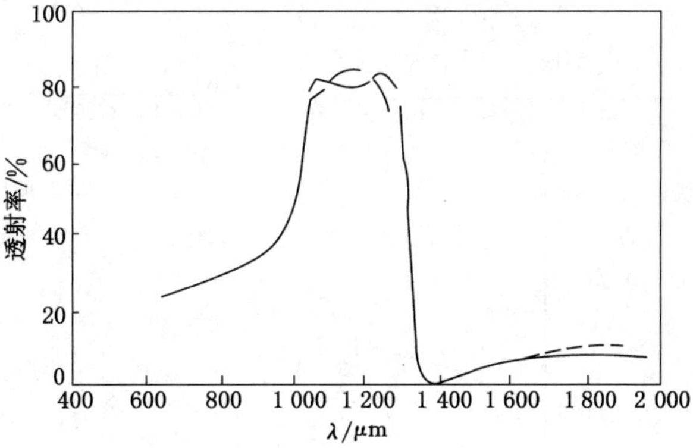

图 2-19　在不同浓度的丙酮中立方氮化硼的透射光谱

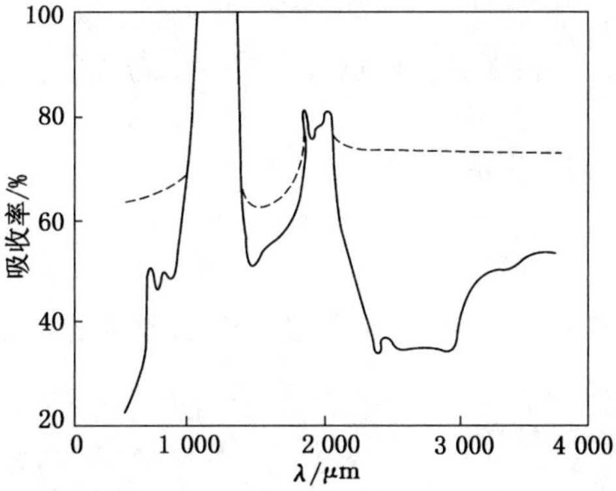

图 2-20　单晶立方氮化硼的吸收光谱

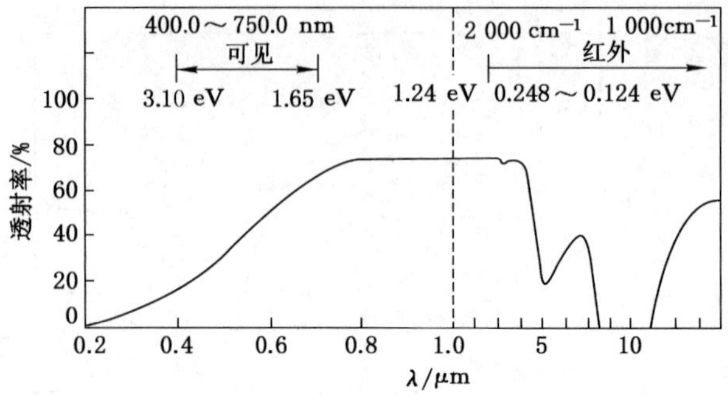

图 2-21 单晶立方氮化硼(黄色无掺杂)的透射光谱

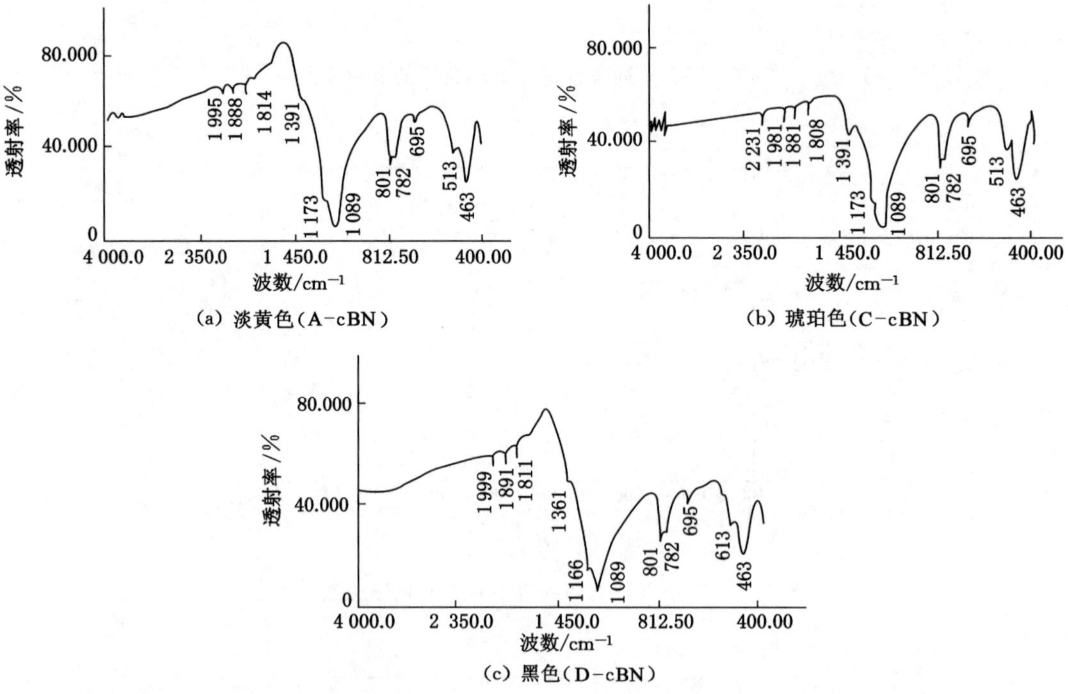

图 2-22 不同颜色 cBN 的红外光谱

0.14。立方氮化硼可作为压电半导体。

2.2.2.4 热力学性能

(1) 比定压热容

在恒压下测得的室温至 1 200 K 的立方氮化硼的比热容如图 2-23 所示。

(2) 德拜温度

1 700 K 是由红外光谱得到的。

1 900 K 是根据 $\theta_0(-0)=(4.19\times10^8/\sqrt{a^3M})G$ 计算所得。其中,a 为立方氮化硼的晶格常数,a＝0.361 65 nm;M 为立方氮化硼的相对原子质量平均值,M＝12.42;$G=\sqrt{C_{11}/C_0}\,f(r_1,r_2)=1.116$。

(3) 线膨胀系数($\alpha=K^{-1}$)(298 K)

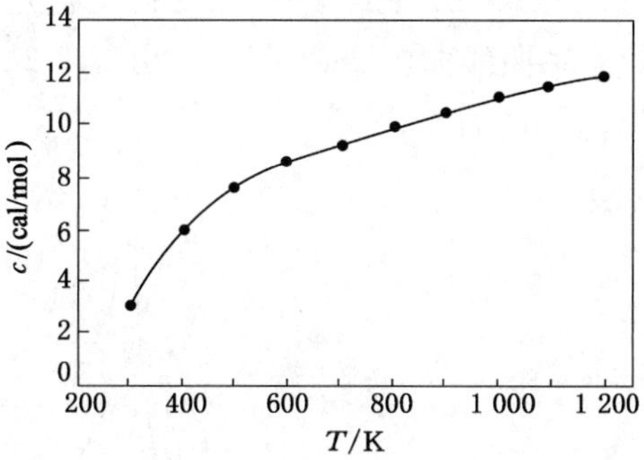

图 2-23　在恒压下测得的室温至 1 200 K 的立方氮化硼的比热容

立方氮化硼的线膨胀系数见表 2-12。

表 2-12　立方氮化硼的线膨胀系数

温度/K	线膨胀系数	温度/K	线膨胀系数
703	4.80×10^{-6}	1 173	5.6×10^{-6}
973	4.30×10^{-6}	1 433	5.80×10^{-6}

(4) 热稳定性（小于 1 个标准大气压）

在空气或氧气中，1 573 K 时 B_2O_3 保护层能阻止其进一步氧化，1 673 K 时没有转变为六方结构。

在氮气中，1 798 K 加热 12 h 时部分转变为六方结构。

在真空(1.33×10^{-5} Pa)中，转变为六方结构的临界温度为 1 773～1 873 K。

高压(5.0～9.0 GPa)下的强脉冲加热转变为六方结构的临界温度为 3 400～3 500 K。

(5) 熔点

在三相点、10.5 GPa 时，熔点约为 3 500 K。

(6) 形成热

六方氮化硼的形成热约为 251 J/(mol・K)(由 hBN 结构计算)；立方氮化硼的形成热约为 266 J/(mol・K)(由 cBN 结构计算)。

(7) 熵

六方氮化硼：$S_t=2.4\times10^{-4}$ J/(K・Pa)(计算值，298 K)。

立方氮化硼：$S_t=-4.9\times10^{-3}$ J/(K・Pa)(计算值，298 K)。

(8) 立方结构向六方结构的转变

p(MPa)=3.7T(K)−1 800，适用于 4.5～7.5 GPa 和 Li_3BN_2 溶剂。

$\Delta v=-1.89$ cm^3/mol(298 K 时的计算值)。

$\Delta S_t=-1.3$ J/mol(298 K 时的计算值)。

(9) 晶格能(U)

晶格能为 813～1 285 J/mol。

2.2.2.5　化学性能

(1) 立方氮化硼微粉的氧化过程

在不同分压(6.7×10^{2} Pa、6.7×10^{3} Pa、2.0×10^{4} Pa)下加热和冷却时，被氧化的立方氮化硼微粉质量变化与温度的关系曲线如图 2-24 所示。由图 2-24 可知微粉质量变化分若干阶段进行。

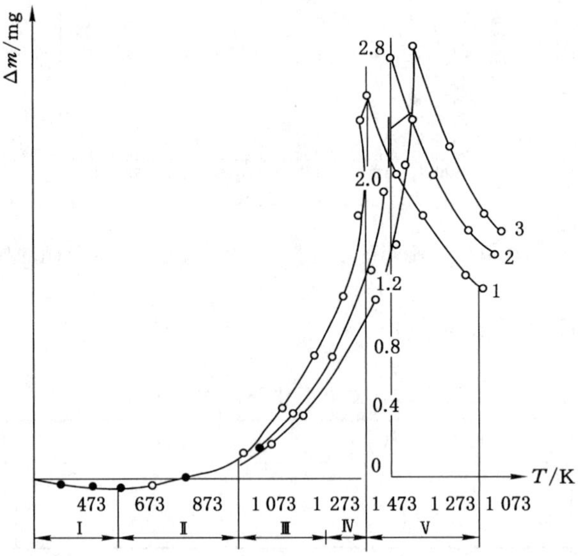

图 2-24　被氧化的立方氮化硼微粉质量变化与温度的关系曲线

第一阶段(Ⅰ区段)，加热到 573 K 时质量减少 0.3%，显然与微粉吸附的物质解吸有关。

第二阶段(Ⅱ区段)，表示在 573～973 K 范围内被氧化的微粉的质量变化。这个阶段氧化表现出的化学作用特征是典型的，可用以下化学反应式表达：

$$2BN+\frac{3}{2}O_2 = B_2O_3+N_2\uparrow$$

第三阶段(Ⅲ区段)，由于加热到 573 K 时质量减少 0.3%，显然与微粉吸附的物质解吸有关。

微粉氧化的第四阶段起始于 1 273 K(Ⅳ区段)，此阶段高速氧化的微粉质量与微粉颗粒分裂所引起的氧化表面成分的更新有关。

温度的进一步提高和维持时间的进一步延长，进入第五阶段(Ⅴ区段)。在第五阶段，B_2O_3 的蒸发速度超过其形成速度，因而氧通过氧化硼层的迁移更加激烈，整个过程加速进行，已被氧化的试样的质量明显降低能证明该结论。

(2) 立方氮化硼与一些化学元素之间的作用

立方氮化硼与铁、碳没有明显的亲和力，因此决定了其在磨削钢时是十分有价值的。

立方氮化硼与一些化学元素作用如下：

① Mo 在 10^{-4} mm 真空中约 1 630 K 时与立方氮化硼发生化学反应。

② Ni 在 10^{-4} mm 真空中约 1 630 K 时湿润立方氮化硼。

③ Fe、Ni、Co 在氮气中，1 620～1 670 K 时与立方氮化硼发生化学反应。

④ Fe、Ni、Co 在 10^{-5} mm 真空中湿润六方氮化硼。

⑤ 含有 Al 的 Fe 或 Ni 基合金 1 520～1 570 K 时与立方氮化硼发生化学反应。

⑥ Al 在 10^{-5} mm 真空中，1 320 K 时与立方氮化硼发生化学反应，和六方氮化硼产生明显的湿润和反应。

⑦ Si 在 10^{-5} mm 真空中 1 770 K 时湿润立方氮化硼。

⑧ Cu、Ag、Au、Ga、In、Ge、Sn 在 10^{-5} mm 真空中不湿润立方氮化硼或六方氮化硼，湿润功为(0.6～3.5)$\times10^{-5}$ J/cm^2。

⑨ Fe、Co、Ni、Si 在 10^{-5} mm 真空中 1 823 K 时湿润六方氮化硼，湿润功为(1.0～3.5)$\times10^{-4}$ J/cm^2。

⑩ B 在 2 470 K 时不湿润六方氮化硼，添加质量分数为 0.1%～1%的 Ti 或 Cr 时湿润性增强。

练习题

1. 人造金刚石的典型晶形有哪些？
2. 金刚石的晶体结构如何？
3. 常温下金刚石的化学稳定性如何？
4. 金刚石与过渡金属化学作用有哪两类？
5. 立方氮化硼的结构和性质如何？

第3章　超硬材料合成机理

3.1　金刚石合成机理

3.1.1　金刚石合成机理综述

金刚石合成过程是一个复杂的多相系统的物理化学过程。金刚石合成机理或转化机理，是指碳源（起始态）向金刚石（终止态）转变的反应过程（相变过程），即碳源在什么条件下以什么方式或通过什么途径转变为金刚石。碳源泛指用来合成金刚石的碳素材料，通常指石墨。

自1955年人工合成金刚石晶体首次出现以来，对人工合成金刚石晶体的生长过程有各种各样的解释。因为石墨是在高温、高压设备中转变为金刚石的，这个过程无法直接观察测验，所以其合成机理一直没有定论。国内外的研究者为了合理解释该机理，根据大量实验数据和结果总结出了许多学说。关于静压触媒法合成金刚石的机理，具有代表性的典型学说归纳起来可分为三类：① 碳原子单分散重建性转变观点（溶解、扩散观点），如溶剂说、催化剂说、催溶说等；② 整体直接转变观点（无扩散、直接转变观点），包括固相转化说和结构转化说；③ 逐层转变观点（有扩散的逐层催化转变），包括逐层转化说。

碳原子单分散重建性转变观点认为：石墨化学键先破裂，然后重建金刚石键，经过了一个有碳原子键打开到重新组合成新键的过程。这在结晶化学中称为重建性转变。实现这种转变往往需要提供较大的能量。在此过程中，包含碳原子的溶解、扩散和再结晶等步骤，也就是固-液-固转变，符合从溶液中结晶的规律。例如，晶体随时间延长而长大，表面有生长台阶和螺旋就是这种观点的例证。其中触媒的作用可以用溶剂的作用或多相反应催化理论加以解释。

整体直接转变观点认为：无需经过碳原子拆散过程，石墨键不发生断裂，而由石墨结构直接变形为金刚石结构。这种转变可以认为是固-固转变，在结晶化学中称为位移性转变。

逐层转变观点认为：石墨逐层催化转变，经过扩散叠加过程，逐渐形成金刚石晶体。

目前各种学说都不是十分理想，可以解释金刚石合成过程中的部分现象，但都不能圆满地解释所有现象。在众多合成理论中，碳原子单分散重建性转变观点中的溶剂理论是业界比较认可的金刚石的合成理论。因此，金刚石合成机理中重点介绍溶剂理论，但是为了加深对溶剂理论的理解，先介绍比较典型的固相转化理论以作为对比。

3.1.2　固相转化理论

早在1959年，朗斯代尔就提出一个崭新的观点：在石墨向金刚石转变的过程中无须令石墨断键解体，只通过简单的同素异构转变就可以实现石墨向金刚石的转变。他的依据是石墨的(0001)面和金刚石的(111)面具有一定的适应性。熔融的金属原子扩散进入石墨晶格中，使原本处于同一层面的碳原子层发生了褶皱，从而石墨便以固相方式转变成金刚石，之后金属析出。

该理论认为高压条件下石墨各层会相互靠拢，层间距变小；高温条件下，碳原子振动加剧，其振幅越来越大，移动的周期越来越长。当层间相对应的碳原子的振动方向相反时，它们便有规律地上下接近、互相吸引，从而使原先处于一个平面上的六边形格点的原子产生了垂直位移，而相互接近的碳原子间形成了与层方向垂直的化学键。此时平面的六角网发生变形，开始扭曲、褶皱，最终形成了以共价键结合的四面体，从而石墨向金刚石的转变完成。图 3-1 为石墨转变为金刚石前、后的结构示意图。

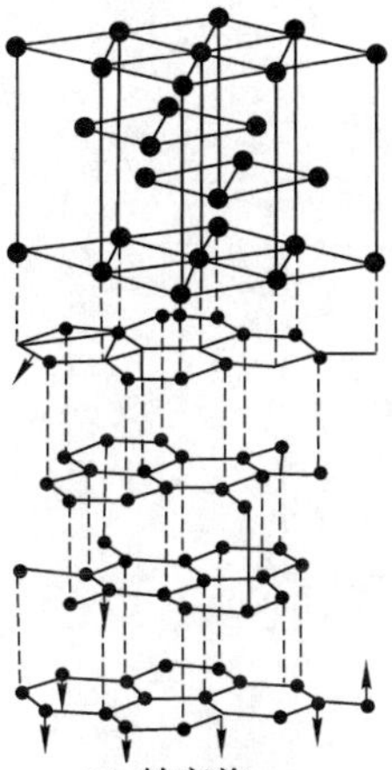
(a) 转变前

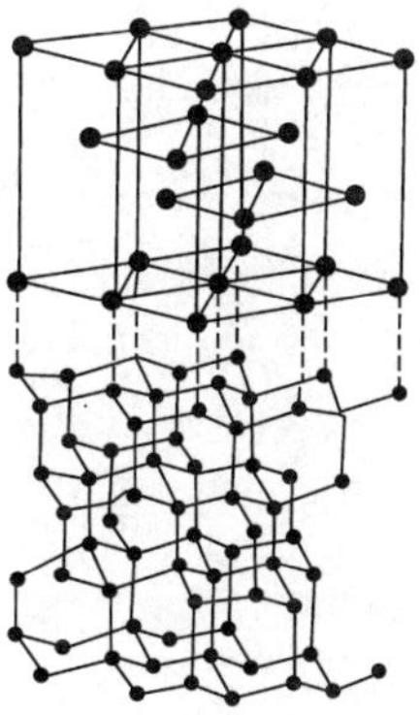
(b) 转变后

图 3-1　石墨转变为金刚石前、后的结构示意图

固相转变理论给出了清晰、可靠的微观结构模型，但对一些重要现象无法给出圆满的解释。例如金刚石具有的晶面生长习性，金属触媒只能在高温条件下才具有明显的作用等。

3.1.3　金刚石合成之溶剂理论

由于溶剂说可以成功地解释为什么石墨在高温、高压条件下的熔融金属中可以实现向金刚石的转变、金刚石的成核与生长等诸多其他理论难以统一解释的机理性问题，因此溶剂学说在国际上获得了普遍认可。

溶剂说又称为过饱和说。贾迪尼(A. A. Giardini)认为金属在碳的相变过程中起溶剂作用，石墨在高温、高压下以原子方式溶解直至饱和，然后从过饱和溶液中以金刚石的形式析出。该过程可用如下表达式进行说明：

$$(\text{石墨}+\text{金属触媒})\xrightarrow{\text{溶解至饱和}}\text{溶液}\begin{pmatrix}\text{石墨不饱和}\\\text{金刚石饱和}\end{pmatrix}\xrightarrow{\text{过饱和析出}}\text{金刚石}$$

该学说认为金刚石结晶的驱动力是其在溶液中的过饱和度。高温、高压下溶液中的金刚石达到过饱和，而石墨不饱和。这样形成连续溶液，石墨不断溶解，金刚石则析出结晶。

该学说可用于很好地解释采用温度梯度法合成宝石级金刚石大单晶等晶种培育法的机

理。另外，溶剂说还可以解释金刚石晶体螺旋生长现象。但是，对于一些可以溶解碳的金属，例如 Pb、Sb 等，并不能合成金刚石。

下面从热力学和动力学角度推导并说明金刚石合成的基本原理。

3.1.3.1 纯碳素体系中的石墨和金刚石的相平衡

金刚石与石墨是碳的同素异形体，常压下石墨是稳定相(图 3-2)。石墨在触媒参与下转变为金刚石的过程可以看作一个多元复相系统的等温、等压相变过程，遵循一般的相变规律。根据热力学理论，相稳定与否可以根据其所处的化学势的高低进行判定，处于化学势低的相是稳定相。在碳素的 P-T 相图(图 3-2)的不同区域，金刚石与石墨的化学势具有如下关系：

$$\mu_c^d < \mu_c^g \quad (\text{D 区}) \tag{3-1}$$

$$\mu_c^d > \mu_c^g \quad (\text{G 区}) \tag{3-2}$$

$$\mu_c^d = \mu_c^g \quad (\text{两相交界线}) \tag{3-3}$$

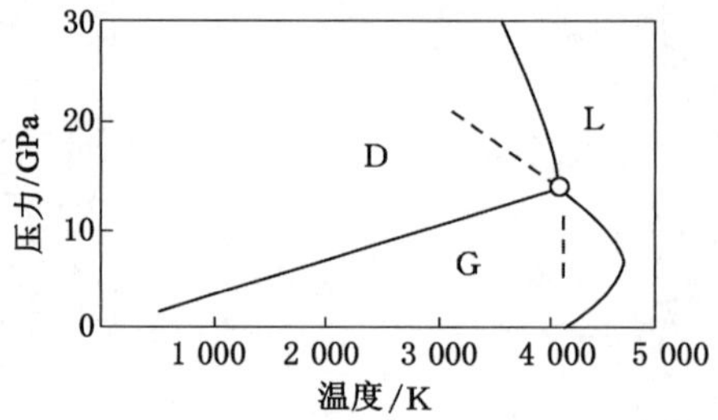

图 3-2 碳素的 P-T 相图

式(3-1)至式(3-3)表明：在石墨与金刚石两相平衡的条件下，石墨的化学势 μ_c^g 和金刚石的化学势 μ_c^d 相等，不存在相变的驱动力。偏离平衡且存在化学势差时，化学势高的相向化学势低的相转化。石墨向金刚石转变的驱动力可由金刚石与石墨的化学势差表示：

$$\Delta\mu(T,P) = \mu_c^d(T,P) - \mu_c^g(T,P) \tag{3-4}$$

$$\Delta\mu(T,P) = \Delta\mu(T,0) + \int_0^P \Delta\upsilon(T,P')\mathrm{d}P' \tag{3-5}$$

$$\Delta\upsilon(T,P) = \upsilon_c^d(T,P) - \upsilon_c^g(T,P) \tag{3-6}$$

式中，$\mu_c^d(T,P)$，$\mu_c^g(T,P)$ 分别为金刚石和石墨的化学势。

式(3-5)表明，即使常压下石墨是稳定相[$\Delta\mu(T,0)>0$]，由于 $\Delta\upsilon(T,P)<0$(常压下石墨和金刚石的摩尔体积分别为 5.3 cm^3/mol 和 3.4 cm^3/mol)，在足够高的压力和温度条件下也可使 $\Delta\mu(T,P)<0$，石墨向金刚石转变。

在平衡条件附近，式(3-5)可改写为：

$$\Delta\mu(T,P) = \int_{P_{eo}}^P \Delta\upsilon(T,P')\mathrm{d}P' = \Delta\upsilon(T,P')(P - P_{eo}) \tag{3-7}$$

P_{eo} 表示平衡压力，$\Delta P = P - P_{eo}$，称为过剩压力，即石墨向金刚石转变的驱动力与过剩压力成正比。

经过计算可知在 1 500～2 000 K 的温度范围内平衡压力与温度具有如下关系式：

$$P_{eo} = 0.003T \tag{3-8}$$

3.1.3.2　溶剂-碳素体系中的石墨和金刚石的相平衡

目前金刚石工业化生产仍然采用溶剂法。Ni 及其他的 3d 族金属或者由它们构成的合金，在高温、高压条件下与碳素共融形成溶解碳素的溶液。在溶液-碳素体系中，相平衡关系可以用式(3-9)表示。

$$\mu_c^d = \mu_c^l = \mu_c^g \tag{3-9}$$

式中，μ_c^l 为溶液中碳素的化学势。

斯特朗(Strong)和汉尼曼(Hanneman)论证了 Ni 作为溶剂时碳素的平衡问题。由于 Ni-C 系溶液中 C 的溶解度以及石墨或金刚石中 Ni 的固溶度均非常低，所以可以用正则溶液模型处理 Ni-C 系。

在正则溶液近似下($X_M^d \ll 1, X_M^g \ll 1$)，石墨和金刚石的化学势可表示为：

$$\mu_c^g = \mu_c^{go} + RT\ln(1 - X_M^g) \tag{3-10}$$

$$\mu_c^d = \mu_c^{do} + RT\ln(1 - X_M^d) \tag{3-11}$$

式中，X_M^d，X_M^g 分别为金刚石和石墨在金属中的浓度；μ_c^{do}，μ_c^{go} 分别为从纯碳素系中形成的金刚石和石墨的化学势。

由平衡条件[式(3-9)]有：

$$\mu_c^{do} + RT\ln(1 - X_M^d) = \mu_c^{go} + RT\ln(1 - X_M^g) \tag{3-12}$$

$$\mu_c^{do} - \mu_c^{go} = -RT(X_M^g - X_M^d) \tag{3-13}$$

$$\mu_c^{do} - \mu_c^{go} = (\upsilon^d - \upsilon^g)\Delta P \tag{3-14}$$

$$\Delta P = \{RT/(\upsilon^d - \upsilon^g)\}(X_M^g - X_M^d) \tag{3-15}$$

ΔP 为溶剂存在条件下石墨与金刚石相平衡线相对纯碳素体系二者相平衡线的压力移动，即溶剂存在条件下的平衡压力与纯碳素体系中石墨和金刚石相平衡压力的差值，如图 3-5 中的 $P - P_{el}$，g_0/d_0 表示纯碳素系的相平衡线，而 g/l/d 表示存在溶剂时的相平衡线。应该说，溶剂的存在导致相平衡线的上移。g_0/d_0 表示纯粹系的平衡线，g/l/d 表示溶剂存在时的平衡线。当反应条件为压力 P、温度 T 时，驱动力与过冷度($T_e - T_1$)或过剩压($P - P_{el}$)成比例。1 700 K 时可推得 ΔP 的值约为 0.03 GPa。如果用温度表示平衡线的移动，由式(3-8)可推算出 $\Delta T = 10$ K。

3.1.3.3　V 形金刚石生长区

通常熔融状态下的金属催化剂，既是金刚石的溶剂，也是石墨的溶剂。当含有碳素溶液中碳素浓度超过一定温度压力条件下金刚石或石墨的饱和浓度时，溶液中的碳素将以金刚石或石墨的形式析出。虽然溶解与析出与否取决于反应系的化学动力学特性，但基本上由金刚石与石墨的稳定性决定。

如图 3-4 所示，石墨向金刚石转变的区域，由金刚石(d)/石墨(g)的平衡线与溶剂和金刚石共晶线(*BC*)所挟的 V 形区域(斜线部分)构成，底部的圆弧形生成界限由实验确定。

由于不同溶剂与金刚石的共晶线不同，因此不同溶剂的 V 形区也不相同(图 3-5)。换句话说，合成金刚石的压力、温度条件，因触媒金属种类不同而有差异。表 3-1 列出了部分触媒合成金刚石所需的最低压力和温度条件。

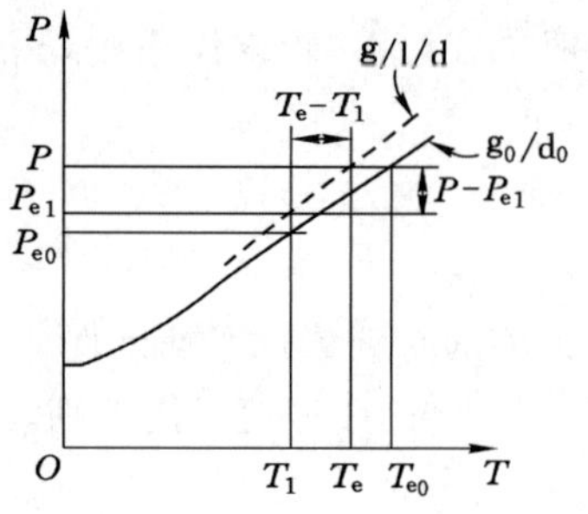

图 3-3　溶剂-碳素体系的 P-T 相图及变换驱动力

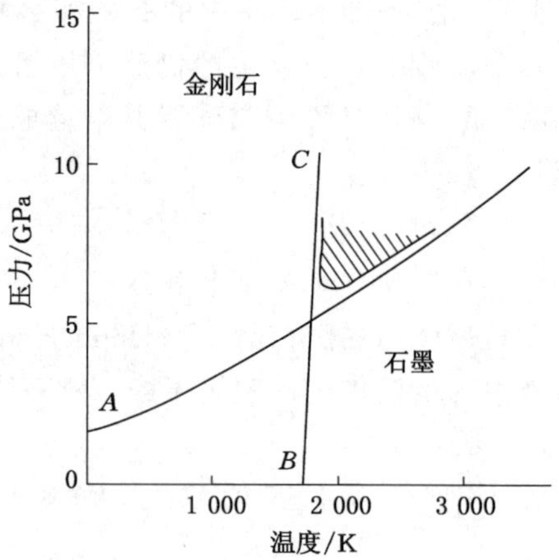

图 3-4　金刚石合成所需要的温度和压力条件

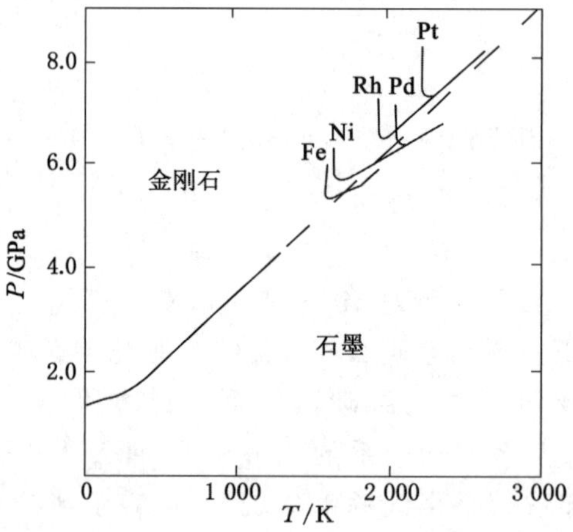

图 3-5　金属溶剂与金刚石反应区间

表 3-1　部分触媒合成金刚石所需的最低压力和温度条件

触媒	最低压力/GPa	温度/℃
Co	5.0	1 450
Ni	5.5	1 400(1 460)
Fe	5.3(5.8)	1 400(1 475)
Mn	5.7	1 500
Cr	7.0	2 100
Rh	6.3	1 700
Pt	7.0(7.2)	2 000
Ni-Cr-Fe(质量比为 80∶14∶6)	4.5(4.6)	1 150(1 230)
Mn-Ni(质量比为 92∶8)	5.3	1 475
Mn-Co(质量比为 92∶8)	5.0	1 450
Ni-Mn-Co(质量比为 70∶25∶5)	5.0	1 250～1 400

注:第 1 列下面倒数 4 行中括号内的数字比为括号前合金成分的质量百分比。

3.1.3.4 溶剂法中石墨向金刚石转变与生长的驱动力

由热力学关系可知化学势 μ 与摩尔熵 S_m 和摩尔体积 V_m 之间有如下关系式：

$$d\mu = -S_m dT + V_m dP \tag{3-16}$$

$$d\Delta\mu = -\Delta S_m dT + \Delta V_m dP \tag{3-17}$$

通常将温度差 $\Delta T=0$ 时的金刚石合成方法称为膜生长法(film growth method，简称 FGM)，而将 $\Delta P=0$ 时的金刚石合成方法称为温度差法(temperature gradient method，简称 TGM)。

(1) 膜生成法转变反应驱动力

正则溶液近似、平衡条件附近：

$$\Delta\mu = \mu_l^g - \mu_l^d = RT\ln(X_g/X_d) = \Delta V_m(P-P_e) \tag{3-18}$$

$$\Delta X/X_d = (\Delta V_m/RT)(P-P_e) \tag{3-19}$$

式中，X_g，X_d 分别为石墨和金刚石在金属溶液中的溶解度，$\Delta X = X_d - X_g$。

在磨料级金刚石的生长过程中，由于在金刚石晶体外侧包有一层薄薄的(100 μm 厚)金属膜(金属两侧分别是石墨和金刚石)，通常将磨料级金刚石生长方法称为膜生长法。在膜生长法中，作用在金属膜两侧的温度差可以忽略不计，金刚石的生长驱动力(过剩溶解度)与过剩压成正比。

(2) 温度差法生长驱动力

$$\Delta\mu = \mu_{Th}^d - \mu_{Tl}^d = RT\ln(X_{Th}^d/X_{Tl}^d) = \Delta S_f\Delta T \tag{3-20}$$

$$\Delta X/X_d = [\Delta S_f/(RT)]\Delta T \tag{3-21}$$

$$\Delta X/X_d = [\Delta h_f/(RTT_m)]\Delta T \tag{3-22}$$

式中，X_{Th}^d、X_{Tl}^d 分别为金属溶液中金刚石在高、低温时的溶解度；ΔS_f 为金刚石的溶解熵；$\Delta T = T_h - T$，$\Delta X = X_{Th}^d - X_{Tl}^d$；$\Delta h_f$ 为金刚石的溶解焓；T_m 为金刚石的熔点。

当金属层(几微米厚)两侧的物质都是金刚石晶体。金刚石晶体生长依靠从碳源石墨形成金刚石(金属层上边高温处)到正在生长的金刚石(金属层底部低温处)的碳原子输运时，若想维持晶体生长必须有一定的温度差存在，通常称此生长方法为温度差法。由式(3-20)和式(3-21)可知温度差法的生长驱动力(过剩溶解度)与温度差成正比。

由式(3-18)至式(3-20)可知：在平衡条件附近，作为 FGM 法和 TGM 法转变反应驱动力的过剩溶解度与过剩压和温度差成正比。图 3-6 给出了 V 形区内 FGM 法和 TGM 法转变反应的驱动力(ΔP 和 ΔT)的概念图。

金刚石转变反应驱动力可由准二元共晶状态图予以说明(图 3-7)。图中存在与安定相(金刚石，实线)和准安定相(石墨，虚线)相对应的溶解度曲线。由于一定温度 T 时所对应的溶解度不同，溶解度大的相将溶解，溶解度小的相将析出。与石墨相邻的触媒溶剂溶解超过金刚石溶解度的碳素，相对于金刚石产生了过饱和度，这一过饱和度成为膜生成法中金刚石晶体析出的直接驱动力。由于金刚石晶体的析出，限制了其周围碳素浓度的进一步上升，从石墨附近到金刚石出现浓度梯度，溶解的碳素得以输运，而运输走的碳素由石墨表面的继续溶解得以补充。

金刚石晶体的析出状况可以用图 3-8 描述。图中 ΔX_g、ΔX_d 以及 $\Delta X - \Delta X_g - \Delta X_d$ 分别为石墨溶解、金刚石晶体析出以及溶解碳素输运的驱动力。它们之间并不互相独立，必须满足物质流动的连续性关系。但是 ΔX 越大，各项驱动力也越大，变换速度也随之变大。

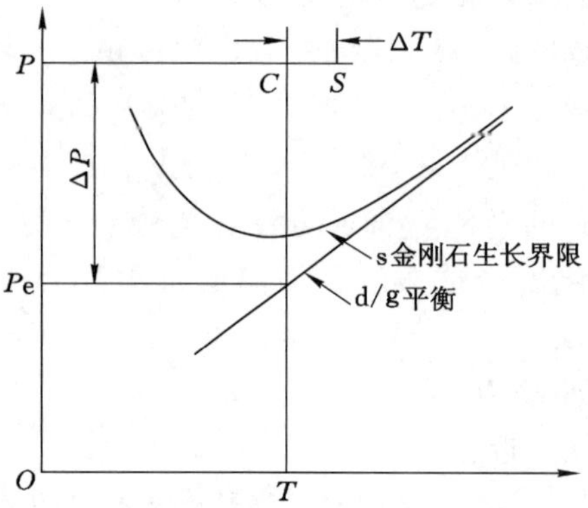

图 3-6 溶剂法温度、压力条件与反应驱动力

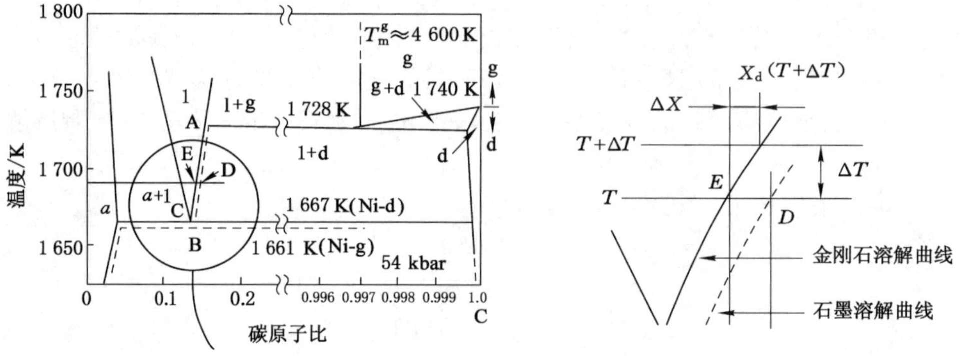

(a) (b)

图 3-7 碳素溶解度曲线与过剩溶解度

图 3-8 中，ΔX_d 为金刚石晶体析出的过饱和浓度差；ΔX_g 为石墨溶解的未饱和浓度差；ΔX 为碳源（石墨）合金刚石的溶解度差；X 为溶剂中的碳素浓度（坐标）；Z 为溶剂层中的位置（坐标）；X_d 为金刚石的溶解度；X_g 为碳素源的溶解度。

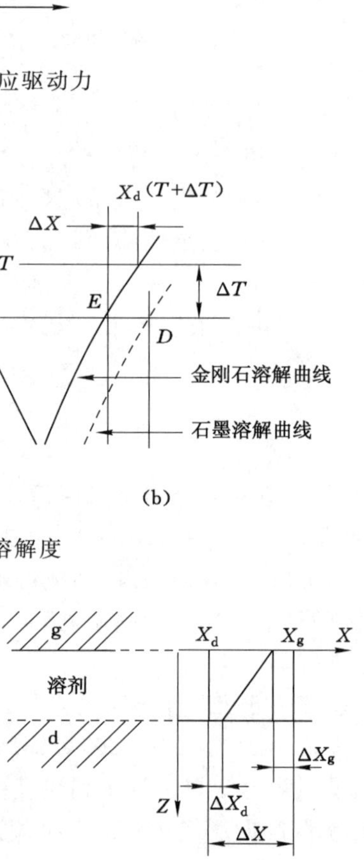

图 3-8 金刚石晶体析出状况说明图

温度差法中，高温处金刚石的溶解度大于低温处金刚石的溶解度，相对低温处产生的过饱和度成为金刚石晶体析出的直接驱动力。

3.1.4 液晶态逐层转化理论

（1）合成金刚石条件下石墨与触媒的存在状态——液晶态

在合成金刚石的高压、高温条件下，石墨和触媒存在部分远程有序性。这种存在状态是介于液态和固态之间的一种状态，称为液晶态。液晶态又称为物质第四态，不同于气、液、固三态。液晶态可分为近液相、中间相、近晶相。

（2）液晶态逐层催化转变过程

在液晶状态下，石墨在金属触媒催化作用下转变为金刚石的机制可以认为是逐层催化转变机制。逐层转化过程有如下三个要点：

① 液晶状态石墨的密排面(0001)与具有适当的电子结构和晶体结构的触媒金属的密排面(111)相互接触，发生多位吸附催化作用，石墨平面六角网发生褶皱，转变为椅式结构单元。不与触媒接触的石墨平面则不发生转变。

② 尚未接触的石墨平面与触媒密排面在平行方向上发生位移；当移动到适当位置时，有可能发生如上所述表面接触催化转变。

③ 转变后的椅式金刚石结构单元进行扩散，位置移动，位移至适当位置时互相叠加，形成三维有序的金刚石晶核。与此同时，位于层间的触媒金属扩散出去。在成核之后，上述逐层转变和位移叠加过程继续进行，金刚石晶体得以继续长大。

逐层催化转变和各层位移叠加，这就是逐层转化理论对金刚石成核和长大过程的解释。逐层转化理论既可以解释对触媒的结构要求，又可以解释金刚石晶体随合成时间长大的事实。

3.2　金刚石的动力学特性

3.2.1　金刚石晶粒的形成

为了获得晶粒大、强度高的金刚石晶体，就必须掌握人造金刚石晶体的生成规律。众所周知，任何新相的产生，都包含晶粒的形成和长大两个阶段。因此，控制晶粒的形成数量和生长速度十分关键。下面主要从定量的角度分析晶粒的形成。

3.2.1.1　晶粒的临界半径

晶粒的形成可能有多种途径，晶粒形成后，若不考虑应变，系统自由能的变化可用下式表示：

$$\Delta G = \Delta G_{体} + \Delta G_{表} = \frac{V\rho}{M}(G_2 - G_1) + \sigma S \tag{3-23}$$

为了简便起见，假定晶粒为球形，式(3-23)便可写为：

$$\Delta G = n(\frac{4}{3}\pi r^3)\frac{\rho}{M}(G_2 - G_1) + n(4\pi r^2)\sigma \tag{3-24}$$

式中，ΔG 为石墨转变成金刚石时系统自由能差；$\Delta G_{体}$ 为石墨转变成金刚石后体积自由能差；$\Delta G_{表}$ 为石墨转变成金刚石后表面自由能差；G_1 为石墨的摩尔吉布斯自由能；G_2 为金刚石的摩尔吉布斯自由能；ρ 为晶体密度；n 为晶粒数；r 为晶粒半径；σ 为形成金刚石后增加的表面张力；M 为碳的摩尔质量；V 为晶粒的总体积；S 为晶粒的总面积。

严格来说，讨论这种相变过程应该使用化学势。

利用式(3-24)可作出图 3-9 中的曲线 c，该曲线可以看作由曲线 a 和曲线 b 叠加而成。曲线 a、b、c 分别表示临界半径 r 与 $\Delta G_{体}$、$\Delta G_{表}$ 和 ΔG 的关系。

当石墨转变为金刚石后，自由能降低；晶粒越大，自由能降低得越多，如曲线 a 所示。同时也产生了表面能。晶粒越大，形成的表面积越大，表面能增加也越多，如曲线 b 所示。而曲线 c，则是上述两种相反作用的综合结果。

由曲线可以看出，不是所有瞬间出现的晶粒都能稳定存在和长大，只有那些 $\Delta G \leqslant 0$(即 $r \geqslant r_k$)的晶粒，才有可能稳定存在和持续长大。把 $r = r_k$、$\Delta G = 0$ 的晶粒称为临界晶粒，其半径称为晶粒的临界半径。

$r<r_k$ 的不稳定晶粒称为晶核，由曲线 c 可以看出：

① 当 $r>r^*$ 时，晶核又可能长大，因为这个晶核的长大使 ΔG 降低；

② 当 $r=r^*$ 时，晶核有可能长大，也有可能变小；

③ 当 $r<r^*$ 时，晶核将重新溶解，长大的概率很小。

因此，将 r^* 称为晶核的临界半径。当 $r\geqslant r^*$ 时晶核可能长大，直到 $r\geqslant r_k$ 时才能形成稳定的晶粒。

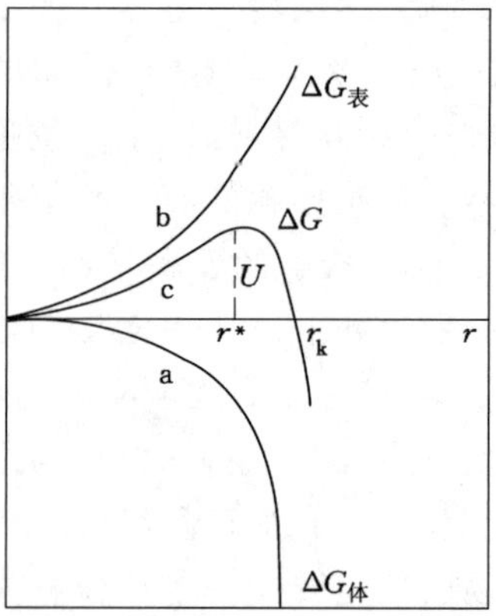

图 3-9　晶粒半径与 ΔG 的关系

由曲线 c 可以看出，当 $r=r^*$ 时，$\frac{\partial \Delta G}{\partial r}=0$，由式(3-24)可得：

$$r^*=-\frac{2M\sigma}{(G_2-G_1)\rho}=-\frac{2M\sigma}{\Delta G_p\rho} \tag{3-25}$$

晶粒临界半径 r_k，取决于相变动力，即石墨与金刚石自由能差 ΔG_p 的数值。由式(3-24)可知当 $r=r_k$，$\Delta G=0$ 时有：

$$r_k=-\frac{3M\sigma}{(G_2-G_1)\rho}=-\frac{3M\sigma}{\Delta G_p\rho} \tag{3-26}$$

由式(3-26)可知：在相平衡线上，$\Delta G_p=0$，r_k 趋于无穷大，因此难以生成晶核；在相平衡线上方附近，ΔG_p 较小，r_k 将会比较大；在远离相平衡线上方，ΔG_p 较大，r_k 比较小。

下面推导 r_k 与 p、T 的关系式。由前面章节可知：弱平衡压力为 p_n，在 p、T 条件下石墨与金刚石自由能差为 ΔG_p，则 $p_n=a+bT$，$\Delta G_p=\Delta V(p-p_n)$，将这两个式子代入式(3-24)可得：

$$r_k=-\frac{3M\sigma}{\Delta V(p-a-bT)\rho} \tag{3-27}$$

由式(3-27)可以看出 r_k 是关于 p 和 T 的函数。在金刚石稳定区，r_k 随着压力增大而减小，随着温度上升而增大。

3.2.1.2　晶粒的形成概率

根据统计力学规律来分析晶粒的形成概率与压力和温度的关系。晶粒的形成概率符合玻尔兹曼分布定律，可表示为：

$$W_k=C\exp\left(-\frac{E_活}{kT}\right) \tag{3-28}$$

式中，W 为临界晶粒的形成概率；C 为常数；k 为玻尔兹曼常数；T 为合成温度；$E_活$ 为形成临界晶粒时系统自由能变化过程中经历的极大值，即活化能，也叫晶粒形成功。

将式(3-25)中的 r^* 代入式(3-24)，可得：

$$E_活=\frac{16\pi M^2\sigma^3}{3(\Delta G_p\rho)^2} \tag{3-29}$$

或

$$E_{活} = \frac{16\pi M^2\sigma^2}{3[\Delta V(p - a - bT)\rho]^2} \tag{3-30}$$

将式(3-29)和式(3-30)分别代入式(3-28)得：

$$W = C\exp\left[-\frac{16\pi M^2\sigma^2}{3kT(\Delta G_p\rho)^2}\right] \tag{3-31}$$

$$W = C\exp\left\{-\frac{16\pi M^2\sigma^3}{3kT[\Delta V(p - a - bT)\rho]^2}\right\} \tag{3-32}$$

由此可知 $E_{活}$ 和 W 都是关于 p 和 T 的函数。$E_{活}$ 随着压力增大而减小，随着温度的升高而增大。当 T 较高而 p 较低时，$E_{活}$ 较大，形成晶粒必须越过较高的能量峰，因此 W 值就较小，即成核速率较慢。

在固定压力条件下，由式(3-32)可作出 W-T 关系曲线，如图 3-10 所示。由图 3-10 可知：

当 $T = 0$ 时，$W = 0$；

当 $p - a - bT = 0$ 时，即 $T = \frac{p - a}{b}$，$W = 0$；

当 T 介于两者之间时，W 有极大值。

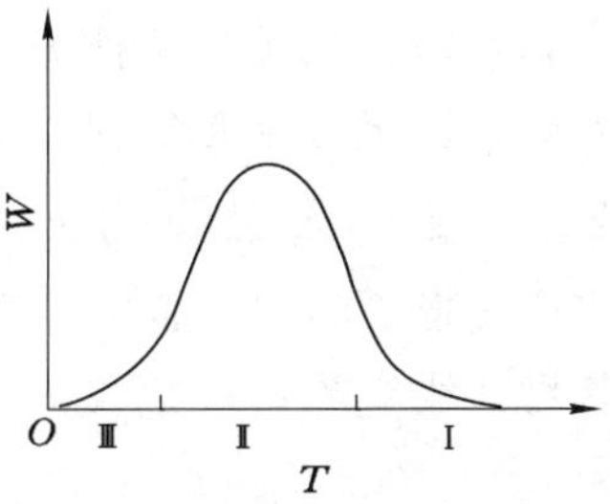

图 3-10　定压下晶粒形成率与温度的关系曲线

上述情况说明：要想控制晶粒形成概率，相对于某一固定压力，需要一个适当的温度，过高或过低都不合适，这就是压力与温度互相匹配问题。

由实验得知结晶量(石墨转化率，用质量分数表示)随温度的变化类似图 3-9 所示概率曲线。因此要想提高产量，需要注意压力与温度的匹配，在一定压力下，最高产量对应一个最佳温度。

以上讨论都以假定晶粒是球形为前提。形成晶粒为立方体时，假设边长为 L，石墨与金刚石密度分布为 ρ_G、ρ_D，则有：

$$\Delta G = \Delta G_{体} + \Delta G_{表} = \int \frac{p}{n}\Delta V\mathrm{d}p + \sigma S = -L^3\rho_D(p - p_n)\left(\frac{1}{\rho_G} - \frac{1}{\rho_D}\right) + 6L^2\sigma \tag{3-33}$$

$$r_k = \frac{4\rho_G\sigma}{(p - p_n)(\rho_G - \rho_D)} \tag{3-34}$$

$$E_{活} = \frac{32\sigma^3\rho_G^2}{[(p - p_n)(\rho_D - \rho_G)]^2} \tag{3-35}$$

对于形成晶粒为八面体来说，相应公式变为：

$$\Delta G = \frac{\sqrt{2}}{3}L^3\rho_D(p - pn)\left(\frac{1}{\rho_G} - \frac{1}{\rho_D}\right) + 2\sqrt{3}L^2\sigma \tag{3-36}$$

$$r_k = \frac{2\sqrt{2\sigma}\rho_G}{(p - p_n)(\rho_D - \rho_G)} \tag{3-37}$$

$$E_{活} = \frac{15\sqrt{3}\sigma^3\rho_G^2}{[(p - p_n)(\rho_D - \rho_G)]^2} \tag{3-38}$$

代入 $W_k = C\exp\left(-\frac{E_{活}}{kT}\right)$，经计算可知自发成核概率很小，对于形成立方体和八面体晶核，概率分别为：

$$W_{立}=2.53\times10^{37}\exp(-1.605\times10^{5})\ 个晶核/(mol\cdot s)$$

$$W_{八}=2.5\times10^{37}\exp(-1.388\times10^{5})\ 个晶核/(mol\cdot s)$$

在催化剂作用下的非自发成核，设有边长为 L、沉积厚度为 ΔL 的薄层，则有下列公式：

$$E_{活,立}=-[(L+\Delta L)^3-L^3](p-p_n)(\frac{1}{\rho_G}-\frac{1}{\rho_D})+6(L+\Delta L)^2\sigma_{D\text{-}L}-6L^2\sigma_{D\text{-}S} \tag{3-39}$$

$$E_{活,八}=-\frac{\sqrt{2}}{\sqrt{L}}[(L+\Delta L)^3-L^3](p-p_n)(\frac{1}{\rho_G}-\frac{1}{\rho_D})+2\sqrt{3}(L+\Delta L)^2\sigma_{D\text{-}L}-2\sqrt{3}L^2\sigma_{D\text{-}S} \tag{3-40}$$

式中，$\sigma_{D\text{-}L}$，$\sigma_{D\text{-}S}$ 分别为金刚石与液相、金刚石与非自发核之间的界面张力。后者无法测量，但若非自发核为金刚石，则 $\sigma_{D\text{-}S}\approx\sigma_L$，便可利用式(3-40)进行近似计算。

3.2.2 金刚石晶粒的长大

已经形成的临界晶粒如果要继续顺利长大，则需要合适且稳定的生长条件。金刚石生长特性曲线如图 3-11 至图 3-14 所示，分别反映生长速率和晶粒尺寸与压力、温度和时间的关系。

3.2.2.1 适当的生长速率

晶粒的形成和长大是性质不同的两个阶段。在结晶过程中所获得晶粒的大小与这两个阶段的速度的相对大小有关，分析如下。

对于三维晶种，晶粒形成功和形成率的表达式[式(3-29)和式(3-31)]可以简化为：

$$E_{活}=\frac{A}{G_p^2}$$

$$W=C\exp\left(-\frac{E_{活}}{kT}\right)=C\exp\left(-\frac{E}{T\Delta G_p^2}\right)$$

对于二维晶核，其形成功 $E'_{活}$ 和形成率 W' 相应有如下热力学统计规律：

$$E'_{活}=\frac{A'}{\Delta G_p} \tag{3-41}$$

$$W'=C\exp\left(-\frac{E'_{活}}{kT}\right)=C\exp\left(-\frac{B'}{T\Delta G}\right) \tag{3-42}$$

$E'_{活}\leqslant E_{活}$，$W'\geqslant W$。举例说明：

$$W'_{生长}=C\exp[-(\Delta E+p\Delta V')/kT] \tag{3-43}$$

式中，$W'_{生长}$ 为生长速率；ΔE 为生长活化能，相当于 $E'_{活}$；$\Delta V'$ 为活化体积。

对于 $Ni_{77}Mn_{23}$ 触媒，由合成时很接近的不同压力 p_1、p_2 的上述公式联立求解，可得 $\Delta E=120.2$ kJ/mol。合成条件下相变(成核)时，$E_{Ni}=364$ kJ/mol，可见，生长活化能比成核活化能小得多。这是因为长大过程是以二维或一维的沉积方式在已有的晶种上进行外延生长，所以只需要较小的活化能。

当温度固定时，由式(3-31)和式(3-32)可知：W 和 W' 都将随 ΔG_p 的变化而变化，但是 W 比 W' 变化得要快些。这种差别表现在结晶过程中会产生如下结果：

选定适当温度后，如果压力靠近相平衡线，相变动力 ΔG_p 较小，则 $E_{活}$ 和 $E'_{活}$ 较大，且

$E_{活}$ 变大更快，使得碳原子能量超过 $E'_{活}$ 较多而达到 $E_{活}$ 者较少，W 较小而 W' 较大，二者相差甚远，其结果是成核少而生长快，所得晶粒少而粗大。

相反，如果压力远离相平衡线，相变动力 ΔG_p 较大，活化能小，而且 $E_{活}$ 比 $E'_{活}$ 减小得更快。于是有较多的碳原子，其能量可以同时超过 $E_{活}$ 和 $E'_{活}$，则不仅 W' 大，W 也相当大，二者趋于接近。结果是生长快，成核也多，所得晶粒多而细小，总产量较高。

图 3-11 和图 3-12 所示实验结果反映了上述规律。

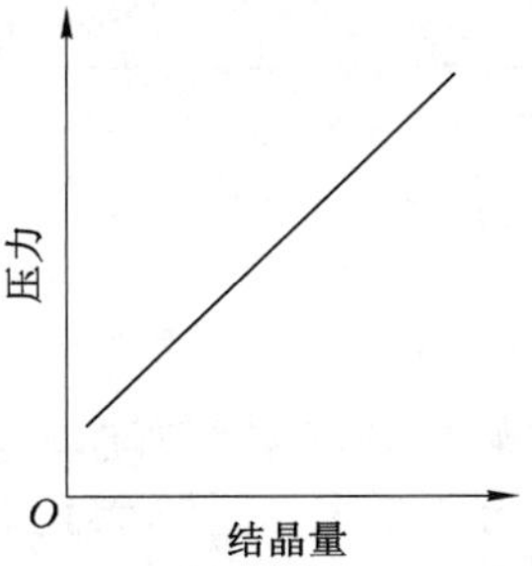

图 3-11　结晶量与压力的关系曲线（T 一定）

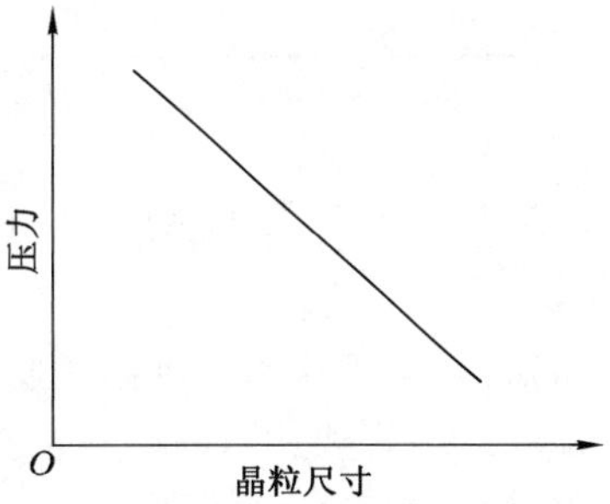

图 3-12　晶粒尺寸与压力的关系曲线（T 一定）

总之，选择合适的压力和温度以提供适当的转化动力，从而使得晶粒的形成速率和长大速率的相对大小有恰当的比例，这是决定晶粒生长状况的关键因素之一。

3.2.2.2　稳定的生长过程

压力和温度不仅要选择适当，还要在合成过程中保持稳定，不随时间发生大的波动。保持晶粒生长过程的稳定性是制取优质金刚石的另一个关键因素。

由前面的讨论可知：如果压力和温度发生波动，将会直接影响 ΔG_p，使得 r_k、W、W' 都随之波动。这样正常的结晶过程必然遭到破坏，产生各种晶格缺陷，甚至生长中止，还可能造成重新成核，出现新的晶种，这样就难以获得粗大、完整、均匀的晶粒。

晶粒尺寸是时间的函数，随时间延长而增大，如图 3-13 和图 3-14 所示。因此，p、T 保持几十分钟甚至更长时间稳定，是制取高品级、粗粒度金刚石的必要条件。

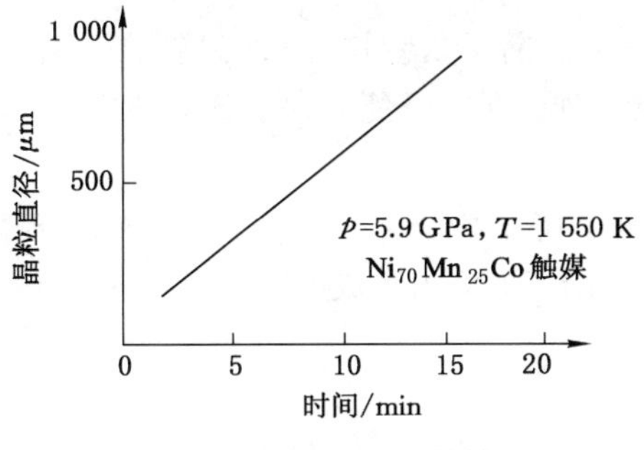

图 3-13　晶粒直径与时间的关系曲线

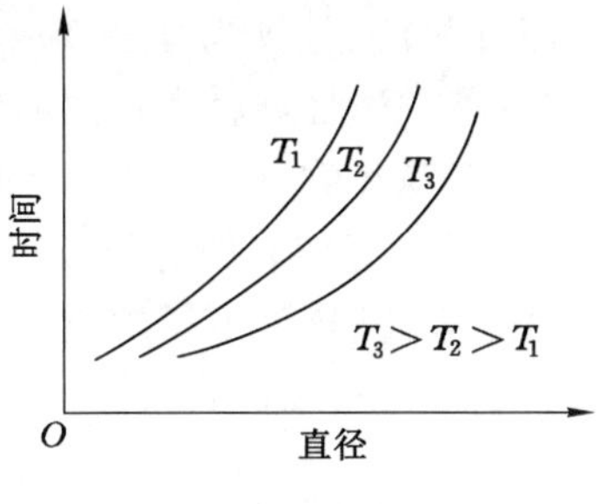

图 3-14　晶粒直径与时间和温度的关系曲线

从短时间的实验结果（图 3-12）来看，似乎呈直线关系，其实并不是这样。晶粒直径与生长时间有如下关系式：

$$t_{(L)} = \int_0^L \frac{ds}{\tau} = \int_0^L 2bs\,ds \approx bL^2 \tag{3-44}$$

式中，$\tau=\frac{1}{2bs}$，mm/h；s 为晶粒平均直径，mm；L 为生成晶粒的大小，mm；b 为与生长条件有关的参数，随晶形而不同，一般取 2.6～5 h/mm^2；$t_{(L)}$ 为生长尺寸为 L 的晶体所需要的时间，h。

由表 3-2 可知一颗 5 mm 左右的宝石级晶体基本可以在 2 d 内长成。

表 3-2　晶粒直径与生长时间的关系表

晶粒直径/mm	1	5	7
生长时间/h	1～2.5	22～55	90～167

3.3　立方氮化硼合成机理

众所周知，金刚石作为一种超硬材料，已被广泛应用于矿山钻探、切削加工、研磨抛光、拉丝模等领域。尽管如此，金刚石也有其不足之处。例如，当加工烧结过的碳化硅那样的高硬材料时，金刚石的表面温度可达 1 200～1 500 ℃，由于其热稳定性不够理想，在这样的高温下金刚石迅速消耗，从而使加工效率受到限制。再如，当用金刚石加工高钒钢等黏硬性材料时，其表面很快就被这种黏硬性材料所损耗，以致影响加工的顺利进行。金刚石的这些缺点限制了它的更为广泛的应用。

作为一种新型超硬材料出现的立方氮化硼（cBN），除具有金刚石的可贵特性之外，还具有很高的热稳定性，在理想情况下，即使在 2 000 ℃高温下也不显现任何变化，当用它加工过渡族黏硬性材料时，也显得非常锋利。此外，立方氮化硼还具有良好的电绝缘性、导热性和耐化学腐蚀性，因而它在许多高科技领域都有着重要的用途。

但是目前只有人造的立方氮化硼，尚未发现天然的立方氮化硼。与人造金刚石的获得相似，立方氮化硼是将一种类似石墨结构的六方氮化硼（hBN）置于高温、高压之下，使其结构发生重大转变而得到的。为认识 cBN 晶体的形成规律，下面将从分析 hBN、cBN 和触媒物质的原子结构及其相互作用入手，阐明高温、高压下 hBN 向 cBN 转变的机理。

3.3.1　氮化硼晶体的两种结构

氮化硼（BN）有两种结构：一种是类石墨的六角平面网层状结构，质地柔软，称为六方氮化硼（hBN）；另一种是类金刚石的四面体结构，质地坚硬，即立方氮化硼（cBN）。

3.3.1.1　六方氮化硼（hBN）的晶体结构及其特点

硼（B）是元素周期表中的第 5 号元素，其核外电子层结构为 $1s^2s^22p^1$。氮（N）是周期表中的第 7 号元素，其核外电子层结构为 $1s^22s^22p^3$。当 B 和 N 化合成 hBN 时，它们的核外电子层结构和电子运行轨道都发生了相应的变化：

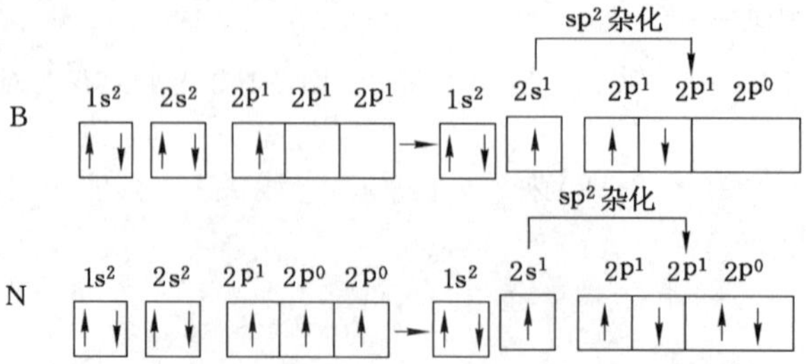

此时，B 的 3 个价电子经 sp^2 杂化后，形成了 3 个位于同一平面内相互成 120°的新的运动状态，而 $2p_z$ 轨道是空着的。和 B 一样，N 原子也是动用了它的 3 个价电子进行 sp^2 杂化，进而形成 3 个位于同一平面内相互成 120°的新轨道。与 B 不同的是，N 原子的 $2p_z$ 轨道不是空着的，而是填满了 2 个电子，如图 3-15 所示。图 3-16 为由 B、N 原子所组成的 hBN 晶体。

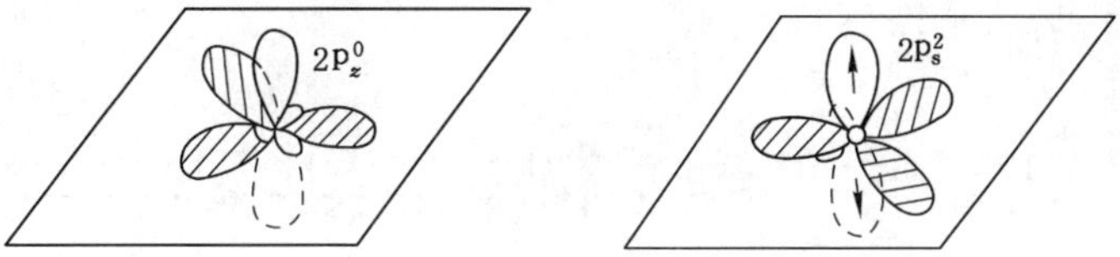

(a) B原子　　(b) N原子

图 3-15　B 原子和 N 原子的 sp^2 杂化电子轨道

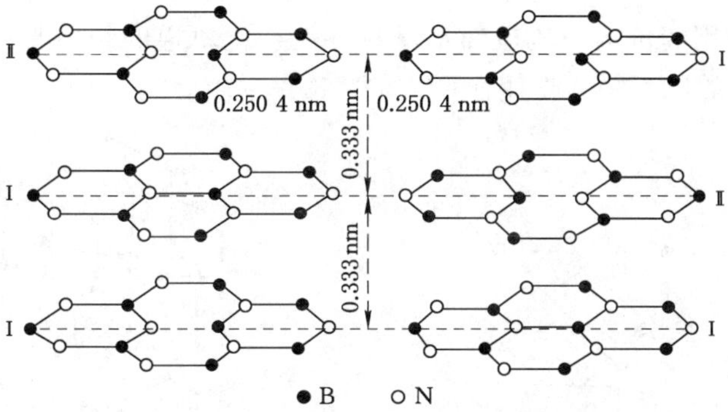

(a)　　(b)

图 3-16　六方氮化硼(hBN)的两种结构

如果将 hBN 和石墨进行对比，可以发现如下异同点：

(1) hBN 和石墨都是具有层状结构的晶体，由于这种晶体的层与层之间的作用力(范得瓦尔斯力)非常弱，所以都极易产生相邻层间的相对滑移，这就是 hBN 和石墨同属于软质材料的原因。但它们都具有两种结构形式。

(2) 在石墨结构中，碳原子间都以共价键(σ 键)连接，此外每根共价键上还有 1 根不饱和的金属键(π 键)，因而，就一个石墨单层而言，是不易被破坏的。所以石墨具有非常良好的热稳定性，其熔点为 3 850 ℃。在 hBN 的结构中，B 原子与 N 原子的结合也是以共价键相连接的。虽然每根 σ 键上没有 π 键的加强作用，但 B 原子的 $2p_z$ 空轨道对于 N 原子的 $2p_z$ 轨道中 2 个电子却具有一定的吸引力，因而在一定程度上使 σ 键得到加强。所以，hBN 也具有相当高的热稳定性，理想情况下 hBN 可耐近 3 000 ℃的高温。

(3) 石墨因具有不饱和金属键而表现出良好的导电性能。但是，在 hBN 结构中，B 原子的 $2p_z$ 轨道是空着的，而 N 原子的 $2p_z$ 轨道中却是 2 个孤电子，所以构不成 π 键。因而，hBN 不但是良好的耐热材料，而且是出色的绝缘材料。hBN 的这种优良性能，在超高压、高温技术领域尤其显示了其巨大优越性。

3.3.1.2　立方氮化硼(cBN)的晶体结构及其特点

B 和 N 化合不仅能构成 hBN，在一定条件下，B 原子和 N 原子还可以构成具有金刚石结构的立方氮化硼(cBN)。在立方氮化硼结构中,B 原子与周围 4 个 N 原子是以 σ 键相连接的,它自己处于由这 4 个 N 原子所构成的正四面体中心。同样,N 原子也是与周围的 4 个 B 原子以 σ 键相连接的,它自己也是处于由 4 个 B 原子所构成的正四面体的中心。结晶格子中,在 4 个相邻原子构成正四面体的情况下,存在立方和六方两种晶系的可能性。在 cBN 晶体中,实际上也存在立方晶系(称为闪锌矿型结构的 cBN)和六方晶系(具有纤锌型结构的 wBN)两种晶系,如图 3-17 所示。

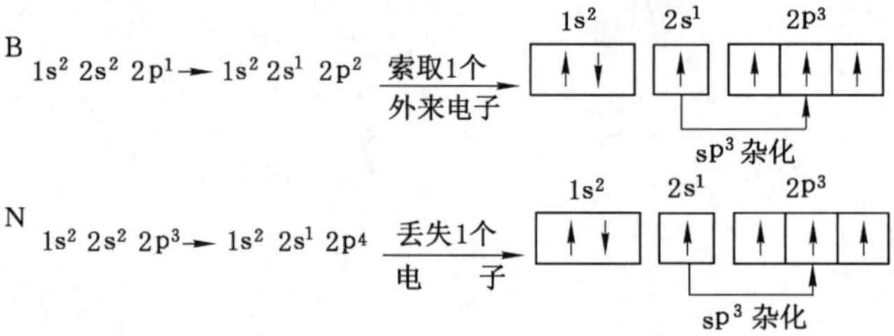

此时,对外起作用的价电子轨道都是具有 sp^3 杂化轨道的统一形式。cBN 就是由具有这种结构的 B 和 N 的原子相互作用而形成的。

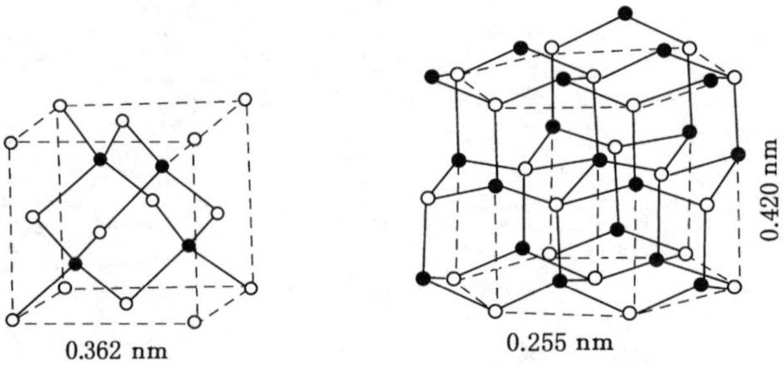

(a) 闪锌矿型氮化硼(cBN)　　(b) 纤锌矿型氮化硼(wBN)

图 3-17　立方氮化硼的晶体结构

将立方氮化硼和金刚石进行比较,可以发现一些异同点:

(1) 无论是在 cBN 结构中还是在金刚石结构中,均由彼此直接作用的 5 个原子组成 1 个正四面体,而其中 1 个原子与其他 4 个原子之间等距离,正好处于这个正四面体中心。它们之间的相互作用都是较强的 σ 配键,这就是 cBN 和金刚石同属于超硬材料的重要原因之一。

(2) 在金刚石结构中,碳原子间的相互作用靠 σ 键的键力。在 cBN 结构中,B 原子和 N 原子间的作用力则靠 σ 配键的键力。所以其键距(0.156 nm)比金刚石中的碳-碳键距(0.154 nm)大,其硬度比金刚石的稍低。

(3) 金刚石有闪锌矿型和纤锌矿型两种结构,而 cBN 也同样具有这两种结构。

3.3.2 hBN 向 cBN 的结构转变

3.3.2.1 hBN 向 cBN 转变的微观历程及其表达式

首先介绍 hBN 中的ⅠⅠⅠ型结构转变为闪锌矿型 BN 的情况。在加压的过程中,先是层与层之间(c 轴方向)的距离渐渐缩短,随后便是相邻两层之间有规则的滑移[图 3-18(a)至图 3-18(b)]。滑移的结果和石墨的ⅠⅡⅢⅠ型结果完全一样。当温度升高时,hBN 结构中的 B 原子和 N 原子的热振动逐步加剧。这种逐步加剧的热振动，一方面能使因加压而引起的规则滑移最终达到完美的程度，同时能使 B 原子和 N 原子热振幅不断增大，这种热振动与使层间距离缩小的因素综合在一起，可使层与层之间的 B 原子和 N 原子进入可以相互作用的范围内。从而 B 原子和 N 原子热振动不再是多向的，而是单向的。这是因为处于同一层的 B 原子，在它的正上方最近层上正好有 1 个 N 原子和它相对应，而它的正下方最近层上却没有 N 原子；与 B 原子的情况正好相反，处于同一层上的 N 原子，在它的正下方最近层上正好有 1 个 B 原子和它相对应，在它的正上方最近层上没有 B 原子。从 B 原子与 N 原子开始进入作用范围时起，同一层的 B 原子的振动，向上的幅度大，向下的幅度小；而 N 原子则是向下的幅度大，向上的幅度小。随着压力的不断增大和温度的不断升高，层与层之间的 B 原子、N 原子的距离也越来越近，其相互作用力也越来越强。因而 B 原子更倾向于向上振动，N 原子更倾向于向下振动。这个过程的直接结果是导致 B 原子单向向上振动，N 原子单向向下振动，直至层与层之间的 B 原子和 N 原子相互作用成键而进入新的状态。

B 原子和 N 原子的成键过程：由于压力不断增大和温度不断升高，层与层之间正好在一起的 B 原子和 N 原子的作用逐步加强。从而引起 N 原子 $2p_z$ 轨道中的电子云渐渐在垂直方向上向着 B 原子、N 原子之间集中，当作用达到一定程度时，B 原子的 $2p_z$ 真空轨道便夺取 N 原子轨道中的 1 个电子，从而使自己由原来的 sp^2 杂化状态变为 sp^3 杂化状态。而本来的三价的 B，现在也随之变为四价。它除了与原来相作用的 3 个 N 原子相连接以外，又与原来处于上一层的 N 原子连在一起。与此同时，N 原子在夺去 1 个 $2p_z$ 电子之后，剩下的 1 个 $2p_z$ 电子便加入 N 原子的 sp^2 杂化体系，从而使 N 原子由原来的 sp^2 杂化状态变为 sp^3 杂化状态。同样，N 原子除与原来的 3 个 B 原子作用外，又与处于它下一层中的 B 原子连接在一起。应当特别指出，B 原子和 N 原子之间的键已变成 σ 配键。图 3-18(b) 至图 3-18(c) 为这个过程的最终结果。

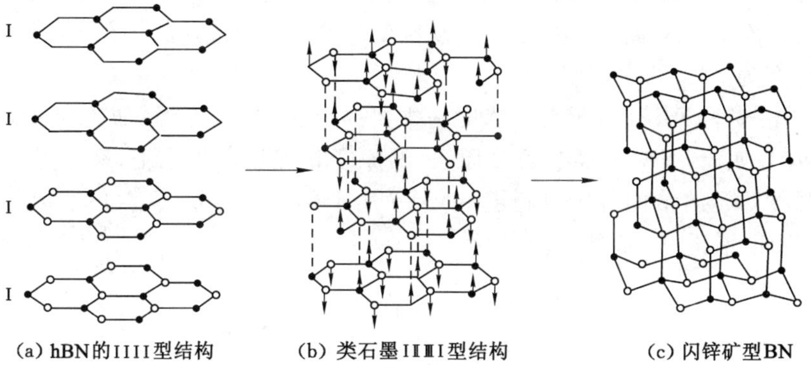

(a) hBN的IIII型结构　　(b) 类石墨IIIII型结构　　(c) 闪锌矿型BN

图 3-18　I I I I 型 hBN 向闪锌矿型 BN 的转变

B 原子和 N 原子的这种相应的变化过程可用如下式子表示出来：

$$\begin{array}{llcl}
\text{上层，B} & sp^2 & + & 2p_z^0 \longrightarrow sp^2 + 2p_z^1 \longrightarrow 2sp^3 \quad \text{B} \\
 & & & \text{高温高压}\downarrow e \qquad\qquad\qquad\qquad \downarrow \text{cBN} \\
\text{下层，N} & sp^2 & + & 2p_z^2 \longrightarrow sp^2 + sp_z^1 \longrightarrow sp^3 \quad \text{N}
\end{array}$$

一旦 B 原子和 N 原子完成了上述变化，则 hBN 晶体也就整体转变成 cBN 晶体了，这个过程也可以用如下式子形象地表示出来。

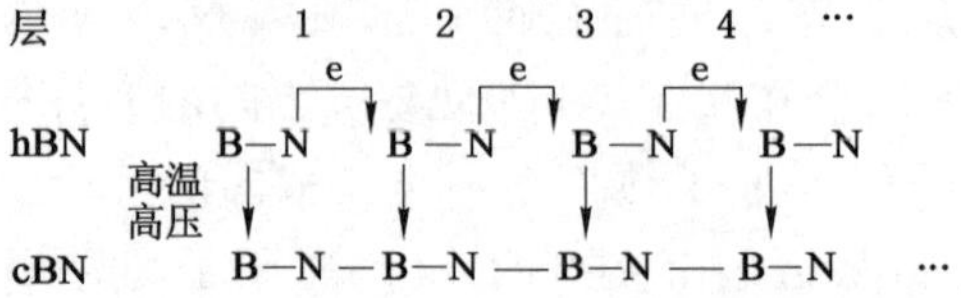

根据同样道理，可以说明ⅠⅡⅠ型结构的 hBN 在高压、高温下向纤锌矿型结构 BN 的转变机理。所不同的是，ⅠⅡⅠ型 hBN 无须经过层与层之间的规则滑移，可以直接转变，如图 3-19 所示。

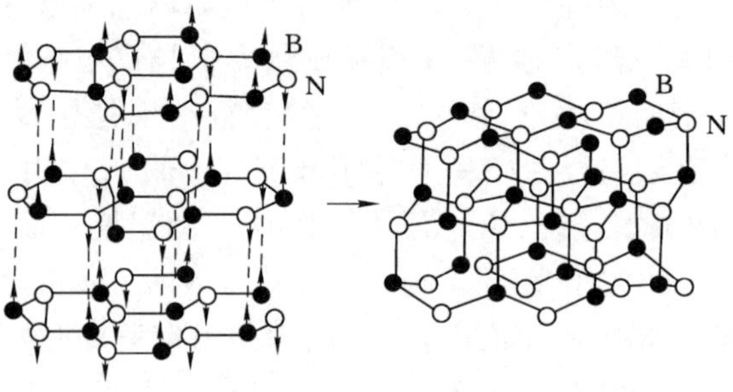

图 3-19　ⅠⅡⅠ型 hBN 向纤锌矿型 BN 的转变

实践已证明了上述结构转变，转变条件为 11～12 GPa 的高压和约 2 000 ℃的温度。应当指出：在压力过低、温度过高的情况下，cBN 向 hBN 转变也是有可能的。

从上述分析可以看出 hBN 之所以能在一定的压力和温度下转变为 cBN，是因为 hBN 中的 B 原子和 N 原子都处于 sp^2 杂化状态，当层与层之间上、下对得很准的 B 原子和 N 原子相互靠近发生作用时，B 原子便夺取 N 原子 1 个 2p 电子，从而使 B 原子和 N 原子都呈现 $sp^2+2p_z^1$ 的状态。这与高温、高压下石墨转变为金刚石的情况一样，$sp^2+2p_z^1 \rightarrow sp^3$ 便是 hBN 能够转变为 cBN 的内在因素。

在 hBN 转变为 cBN 时，压力和温度是主要的外在因素，加温、加压使 hBN 晶体层间产生规则滑移，并使上、下对得很准的 B 原子、N 原子相互靠近和作用，最后完成转变。

B、N 两种原子的结构转变引起了 hBN 平面网的扭曲。hBN 六角平面网有两种扭曲，即椅形扭曲和船形扭曲，如图 3-20 所示。

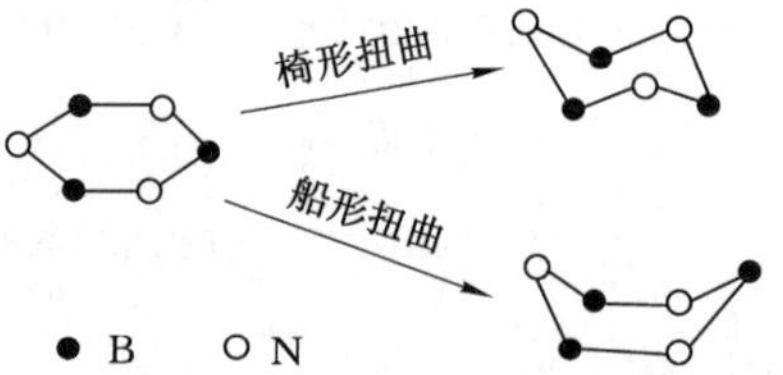

图 3-20　hBN 六角平面网的两种扭曲

前面所述 hBN 向 cBN 的转变，其六角平面网属于椅形扭曲，也可称为椅形转变模式。下面介绍 hBN 向 cBN 的船形转变模式。

3.3.2.2　hBN 向 cBN 转变船形模式

船形转变模式为 rBN(具有ⅠⅡⅢⅠ结构的类石墨六方 BN)转化为 wBN(具有纤锌矿结构的六方 BN)的独特转化方式。

船形转变模式的基本要点为:转化过程是使同一平面六角网格内相邻两列原子同时向下振动,另外相邻两列原子同时向上振动。通过椅形模式相似过程使平面六角网格扭曲成船形。

如图 3-21 所示,3、4 行原子向下振动成键,1、2、5、6 行原子向上振动成键,结果使网格平面扭曲成船形,形成 wBN 结构。

图 3-22 表示 hBN 结构中中间层的六角网状格子及上、下层 B 原子、N 原子在中间层上投影的位置。如果 3 层都是第 1 行原子向下振动成键,第 2 行原子向上振动成键,则中间层第 1 行向下振动的 N 原子分别与下层第 2 行向上振动的 B 原子成键,中间层第 2 行向上振动的 B 原子分别与上层第 1 行向下振动的 N 原子成键。由于中间层第 2 行 B 原子向上振动成键,将拉起中间层第 3 行 N 原子使其靠近上层,因而该行 N 原子将向上振动并与上层第 4 行 B 原子成键,中间层第 4 行 B 原子向下振动与下层第 3 行 B 原子成键,所以上、中、下 3 层都是 1、4 行原子向下振动成键,2、3 行原子向上振动成键,从而使六角网格平面扭曲成船形。经过船形转变形成的 wBN 的 c 轴与原始氮化硼的 c 轴有下列对应关系:

[001]w//[210]r,[010]w//[101]r,(100)w//(001)r

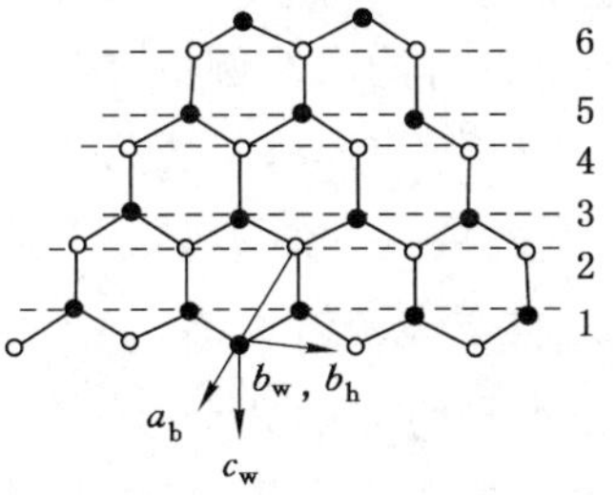

图 3-21　船形转变时层平面上原子成键
(3、4 行原子向上振动成键;1、2、5、6 行原子向下振动成键)

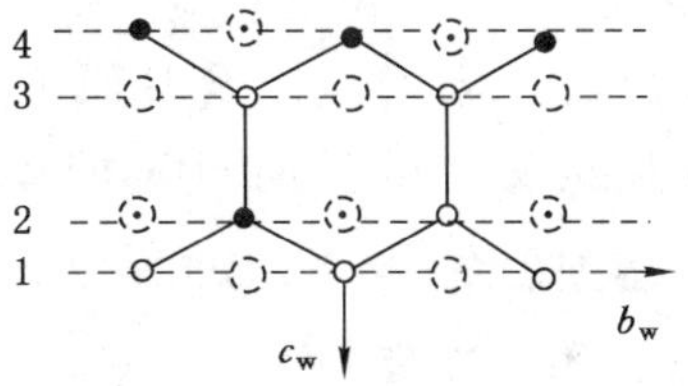

●——中间层的 B 原子,○——中间层的 N 原子;
⊙—上、下层的 B 原子在中间层上的投影;
◌—上、下层的 N 原子在中间层上的投影。

图 3-22　船形转变前上、下层原子在中间层上的投影

通过上面的分析可以看出 rBN 只要通过平面间的较小滑移即可形成 wBN 结构。

3.3.2.3　椅形和船形转变模式的特点

在结构转变过程中,两种转变模式所需的能量不同。椅形转变中,六角网格中的 6 个键的方向和长度都发生变化,而船形转变中只有 4 个键发生变化。在椅形转变中,拉起 1 个 B(或 N)原子要克服它周围 3 个 N(或 B)原子的作用;船形转变只涉及 2 个近邻原子,这样船形转变所需的能量比椅形转变的小。这正是 rBN 在能量低时(即温度低时)转变为 wBN 比转变为 cBN 更容易的原因。

有了上述两种结构转变模式,就可以解释类石墨氮化硼直接转变为类金刚石氮化硼时的结构变化过程,并且可以确认在氮化硼的多形转变中存在着结构转变机制。在难以实现原子集团拆散和重排的条件下,提高压力可实现类石墨结构 BN 向类金刚石结构 BN 的直接转变。在这一转变过程中 hBN 易于变为 wBN,rBN。

3.4 触媒在BN晶体转变过程中的作用

3.4.1 触媒的作用机理

上节内容指出，使 hBN 直接转变为 cBN 的温度和压力是相当高的，但是在合成立方BN时，采用了有效触媒，能在压力为 45～90 GPa、温度为 1 400～1 800 ℃的条件下进行合成。至于触媒为什么能使合成立方 BN 的压力和温度降低，有必要对式子进行更深入的探讨。

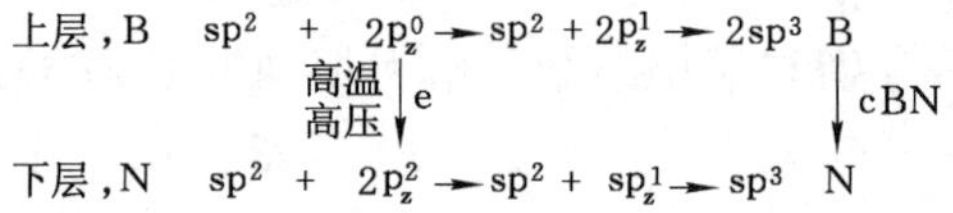

不难看出，在高温、高压下，转变过程首先开始于 N 原子的 $2p_z$ 电子向 B 原子的转移，即 B 原子要夺取 1 个 N 原子的 $2p_z$ 电子。然而，N 原子的 $2p_z$ 轨道中是 2 个自旋方向相反的孤电子，能量较低，比较稳定，所以不会轻易地被 B 原子拉走。

可以设想在 hBN 晶体的表面附近有一蓄量丰富的"电子源"，可以充分提供电子给 B 原子，以使 B 原子顺利完成 $sp^2+2p_z^1 \rightarrow sp^3$ 的结构转变，进而又影响 N 原子的结构转变，这样可使它所需的压力、温度相应降低，这种设想的情况实际上是可能的。例如，将金属镁(Mg)与 hBN 放在一起，作为供给 B 原子电子的电子源，当压力为 5.5 GPa、温度为 1 500 ℃左右时，就可以实现由 hBN 向 cBN 的转变。

3.4.2 触媒作用下 hBN 向 cBN 转变中的微观历程表达式

Mg 是周期表第二族的元素，被称为碱土金属。它很容易将它的 2 个电子丢掉，这正好可作为 B 原子的电子源。当 B 原子很容易取得由 Mg 丢失的 1 个电子以后，其结构便发生转变。

$$B: sp^2+2p^1 \rightarrow sp^3$$

此时，位于 hBN 同一平面环内的 N 原子，由于受到 B 的影响其结构被迫调整。也就是说，N 原子被迫丢掉 1 个 $2p_z$ 电子而完成如下结构转变：

$$N: sp^2+2p^1 \rightarrow sp^3$$

六方 BN 便首先在紧靠金属 Mg 的这一层上完成 hBN 向 cBN 的转变。熔融触媒金属与 hBN 之间的相互扩散，致使触媒能逐层将 hBN 转变为 cBN 结构，这个过程可表示为以下公式：

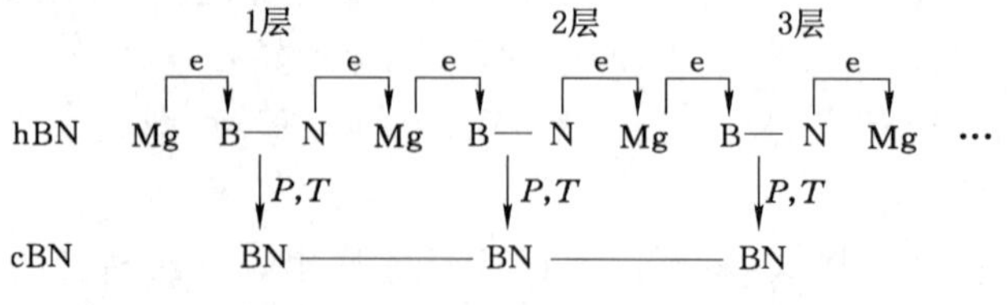

已具有 cBN 结构的 B、N 原子集团，作为 cBN 的生长基元，经过扩散、成核和长大，最后形成具有某种规则外形的 cBN 晶体，其生长也具有稀薄溶液中晶体生长的一切特征。

可以推断，类似 Mg 那样可以丢失其电子的物质都能作为 BN 晶体转变的触媒。实验已证明，碱金属、碱土金属、铅、铝、锡、锑等以及它们的氮化物都是有效的触媒。

合成金刚石所选用的触媒材料也同样可以用于合成cBN。高温、高压下，d壳层缺少电子而具有吸引电子能力的过渡族金属，可以夺取hBN中N原子孤电子对的1个电子，使N原子首先完成sp^3杂化，随后金属再将这个电子"送给"B原子，并使其完成sp^3杂化。但是，hBN中N原子孤电子对处于能量低的较为稳定的状态，所以要夺取它的电子就必须付出更大的代价，即用过渡族金属合成cBN时需要比用碱金属有更高的压力和温度。但过渡族金属作为结晶基底要比碱金属好得多，这对于cBN晶体的生长大有好处。

3.4.3　hBN向cBN转变的本质

(1) 高温、高压下hBN转变为cBN的过程中不是将hBN晶体中的各原子拆散。触媒的加入使转变过程降低了温度和压力，而基本的转变机制没有改变。在有触媒存在的情况下，由于合成压力和温度大幅度降低，hBN的层间距就不可能被缩到两层之间B，N原子能直接作用那样的距离(约0.210 nm)，故尽管与触媒接触那一层hBN已被转变为立方结构，但它也不能引起下面若干层的直接整体转变，而只能逐层被触媒转变，B、N原子之间的电子转移，靠对触媒电子的"一借一还"来完成。无触媒参与的直接转变是靠B原子对N原子的直接索取来完成的。

(2) 从本书的观点出发，要想得到质量优良的cBN大单晶，首先要选用结晶良好且晶体尺寸较大的hBN，同时还要注意选用好的触媒。当然，最佳合成工艺条件的掌握也是必不可少的。

(3) 正如前面所叙内容，在无触媒存在的hBN→cBN转变中，具有ⅠⅠⅠ型结构的cBN，在高压、高温作用下经过规则滑移变为类石墨的ⅠⅡⅢⅠ型结构之后，再转变为具有闪锌矿型的cBN。而具有ⅠⅡⅢⅠ型结构的hBN，不经滑移便直接转变为具有纤锌矿结构的cBN。石墨的ⅠⅠⅡⅠ型结构，在高温、高压作用下直接转变为具有闪锌矿型结构的金刚石，而石墨的ⅠⅡⅠ型结构，经滑移为ⅠⅠⅠ型结构后转变为具有纤锌矿型的金刚石。

在人们认识由hBN向cBN转变的过程中，除了本书提出的结构转变理论之外，先前还有过饱和理论和中间化合物理论。这些理论观点都基于的是存在触媒时立方氮化硼的晶体具有明显的稀薄溶液中生长特征，从而引用溶剂理论来解释cBN晶体的生长。然而，尽管触媒参与下cBN晶体的生长与一般稀薄溶液中晶体生长有着许多相同之处，但本质区别是B、N两类原子的结构在hBN和cBN晶体中是不同的。因而凡是不涉及B、N原子变化的理论都不可能从本质上给予解释。

3.5　立方氮化硼晶体的反转化

实践证明，在高温、低压或有某种介质存在的情况下，cBN又会转变成类石墨结构的hBN，这就是我们提出的cBN晶体的反转化。与金刚石晶体的直接石墨化相似，高温(1 300 ℃以上)能破坏cBN的晶体结构，使其(111)晶面间的键断裂，从而使cBN变成类石墨hBN。以下着重叙述介质在cBN反转化过程中的作用机制。

cBN晶体表面上的B、N原子所呈现的状态与金刚石晶体表面的C原子是不同的。金刚石表面的C原子除3根共价键与内部的C原子相结合外，都还多余一个与外界未成键的自由电子，如图3-23所示。cBN表面的B原子，除与内部的N原子相结合外，无自由电子，即有 1 个 sp^3 杂化空轨道；N 原子除与内部的 B 原子相结合外，尚有 2 个电子在 1 个 sp^3 杂化轨道内，这是一孤电子对。而在表面次层以内无论是 B 原子还是 N 原子，它们每个原子上都平均占有 4 个电子。

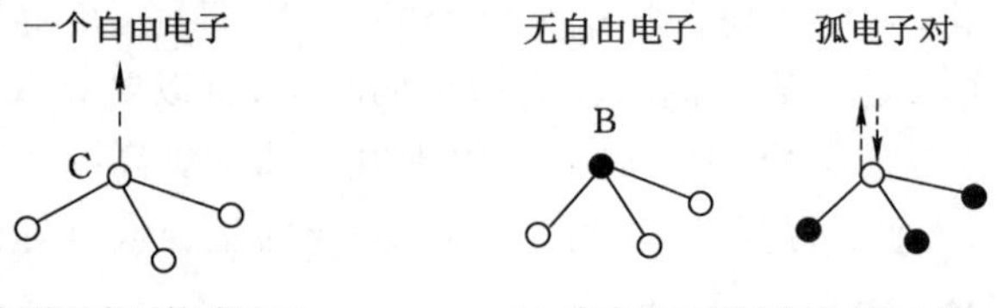

(a) 金刚石表面的碳原子　(b) 立方BN表面的氮、硼原子

图 3-23　金刚石表面的碳原子和立方 BN 表面的氮、硼原子

如果要完成 cBN 的变化，触媒物质必须能把表面次层以内的 B 原子上的电子转移到 N 原子上。Li、Mg、Al 等金属可以完成这个任务。高温、低压下，这些金属与 cBN 晶体表现为 B 原子的晶面接触时，能将自己的自由电子真“借给”处于表面次层上的 N 原子。于是，N 原子的外层电子轨道便随之发生了如下变化：

$$N:sp^3 + e \rightarrow sp^2 + 2p_z^2$$

在 N 原子的影响和带动下，B 原子由缺电子的 sp^3 杂化立方结构变成平面结构，但无电子得失：

$$B:sp^3(\text{缺 1 个电子}) \rightarrow sp^2 + 2p_z^0$$

从而立方结构的表面层和表面次层都变成六方结构。同时，这一层平面结构的 B、N 原子集团与下面的立体结构断裂，立方 BN 新表面上的 B 原子多出的那个电子又“还给”了触媒金属。如果金属继续与新表面作用，可将它六方化，依此类推，可不断地将 cBN 转变成 hBN。

练习题

1. 画出碳的 P-T 相图并指出其中 7 个区域所代表的意义 。

2. 阐述金刚石的合成机理的概念和分类。

3. 根据溶剂说理论解释高温高压下石墨溶解到触媒中金刚石的析出过程(或说明为什么溶解的是石墨而析出的却是金刚石)。

4. 金刚石晶粒形成后系统自由能的变化可以表达为下式：

$$\Delta G = \Delta G_{\text{体}} + \Delta G_{\text{表}} = \frac{V\rho}{M}(G_2 - G_1) + \sigma S$$

据此式可以绘出如图 3-24 所示晶粒半径与自由能差的曲线。

试推出晶核的临界半径 r^* 和晶粒的临界半径 r^k 的表达式并解释二者所代表的意义。

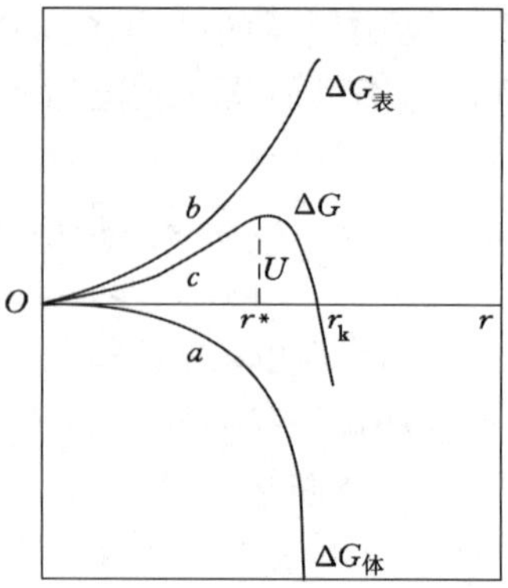

图 3-24　晶粒半径 r 与 ΔG 的关系图

5. 举例说明 hBN 向 cBN 转变中触媒的作用。

第 4 章　高压、高温合成设备及其参数测量

金刚石是碳的高压稳定相，目前高压高温方法是研究以金刚石为代表的超硬材料的重要手段之一，也是金刚石商业化生产中主要使用的方法。高压、高温方法对于金刚石的研究和生产至关重要，本章将对合成金刚石的高压、高温设备——国产六面顶压机及高压、高温参数测量进行介绍。

4.1　高压、高温设备原理及构造

各种与压力有关的现象，例如爆炸和电水锤所产生的热胀和相变，都可以用来产生高压。高压可分为动态高压和静态高压。以电爆炸为代表的动态高压方法是合成纳米金刚石的有效手段。但是，具有商业价值的金刚石的合成需要稳定且均匀的静态高压。本章所涉及高压均为静态高压。

4.1.1　高压、高温产生原理

4.1.1.1　高压的产生

合成金刚石的压力一般为 5.5 GPa 左右。产生静态高压最有效的方法是利用液压机推动压头（碳化钨合金顶锤）挤压某个物体（一般为固体叶蜡石块）。当物体被压缩时，其内部产生压力，这种压力随压缩量的增大而增大，理论上压缩量越大，压力就越高。

实际上，所能获得的压力受以下四个因素的限制：

(1) 密封——高压腔中受压物体必须能被压缩且有效密封住而不向外流失，这需要合适的密封材料和密封方式。

(2) 压头（顶锤）所能推进的最大距离——当各抗压构件相互接触之后，顶锤就不能继续前进了，因此即使密封很好，压力也不能无限提高。

(3) 抗高压构件的强度——这是限制高压的主要因素。构件强度主要取决于材料自身的强度，决定于高压的上限。

(4) 构件几何形状和受力状况——构件几何形状影响着受力状况进而制约着压力的提升，设计合理高效的高压腔结构也是要关注的课题。

4.1.1.2　高温的产生

合成金刚石还需要 1 400 ℃左右的高温条件，但是抗高压构件承受不了这样的高温，因此必须采用在叶蜡石块组装块腔体内加热的方法。加热体与抗高压构件之间的热绝缘靠叶蜡石块及其内部的绝热材料，以保证后者的机械性能不受影响。

采用电阻加热来产生高温，也就是使电流通过高压组装腔体内的发热管产生焦耳热，从而使合成腔体内的样品柱（石墨和触媒以一定比例压制）温度升高至金刚石合成所需条件。加热电流是从处于相对位置的一对顶锤引入的，被加热试样柱放在两顶锤之间

组装块的腔体内。当压力升高后，腔体内发热管、导电钢帽、两顶锤锤面压紧而使加热电流接通而发热。

发热管材料通常为石墨或镍铬合金，其电阻很低，一般为数毫欧，所以需要采用低电压、大电流加热方式。

基于以上原理的高压、高温装置主要包括六面顶压机、两面顶压机及六八面压机等。目前我国从事超硬材料研究和生产的科研院所和企业大多数采用六面顶高压高温设备，与国外的高压设备（包括两面顶和单压源六面顶压机）相比，国产六面顶压机具有特殊的优越性，尤其是升降压速度方面，可以快速升压和降压，例如腔体内部压力升至 5.5 GPa，国内六面顶压机升降压时间均不超过 2 min。而国外六面顶和两面顶设备的升压和降压时间至少分别需要 90 min 和 30 min。国产六面顶压机易于操作也是我国成为工业金刚石生产大国的重要因素之一。

4.1.2　高压、高温设备的构造

铰链式六面顶压机采用的是液压系统推动顶砧产生运动，同时施压和保压。由于国产六面顶压机具有操作方便、压力均衡等特点，所以从 20 世纪 60 年代起一直作为我国生产人造金刚石和立方氮化硼等超硬材料的主要设备。图 4-1 为国产六面顶压力机，主要由主机[图 4-2，包括顶锤（图 4-3）]、液压系统（增压器或超高压泵）、电气控制系统及电加热装置组成。

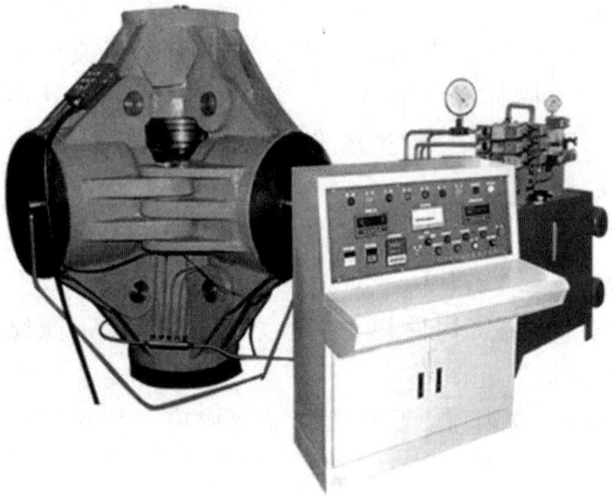

图 4-1　国产六面顶压机

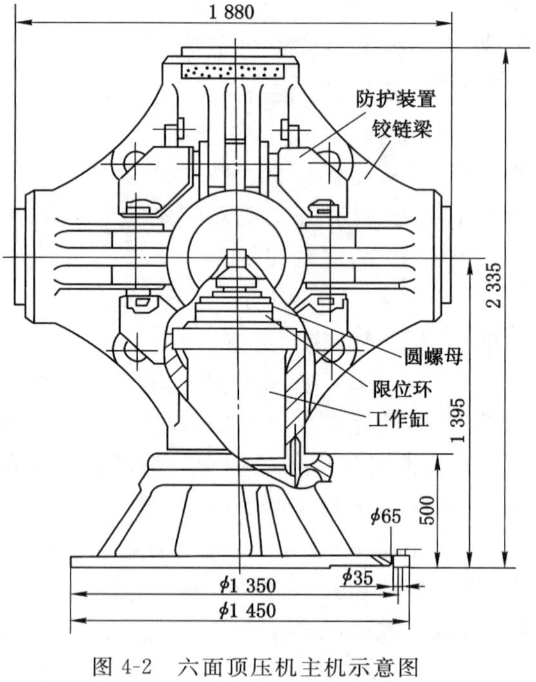

图 4-2　六面顶压机主机示意图

4.1.2.1　主机

主机由 6 个铰链梁和 6 组工作缸（图 4-4）以及防护装置组成。各工作缸中通入超高压油，通过活塞 1、垫块 2 和顶锤 3 传递到正六方体叶蜡石复合块工件上。顶锤 3 外套钢环 4 便于固定在大垫块 2 上。6 组工作缸分别安装在铰链梁上，其中上、右、前 3 个工作缸的活

塞具有空行程，可以敞开工作腔，以便装卸工件(如叶蜡石组装块更换，装卸顶锤和垫块)，下、左、后 3 个工作缸的活塞不做空行程而停止在工作行程的起始位置。安装在下、左、后这 3 个活塞端部的 3 个相邻的顶锤组成安放叶蜡石块的定位基准。

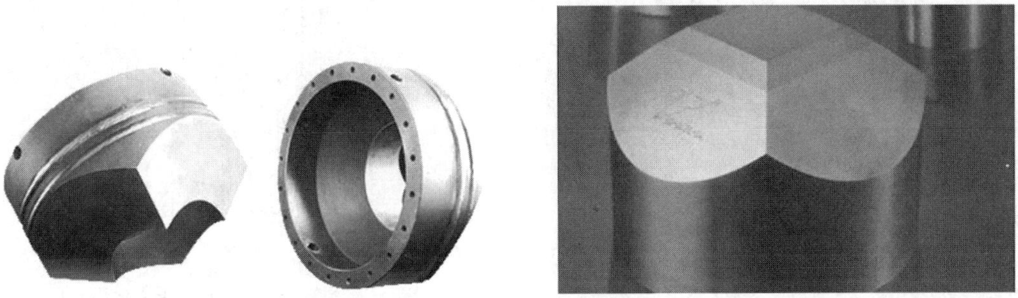

(a) 钢环　　(b) 顶锤

图 4-3　钢环与硬质合金顶锤

如图 4-4 所示工作缸内有超高压工作腔和高压回程腔两部分。超高压工作腔采用两道带有环形塑料挡圈双向保护的 O 形密封圈 8 密封，活塞 1 与工作缸之间垫以密封圈 9 作为摩擦橡胶圈，防止工作缸拉伤。回程腔用一道 Y 形密封圈 7 密封，并通过导向套支承在法兰上，法兰为套在导向套外面通过螺栓固定在缸体上的大圆环。为了防止活塞在缸中转动，法兰上镶嵌了导向块 5。在下、左、后活塞上各装有一个对开限位环，配合圆螺母用作调整叶蜡石块的定位基准，当更换前 3 个顶锤、钢环时应将它拆下，使活塞回到缸底，空出较大空间便于装卸顶锤和钢环。大垫块 2 直接固定在活塞端面上，若以上、下顶锤通电加热为例，则上、下垫块与活塞及定位笼杆与缸体间的各连接部位均垫有胶木(或塑料)做绝缘层，以保证垫块活塞间能良好的绝缘，其余 4 个垫块均没有绝缘层。6 个工作缸的底部通过锥面垫 10 与进油管接头法兰连接，法兰上有放气阀，以便排除管道中的气体。

顶锤装置的安装与固定：钢环圆周外环设置 4 个螺栓孔[图 4-3(a)]，加装螺栓后用于调整顶锤的对中位置并固定。顶锤是用以加荷的可动部件，组成压腔的 6 个硬质合金锤头被分别固定在 6 个可独立进行伸缩运动的液压缸活塞上，加载时液压缸内的液压油同时推动 6 个液压缸活塞向前运动。为了使固体样品受到的压力尽可能均匀，不能直接用顶锤去挤压样品，而是通过传压介质加压。固定在其上的硬质合金锤头随即同时从 6 个方向挤压立方体状的传压介质，从而在腔体内部产生高压。图 4-3(b)为国产六面顶压机专用硬质合金锤头，与国外压机不同，国产六面顶压机在顶锤设计方面有独特的技术，即采用双倒角二级式顶锤，有利于密封边的形成，能够实现快速升降压，从而使压机操作简单。

4.1.2.2　液压系统

六面顶压机的液压系统与电气控制系统配合能完成自动和调整两种工作循环。

液压系统中增压器是个关键部件。增压器产生液压系统所需的超高压液压能源。增压器的增压比一般为 8∶1～10∶1，增压器活塞腔下部进油口输入 14～16 MPa 的高压油液，增压器活塞腔上部出油口输出 100～150 MPa 超高压油液。

如图 4-5 所示，增压器由缸体 1 和梁 6 用 18 根螺栓 5 紧固，组成封闭受力架体。上梁中央为超高压液压缸 8，柱塞 4 装在配有导套 7 的超高压缸内；用两道带保护环的 O 形密封

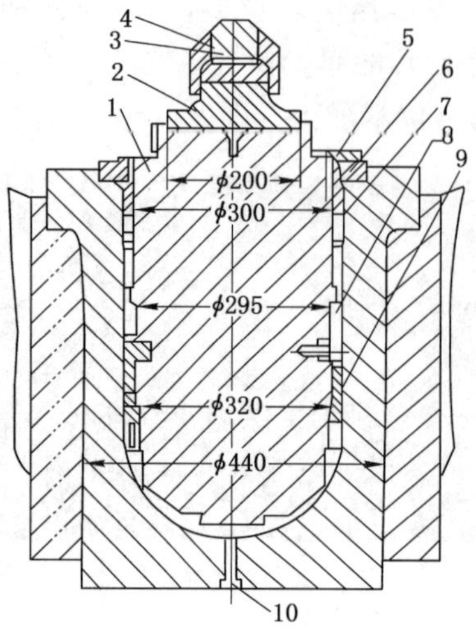

1—活塞；2—大垫块；3—顶锤；4—钢环；
5—导向块；6—导向套；7—Y形密封圈；
8,9—O形密封圈、保护环；10—锥面垫。

图 4-4　工作缸

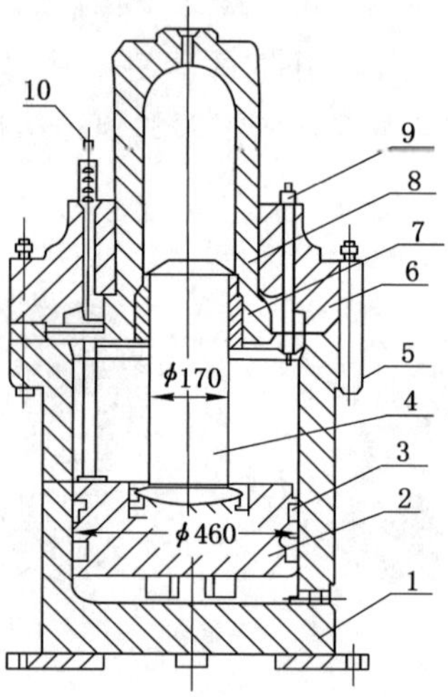

1—缸体；2—活塞；3—密封圈；4—柱塞；
5—螺栓；6—梁；7—导套；8—液压缸；
9—撞杆；10—蜂鸣器。

图 4-5　增压器

圈密封，保护环安装位置如图所示（保护环在下面），不可装错，否则起不到保护作用。柱塞4与活塞2之间有一球面垫，用以降低柱塞球头与活塞之间的接触压力及改善柱塞与超高压缸之间的摩擦状况。增压器工作时，若活塞上行到行程“极限”位置，将推动撞杆9压住行程开关TSQ，使信号灯闪光，显示“超程”信号，同时蜂鸣器发出声响，此时操作者应及时查明原因，排除故障，重新使增压器正常工作。

六面顶压机液压系统工作原理如图4-6所示。

（1）自动循环工作原理

按按钮9/10LA，液压泵电机启动，由于电磁阀15CT断电，因此液压泵打来的油经阀14回油池，液压泵经进流阀14卸荷。当按11/12LA工作按钮时，电磁阀1CT、4CT、6CT、7CT、8CT、15CT通电，压力油经柱塞泵43，单向阀44，三位四通O形电磁阀37，三位四通Y形电磁阀33，节流阀32、27、26、25，二位四通电阀22、23、24和液控阀11、12、13，分别进入上缸、前缸、右缸的工作腔，使压机右、前、上三缸的活塞开始空程前进。此三缸回程腔的油经平衡阀51、电磁阀33回油池。

当右、前、上工作缸3个活塞空程前进分别碰到1XK、2XK、3XK行程开关时，便使电磁阀6CT、7CT、8CT断电，从而切断高压油与三缸工作腔的通道，使三活塞停止运动，并接通时间继电器，延时2～3 s。待活塞停止后，时间继电器发信号使电磁铁阀1CT、4CT、6CT、7CT、8CT、9CT、10CT、11CT、15CT通电，液压泵输出的高压油经柱塞泵43，单向阀44，三位四通O形电磁阀37，三位四通Y形电磁阀33，节流阀32，25～30，二位四通电磁阀24～19。超高压可控单向阀8～13进入6个工作缸的工作腔，使6个工作缸的活塞同时推动各自顶锤挤压叶蜡石。6个工作缸的回程腔内的油经阀51、阀33回油池，这种状态称为充液行程。充液目的是向工作缸的工作腔和增压器的超高压缸充满数兆帕压力的液压油，以便增压时用。充液行程时，六缸活塞的同步精度由节流阀25～30调整。

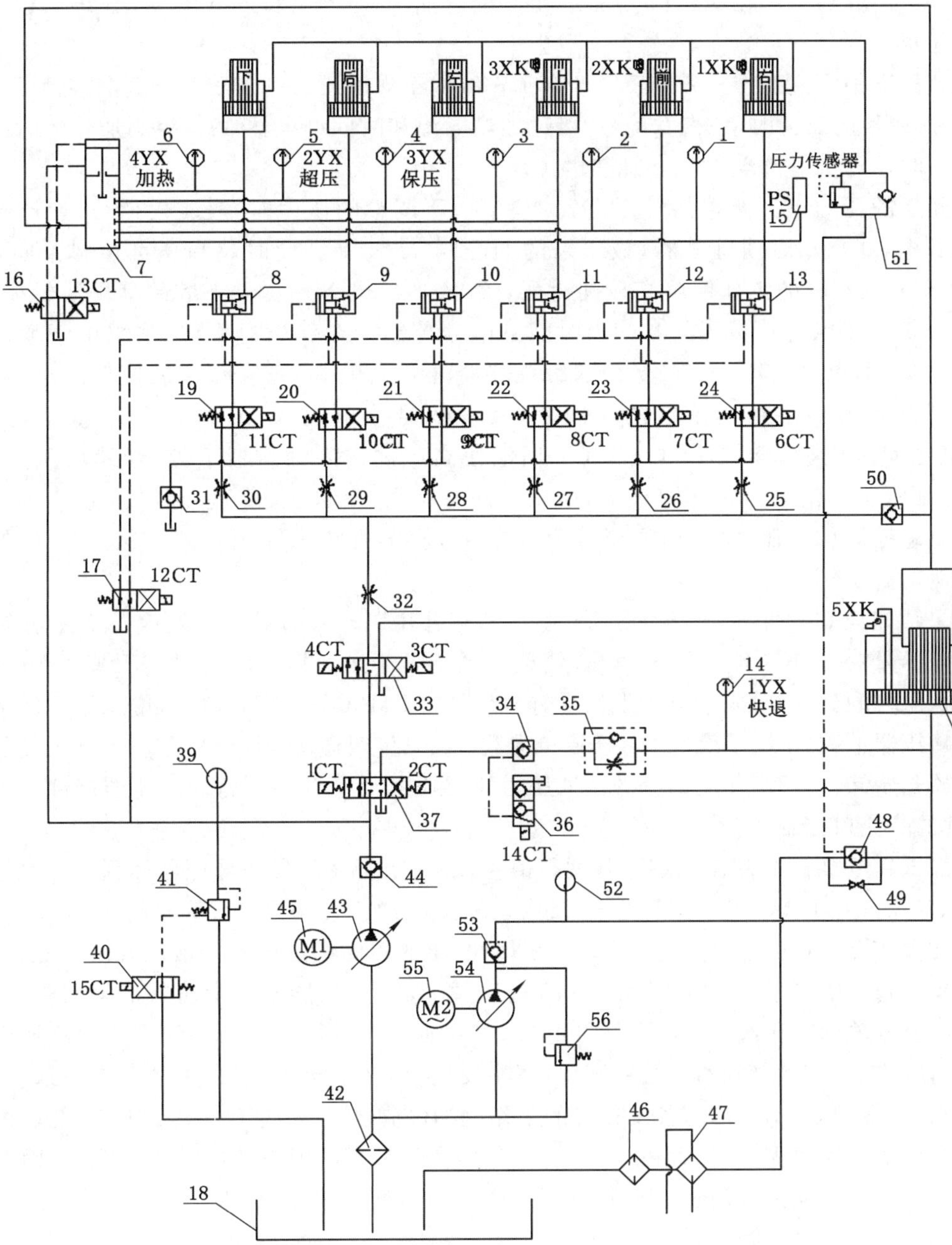

图 4-6　六面顶压机液压系统工作原理图

6 个工作缸在充液行程时，当硬质合金顶锤碰到叶蜡石后，液压系统产生负载，系统的压力增大。当系统的压力增加到电接触压力表 5(2YX)调整的压力时(不得超过溢流阀 41 调整的压力)，表 5 便发信号，使电磁阀 1CT、4CT、6CT、7CT、8CT、9CT、10CT、11CT 断电，同时使电磁阀 2CT、13CT 通电。自液压泵来的高压油经柱塞泵 43、单向阀 44、三位四通 O 形电磁阀 37、液控单向阀 34、单向节流阀 35 到增压器 38 下腔，推动活塞上行；在柱塞的推动下，超高压腔输出的超高压油经二位七通阀 7(13CT 通电使得该阀换向，六缸连通)，分别进入6个工作缸的工作腔，推动6个活塞继续前进加压，对叶蜡石进行超高压压缩。这种状态称为超压。

在超压过程中，表1～6分别反映6个工作缸的工作腔压力。当压力开到电接触压力表6(4YX)所调整的压力时，该表发信号，接通加热电源和时间继电器3SJ(控制加热的时间)；时间终了时，3SJ发信号自动切断加热电源。

当超压的压力上升至电接触压力表4(3YX)所调整的压力时，表4发信号，使所有的电磁铁断电，并启动时间继电器，液压泵的油经阀41卸荷。此时超高压可控制单向阀8～13将6个工作缸的工作腔超高压油封死，阀34、53、36各增压器下腔的高压油封死，因此压机处于保压状态。保压的时间由时间继电器控制。在保压过程中，如果由于泄漏而发生压力降，则电接触压力表(3YX)的触头将脱开。当触头一脱开，该表便发出信号，时间继电器开始计时。到达预定的时间后，其发信号使电磁阀2CT、13CT、15CT通电。15CT通电使液压泵处于工作状态；2CT通电使高压油进入增压器下腔，继续增压13CT通电，保证六工作缸的六工作腔连通，增压时同时补压。依次反复进行补压，直到由时间继电器5SJ控制的保压时间，时间继电器发信号，使压机转为卸压状态。这种保压-补压方式称为“大泵补压”。

如果预先设置的保压-补压状态是“小泵动态补压”。表4的3YX发信号使柱塞泵54通电。增压器持续不断地提供压力油，使整个系统处于压力恒定状态，即“不掉压”状态。

当保压时间到后，时间继电器发信号，电磁阀1CT、13CT、14CT通电，增压器下腔的高压油经增压器下腔、单向节流阀35、被控单向阀34、三位四通O形电磁阀37流到油箱。于是增压器开始卸压，超高压腔部分的油液压力使增压器活塞开始下行。增压器的卸压速度由阀35的节流口控制。

当卸压到电接触压力表14(1YX)调整值时，触头闭合发信号使增压器回程。这时电磁阀1CT、3CT、13CT、14CT、15CT通电，液压泵的高压油经柱塞泵43、单向阀44、三位四通O形电磁阀37、三位四通Y形电磁阀33、平衡阀51的单向阀进入6个液压缸的后腔，并打开液控单向阀48。工作腔的油因阀8～13处于关闭状态，只能推动增压器活塞回程，增压器下腔的油经单向节流阀35、液控单向阀34、三位四通O形阀37以及液控单向阀回到油池。当增压器活塞返回到底时，行程开关5XK发信号，使电磁阀1CT、3CT、12CT通电，高压油经阀17将阀8～13打开，各工作缸的工作腔油经阀8～13、阀19～24、阀31回到油池。因此6个活塞快速回程。下、后、左工作缸的活塞受到对开的限位套的限制回到充液位置，即叶蜡石定位的基准位置停止。而另3个工作缸的活塞一直返回到底，碰行程开关1XK、2XK、3XK，行程开关发信号，所有的电磁阀断电，活塞停止运动，液压泵处于卸压状态，一个自动循环完成。

(2) 调整工作原理

单缸前进(以右缸为例)时，电磁阀1CT、4CT、5CT、15CT通电。高压油经柱塞泵43，单向阀44，三位四通O形阀37，三位四通Y形阀33，节流阀32、25，二位四通电磁阀24，超高压可控单向阀13到右缸前腔，推动右缸活塞前进。右缸后腔的油经平衡阀51和三位四通Y形阀33回油箱。

快速回程时，电磁阀1CT、3CT、12CT、15CT通电，高压油经柱塞泵43、单向阀44、三位四通O形阀37、三位四通Y形阀33、平衡阀51到六缸后腔。六缸前腔的油经超高压可控单向阀 8～13、二位四通电磁阀 19～24、单向阀 31 到油箱。

增压器上升时，电磁阀 2CT、4CT、12CT、13CT、15CT 通电。高压油经柱塞泵 43、单向阀 44、三位四通 O 形阀 37、液控单向阀 34、单向节流阀 35 到增压器下腔。增压器上腔的油经阀 7、阀 8～13、阀 11～24、阀 31 回油箱。

增压器下降时，电磁阀 1CT、4CT～11CT、13CT～15CT 通电。高压油经柱塞泵 43，单向阀 44，三位四通 O 形阀 37，三位四通 Y 形阀 33，节流阀 32、25～30，二位四通电磁阀 19～24，超高压液控单向阀 8～13，六缸前腔，二位七通阀 7 到增压器上腔。增压器下腔的油流经单向节流阀 35、限控单向阀 34、三位四通 O 形阀 37 回油箱。

4.1.2.3　电气控制系统

图 4-7 为该压机强电控制电路系统，包括电机控制、加热控制和照明电路。图 4-8 为该压机电气控制系统。系统采用可编程序控制器(PLC)作为电气系统的控制核心。与传统继电器控制相比，其电路结构简单、规律性强、程序动作可靠、故障率低、便于维修。控制系统采用 220 V 工频供电(维修照明为 36 V)。控制系统由超程保护、程序、执行三部分组成。

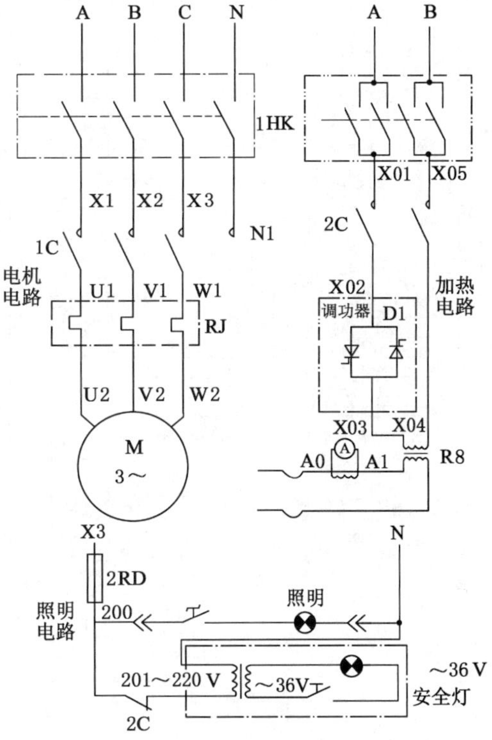

图 4-7　压机强电控制电路系统

(1) 控制系统元件及功能

交流接触器 1C 控制液压泵启动，2C 控制加热系统。行程开关(1～3)XK3 作为活塞超程保护。行程开关 4XK 作为增压器超程保护。行程开关 1XK(控制增压器回程转快速回程)。信号灯 1 xD～10 xD 分别指示线路有电、超程、加热及所有工序等工作情况。时间继电器 1SJ 作为(保压Ⅰ时间)，2SJ 作为加热时间(保压Ⅱ时间)，3SJ 是停热时间。控制按钮 13LA、14LA 用来当压机发生事故时紧急停止，1LA 用于手动补压。其余按钮分别用来启动和停止电动机、手动加热、手动停热、卸压、机器工作以及各工序调整。9LA、10LA 及 1SLA 均具有交替通断功能。单缸保压控制按钮 19LA 用于检测机器泄漏情况。当须检漏时，将 K 转换开关置于"自动"状态，合成腔中放入叶蜡石块，按 11LA 或 12LA 工作按钮，机器即由空程前进→充液→超压。当达到一定压力时，按 13LA 或 14LA 紧急停止，再按紧急卸压按钮 16LA，机器自动卸压→增压器回程→快速回程→循环停止，检查完成。压力测控仪输出点 1YX 使充液转换为连通超压，4YX 实现自动加热，3YX 使超压转换为保压Ⅰ，4YX 使超压Ⅱ转换为保压Ⅲ，5YX 用于自动补压，6YX 使增压器卸压转增压器回程。用万能转换开关 K 选择自动及调整两种工作模式。

(2) 控制方法

调整时将万能转换开关 K 选择调整位置，按下操作按钮 1LA～18LA，电磁阀 1CT～15CT 相应通电，松开时 1LA～18LA 断电停止工作。保压Ⅰ时间、加热时间、停热后滞后卸

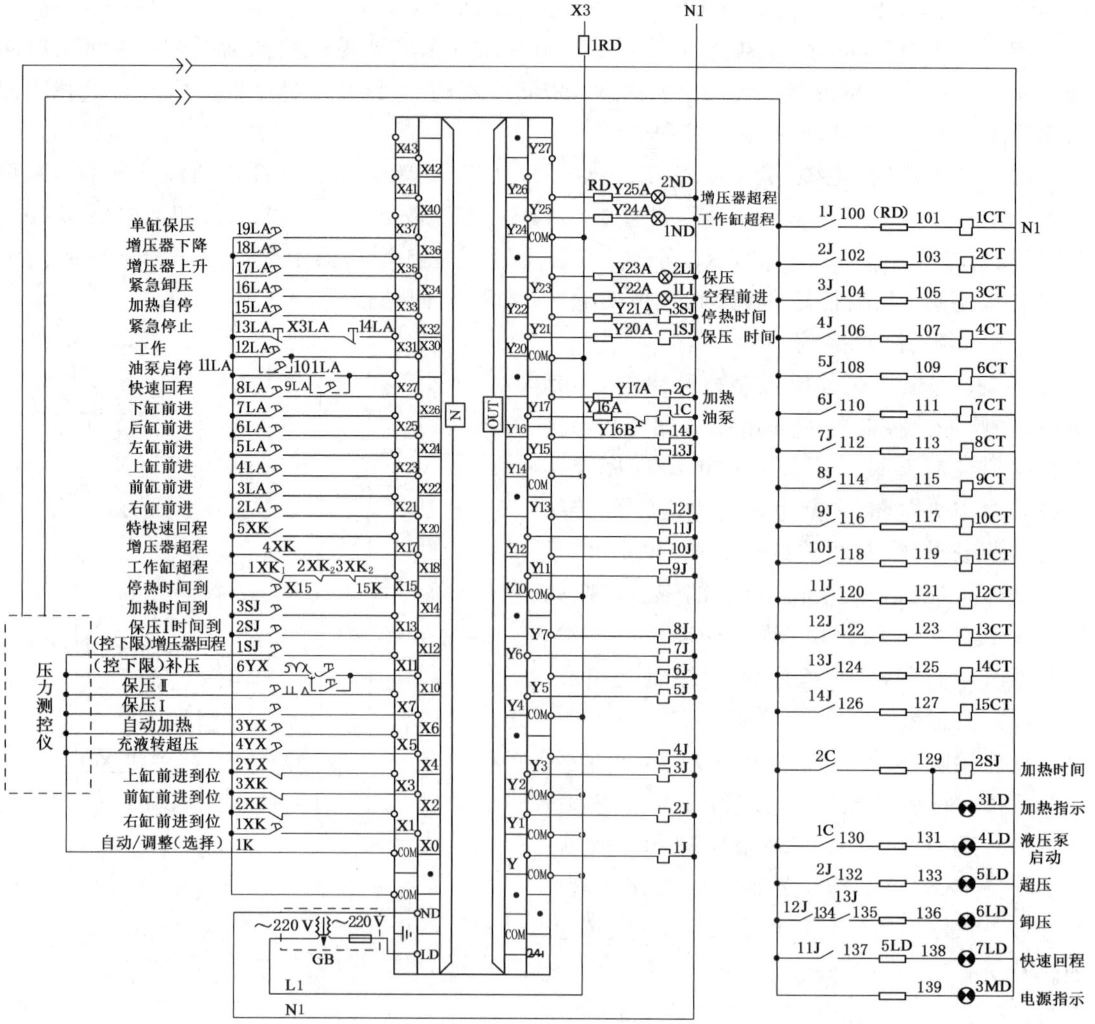

图 4-8　压机电气控制系统

压时间，直接在相应的时间继电器 1SJ、2SJ、3SJ 上预置。

(3) 安全保护

在设计时除自动短程保护外没有手动紧急停机保护，当发生故障时可按下按钮 13LA 或 14LA，使机器停止工作。当需要紧急卸压时，按下按钮 16LA，相应电磁阀通电工作，这时增压器处于无动力卸压工作状态，然后按程序自动进行直到活塞停止运动为止。

(4) 压力测控

该压机采用高精度压力传感器，测量压力范围为 0～200 MPa。可将压机液压系统实际压力转换成数字以精确显示，同时根据用户设定值输出多路控制信号进行压力控制。与普通电接点压力表控制相比，其特点是控制精度高，达 0.1 MPa(1 kg/cm^2)，精确的数字显示使液压变化更直观，有助于减少压机故障，提高合成质量。

4.1.2.4　电加热装置

目前我国超硬材料企、事业单位主要采用静压触媒法合成金刚石，一般在 5～6 GPa 的高压下将石墨和触煤加热到 1 300～1 500 ℃。然而抗高压构件承受不了这样的高温，因此必须采用在压腔内部加热的方法，并且还要在压腔中的加热体与抗高压构件之间实行热绝缘，以保证后者的机械性能不受高温影响。目前合成金刚石所采用的加热方法为电加热，包括直热式和旁热式。直热式是指电流直接流过试棒，试棒本身发热，试棒由石墨和触媒组成。旁热式是指电流通过套在试棒外面的发热管，使之发热，试棒从发热管获得热量。发热管通常是用石墨管或者 Pt、Mo、Ti 等金属管。有时在试棒与发热管之间需要进行电绝缘。直热式的优点是组件简单，过去最常用。但是在石墨-金刚石相变过程中，试棒电阻会不断变化，加热电流随之起伏，温度也将产生相应波动，因此目前普遍采用旁热式加热。旁热式加热的试棒本身不通电，温度无上述波动现象。两种加热方式都是使大电流通过高压腔内的试棒发热体或石墨管产生焦耳热。外电流是从处于相对位置上的一对顶锤引入的，被加热试棒放在两顶锤之间。加热时试棒被压紧贴在两顶锤面从而接通电流。由于试棒或石墨管发热体电阻很低，试棒两端电压不高，所以产生高温所需要的电流是很大的，一般为 1 000～2 000 A，因此要求压机配备高精密、高稳定性的加热装置。六面顶压机的加热装置主要为可控硅稳压自动加热装置。

可控硅稳压加热装置以可控硅元件和可控硅触发器为核心元件组成了稳压系统和调压系统。可控硅触发器输出一组斜坡电压信号加在可控硅元件的控制端上，控制可控硅元件的触发导通角 α，从而改变电路中的电压和电流。

触发器输出斜坡电压波形的斜率越大，即 α 越大，可控硅元件的导通面积越大，则输出电压就越大，反之则相反。因此，可以通过控制 α 来控制电路中的电压和电流。可以通过控制触发器上模拟输入电压的高低来实现对 α 的调整。在该电路中，控制触发器的作用是采集电路电压和电流波形。控制触发器在交流电正半周前沿的过零时刻开始产生斜坡电压。

在可控硅稳压加热装置中，交流电的正、负半周到来时，两个可控硅元件轮流导通，可提高系统的加热效率。由于可控硅触发器中引入了电压负反馈，不管是电源发生变化还是负载发生变化，这个系统都能自动稳压，因此不需要磁饱和稳压器。在具体操作中，可通过手动调整位于操作控制台上的输入电位器旋钮来改变触发器以模拟输入端电压的大小，从而改变 α，调整低压大电流变压器原边电压，实现对加热功率和温度的控制。该加热装置结构简单，调压方便，并且可实现远距离操作，目前国内新生产的金刚石合成设备大多数采用该类加热装置。

4.2　六面顶高压设备的调整与维护

4.2.1　压机的调整

操作铰式六面顶液压机比其他材料的合成设备复杂。由于金刚石合成设备中高压室的压力是依靠不同方向的压力相互平衡来维持的，一旦失去平衡，便容易造成高压构件的变形和损坏。因此，高温、高压设备的对中性和同步性很重要，其技术性与操作经验更重要，而操作方法有很多，现介绍一种比较简单的操作方法。

(1) 同步性调整

机器安装后在高压过程中，除了建立电气控制系统和液压系统的规范之外，还要调整六个工作缸的同步性，以保证超高压腔内形成的各密封边均匀且有足够的密封力，避免因设备的不同步性造成顶锤破坏等现象。调整的方法是：用6个节流阀调整节流口的大小。判别机器同步性调整情况主要看超高压下叶蜡石密封边的均匀性及钢圈是否在叶蜡石块的中心且不变形。在合成工序中顶锤的调整是关键，调整得好可提高顶锤的使用寿命，降低超硬材料的成本，是提高生产和经济效益的重要手段之一。

(2) 顶锤初装与更换的双增双节中性调整

初装6个顶锤时，先装下顶锤，以它为基准再装后、左、上3个顶锤，接着在下顶锤上放1块试压块(淬火钢质立方块，尺寸大于校正块)，当上、下顶锤压紧试压块时，紧固上、下钢环上的螺钉，然后退回上顶锤。将校正块(立方体淬火钢，其边长取叶蜡石块和顶锤边长之和的一半)放在下顶锤面上，检查后、左顶锤，使下、后、左3个顶锤面的边线和校正块棱边对齐，在固定限位环上的大圆螺母后再装前、右顶锤；用同样的方法对齐后调整上、前、右顶锤的行程开关，使3个顶锤接触校正块时，控制其运动的电磁铁断电，顶锤停止前进。在"充蔽"表压下(即6个顶锤处于受力状态)拧紧6个顶锤钢环上的全部螺钉，回程后再用校正块进行核对，某顶锤位置若有变动，则单独调整，直到最后再用校正块核对无误为止。此时再用叶蜡石块以$\frac{1}{3}$的合成压力试压，然后取出叶蜡石检验，若其密封边均匀，各边对顶锤之棱边相同，钢帽印在叶蜡石块正中，即可进行合成。

生产合成过程中经常会遇到装拆、更换各个位置上的顶锤-钢环。若更换定位顶锤(下、右、左顶锤)时，则先使活塞前进一点，取下限位环，活塞回程后即可取下顶锤。重新安装顶锤时也用校正块找正，换上试压块后再用对面顶锤压紧，固紧螺钉，装上限位环拧紧两圆螺母，回程后再用校正块校对，若无变动，即可进行合成。用同样的方法更换前、右顶锤，但须调整行程开关的撞块。更换上顶锤时，则先在下顶锤上放试压块，然后使上顶锤前进到接近压块位置，放松钢环螺钉，活塞退回，取出顶锤，使新换顶锤的顶面放在试压块的正中间，棱边对齐，让上活塞前进使大垫块进入钢环并压紧试压块，固紧钢环螺钉。回程后，再用合成压力的$\frac{1}{3}$试压，若符合对中要求，即可正常工作。

4.2.2 压机的使用与维护保养

正确使用机器、认真维护保养以及严格遵守安全操作规程是延长机器使用寿命和保证安全生产的必要条件。机器的使用者必须阅读本机器使用说明书，除熟悉机器结构性能和操作规程外，尚需注意下列事项。

4.2.2.1 开机前的检查与维护

(1) 机器与场地应经常保持清洁与整齐，工作完成后要清理，防止叶蜡石碎片和金属屑掉入活塞导向部分。

(2) 工作油液推荐采用30号通用液压油。

(3) 轴向柱塞在新机器开动前或拆装后第一次开车时，必须从回油口向泵体内摆满清洁的工作油液才能启动。

(4) 开机时必须盖好主机上的防护板，开机后"超压"时所有人员不得在主机及超高压管道周围站立或穿行，不得在"超压"动作时调节溢流阀。

(5) 随时注意检查加热顶锤与主机本体间的绝缘情况和导线绝缘情况，避免短路。

（6）电气设备接地必须可靠。

4.2.2.2　运转中的检查与维护

（1）经常检查各密封部位和管道液压系统的密封情况，如发现漏油及时修理。

（2）当油温低于 10 ℃或高于 60 ℃时，不得使用机器，油温超过 50 ℃时必须开动冷却及过滤系统，对工作油液降温。

（3）当各缸连通保压 5 min，压力降超过 4 MPa 时，机器便需要进行维修。

（4）如发现机器异常或有故障，应立即停机修理，不得在机器运转时修理，若在保修期内发生异常或大故障，应通知制造厂协商修理。

（5）非压机操作人员禁止随意开动机器，操作者离机时要关闭总电源。

4.2.2.3　日常保养

（1）油液必须严格过滤后（过滤精度大于 10 μm）才允许加入油箱，液面降至波面指示器下部位置时，必须补加油液，直至达到液面指示器。

（2）工作油液须及时过滤与更换，这是延长机器寿命，保证液压系统正常、安全工作的重要措施。新机器安装、试车后，应立即将油箱中的油液抽净，清洗油箱且将油重新过滤后灌入，以后每半年过滤、清洗一次，每两年更换全部工作油液。

（3）各压力表每年校正一次。

（4）各行程开关撞块、滑座应每天浇油润滑，电机轴承应每年换一次油。

（5）机器较长时间停用时，应将各加工表面擦洗干净，并涂防锈油。

4.3　静态高压、高温的测量

4.3.1　静态高压的测量

压力的测量一般分为直接测量和间接测量。直接测量是用施加的压力除以受力面积。间接测量是用物态方程通过体积或者其他物理量反映压力大小。因为六面顶压机的合成块在密封边及顶锤的侧面损失的压力不能测出来，同时六面顶压机上不能精确测量腔体内部样品的体积及相关的物理量的值，因此使用物态方程的间接测量压力的方法也不适用于六面顶压机。现代高压科学与技术中比较精确的间接测定压力的方法是荧光光谱法，其利用红宝石荧光光谱的波峰值随压力变化而呈直线位移的特点来确定压力。压力-位移关系为 0.36 nm/GPa，在 3 GPa 以下，荧光线的位移与压力呈线性关系。荧光光谱法普遍应用于金刚石对顶砧的压力标定，但生产金刚石的六面顶压机难以实现。所以六面顶压机通常利用各种物质在高压作用下发生的性能变化（如电阻率等）来间接确定压力。

4.3.1.1　常温下高压的测量

首先利用压力定点法作压力-负荷曲线，然后在日常工作中根据定标的曲线，即可由负荷推断实际压力。

压力测试组装示意图如图 4-9 所示。图 4-9 中 8 为测压相变物质 Bi，Ba，Tl 等。测压时测压物质外接带有恒流的电路。当腔体内压力达到一定值时，测压物质电阻发生突变导致其两端电压随之突变，因而标定腔体内部压力 $p_{内}$（GPa）和外部油压 $p_{外}$（MPa）之间的对应关系，二者关系如图 4-10 所示。

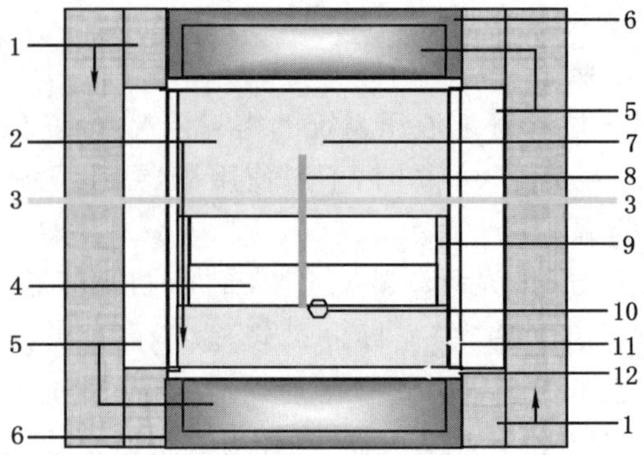

1—密封介质(叶蜡石);2—绝缘材料(MgO);3—热电偶(Pt6%Rh-Pt30%Rh);4—触媒(FeNi);
5—填充介质(白云石);6—导电钢帽(Fe);7—导电片(Au);8—测压相变物质(Bi,Ba 或 Tl);
9—碳源(石墨);10—晶种(金刚石);11—加热管(石墨);12—导电片(石墨)。

图 4-9 合成组装中压力和温度测试示意图

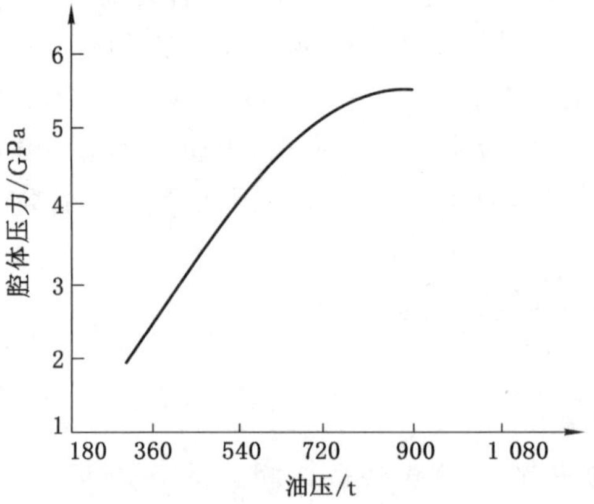

图 4-10 六面顶压机工作表油压与腔体内压力的关系曲线

因此压力定点就是根据金属或其他物质在高压下的相变作为压力基准点进行压力定标的方法。一些金属的相变点压力测定值见表 4-1,这些数值是利用电阻变化测定的。

表 4-1 部分金属相变压力值

材料	Bi	Tl	Ba
相变类型	Ⅰ-Ⅱ	Ⅱ-Ⅳ	Ⅰ-Ⅱ
相变压力/GPa	2.55±0.006	3.67±0.003	6.5±0.2

4.3.1.2 高温下高压的测量

高温下高压的测量更加困难,因为高温下压力不是负荷的单值函数,还受高温引起的许多其他因素的影响。诸如高压室内热膨胀引起压力增加,加热时高压室内材料相变引起体积变化使得压力随之变化(加生成金刚石时体积收缩,在反应腔内产生局部压力降),加热时密封材料向外流失从而降低腔内压力,等等。因此,常温下定标的压力-负荷关系在高温下不再适用,需要在高温下重新定标。

(1) 熔点定标法

高温下作压力-负荷定标曲线的方法与常温下定标方法相似，先测定压力定标点，然后作压力-负荷曲线。但是所用定标点有所不同，一般不再采用多晶转变点，而是根据某些金属的熔点随压力变化关系，测定每种金属熔点所对应的压力作为该温度下的压力定标点。

在 5 GPa 以上压力范围内，金、银、铜等金属的熔点与压力的关系式为：

$$T_m = T_0 + b_1 p + b_2 p^2 + b_3 p^3 \tag{4-1}$$

式中，T_m 为用 Pt-Pt10% Rh 测定的温度，℃；T_0 为金属的熔点，℃；p 为压力，kbar (1 kbar=0.1 GPa)。

金、银、铜各参数见表 4-2。

表 4-2　金、银、铜的熔点与压力的关系参数

元素	T_a	b_1	b_2	b_3
金	1 062.10	5.435 6	0.753	$-2.492\,7\times10^{-4}$
银	958.97	5.856 8	$1.105\,6\times10^{-2}$	—
铜	1 082.80	3.417 9	$9.346\,2\times10^{-2}$	$1.651\,2\times10^{-2}$

(2) 双热电偶法

从上述熔点标定法可以看到，在高温下测压需要同时测温。GE 公司的斯特郎等提出了同时测量高温和高压的双热电偶法。其原理如下：一般来说两个不同的热电偶的压力校正值总是不同的，因此两个不同热电偶的温度读数的差值($\Delta T = T_2 - T_1$)和压力(p)之间有着对应的关系，即 $P = f(\Delta T)$。于是可以用两个不同的热电偶的温度读数的差值表示压力。而热电偶的温度读数本身就表示所测量的温度。

为了保证测量精确，要尽量选择温度读数差值大的热电偶。为保证测量可靠，还要求热电偶在高压、高温下性能稳定。Fe-Pt10%Rh 和 Pt-Pt10%为 Rh 的组合，1 400 ℃以下都是稳定的，其压力效应的差值也较大，可用于测量合成金刚石过程中压力的变化。

4.3.2　高压下高温的测量

4.3.2.1　初级测量法

高压腔内温度的测量可分为初级测量和次级测量。常用的初级测量方法是使用热电偶进行测量，但是在高压下使用热电偶与常压下有所不同，有一些特殊问题需要解决，主要是压力修正问题、引出线问题以及抗干扰问题等。

(1) 压力修正问题

热电偶的电动势不仅随温度变化，还与压力有关。因此，在高压下使用时需要对常压下标定的值进行压力修正。例如，通常使用的 Pt-Pt10% Rh 热电偶，当压力为 5GPa，T = 1 000 ℃时，温度的压力修正值为 20～40 ℃，即 2%～4%。

热电偶的热电势除了与热接点温度、压力有关以外，还受密封温度、叶蜡石绝缘不良引起的电旁路、压腔内温度梯度等多种因素影响，而这些影响大多数难以修正，因此高压腔测温不可避免存在误差。

(2) 引出线问题

在使用热电偶测温时，热电偶由高压室内引出来通常是个严重问题。加热时由于叶蜡石的流动，热电偶线受到拉伸和剪切作用，细的丝强度很低，经常被切断。切断往往出现在密封区，特别是在密封区和高压室的交界处。若在此区域用钢丝与热电偶并列来进行加固，可以提高实验成功率。这时，热电偶丝即使被切断，仍可通过钢丝保持电路连通。由于这一小段钢丝上的压力、温度基本上是相同的，不会产生大的附加电动势，一般不影响测量结果。

在六面顶装置中，热电偶也可由一对非导电顶锤引出(图 4-11)，以避免发生断线现象，但这时必须预先测量和估计顶锤的温度，以便修正。

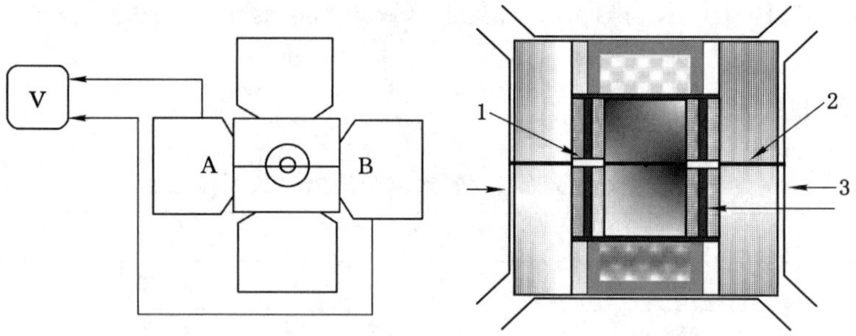

A，B—碳化钨顶锤；1—陶瓷管；2—热电偶；3—加热管。

图 4-11 测量温度的组装图

(3) 抗干扰问题

由于测量回路中的热电势很小，邻近的加热电路在测量回路中所产生的寄生电动势常干扰电动势的测量，为此可以加 RC 滤波电路以提高抗干扰能力。

在使用叶蜡石作绝缘层时产生的电旁路现象，可以采用高电阻绝缘管进行屏蔽的方法加以防止，高电阻材料为 BN、Al_2O_3 等。此外，补偿问题在高压下测量时也同样需要注意。

4.3.2.2 次级测温法

当一台新的压机启用时，首先要对初级测温法进行标定，但是在日常的工业生产中不可能每次都使用测温元件来测量温度。普通的使用方法是利用加热电功率与高压室内的温度的对应关系近似估算湿度。需要注意的是，温度并非外加电功率的单值函数，其与整个电路中的电阻以及散热情况等有关，一般可表示为：

$$T=f\ (I,R_{外},R_{内},\Delta T) \tag{4-2}$$

式中，I 为加热电流；$R_{外}$ 为外电阻(包括外电路以及顶锤、钢环电阻)；$R_{内}$ 为内电阻(棒料电阻)；ΔT 为高压腔与外部环境之间的温度差，与气温、冷却水温度和流量均有关。

因此，只有当 $R_{内}$、$R_{外}$ 及 ΔT 均恒定时，温度才与外加总功率有直接关系。

练习题

1. 铰链式多压源六面顶压机的组成。
2. 静态高压产生的要素和方式。
3. 六面顶压机获得高压的限制因素。
4. 顶锤破坏的因素及需采取的措施。
5. 介绍高温产生的方法及两种加热方式。
6. 高压下高温的初级测量法和次级测量法。

第 5 章　超硬材料合成用材料

静压触媒法合成超硬材料用材料，主要包括作为原材料的石墨或六方氮化硼，作为触媒的过渡金属及其合金，作为传压和密封介质的叶蜡石以及作为传压、绝缘、隔热材料的氧化镁等。

5.1　原材料

5.1.1　石墨

金刚石和石墨是碳的同素异形体，二者结构不同，导致其性能不同，因此合成金刚石的原材料是石墨，也称为碳源。碳属于元素周期表第ⅣA 族元素，原子价为 4，原子量为 12.011。碳的基本结构形式包括无定形碳、石墨和金刚石三种。无定形碳经过石墨化也可以作为合成金刚石的碳源。

实践证明，有无触媒的参与，石墨都能转变为金刚石，只是使用的压力和温度不同。石墨和金刚石晶体结构截然不同，但又存在密切的内在联系。这样的内在联系及碳原子之间的相互作用，是石墨向金刚石转变的根本原因。不同的石墨材料合成金刚石的效果不一样，有的甚至差别很大。因此，了解石墨材料的结构、性能及石墨与人造金刚石晶体生长的质量和产量的关系是十分必要的。

5.1.1.1　天然石墨和人造石墨

(1) 天然石墨

天然石墨根据结晶形态可以分为显晶石墨和隐晶石墨。

① 显晶石墨——显晶石墨是地球深处高温、高压的碳气体化合物沿着裂隙上升，在接近地球表面压力较低的地方分解生成的。显晶石墨的晶体尺寸超过 1 mm，外形为鳞片状或致密状，可用肉眼或显微镜观察。

② 隐晶石墨——隐晶石墨是煤和沥青热分解发生深度变质的产物，晶体很小，平均尺寸为 0.01～0.1 μm。在电子显微镜下可以看清其晶体形状，外形为缺乏光泽的土状，故称为隐晶石墨，其合成金刚石转化率不高。

(2) 人造石墨

最常见的人造石墨是成型石墨。以 SK-2 石墨为例，它是以沥青焦、石油焦和天然鳞片石墨为原料，经过煅烧、去氢、缩聚、石墨化、净化等工序，最后再经车、磨机械加工成所需的规格尺寸。

① 原料。主要原料有石油焦、沥青焦、无烟煤等，根据产品的用途和性能要求，进行适当选择与配合。

② 煅烧。原材料的煅烧是在隔绝空气的情况下进行的热处理，煅烧温度一般为 1 473

～1 673 K，目的是驱除原材料中的挥发分和水分。煅烧结果：a. 挥发物含量大；b. 体积收缩；c. 气孔串减少，密度增大；d. 电导率和热导率增大；e. 抗氧化性能提高。

③ 成型。将燃烧过的原料粉碎并筛分（小于 320 目，不小于 65%），按一定比例配料再加入一定比例的结合剂（沥青焦等），均匀混合，然后成型。成型方法有挤压和模压两种。

④ 焙烧。成型后的生胚放在焙烧炉内焙烧至 1 473～1 623 K，其目的是使结合剂在碳素粉末颗粒间形成焦炭网络，把它们紧密连起来，形成具有一定机械强度和物理化学性能的整体。经过焙烧，制品的体积减小，密度提高，电阻率显著降低，机械强度提高。

⑤ 石墨化。从无定形碳转化为石墨晶体的过程称为碳素材料的石墨化。从无定形碳到石墨理想点阵的变化是一个渐近过程，碳素材料经高温处理，由杂乱的二维结构有序排列向三维结构有序排列变化，使晶体的结构逐渐接近石墨的理想点阵。

a. 石墨化的目的和作用——提高材料传热和导电性能；提高材料的化学稳定性、抗氧化性、抗腐蚀性；降低材料的热膨胀系数；排除杂质，提高纯度。通过高温（2 873～3 273 K）处理，材料中的杂质大部分升华逸出，灰分大部分被驱除，材料的机械强度降低，气孔率增大（20%～28%）。

b. 碳素材料的石墨化过程——石油焦和煤油焦的石墨化过程是完全一样的，都要经过如下阶段：第一阶段，结构的最小单元（尺寸约为 1 nm）的颗粒进行无规则排列；第二阶段，随着温度升高，最小单元颗粒组成弯曲石墨层行列；第三阶段，邻近的单元结合成弯曲的层面；第四阶段，弯曲层变为平直层，这个阶段的转变非常迅速。四个阶段过程如图 5-1 所示。

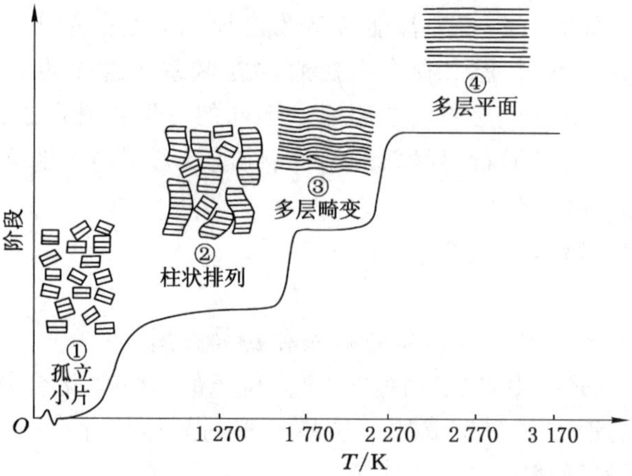

图 5-1　石油焦石墨化过程中石墨结构的堆积过程示意图

⑥ 石墨化程度。不论是难石墨化还是易石墨化，随着热处理温度的升高，微晶长大，排列向有序化发展。这一变化可通过高分辨率电子显微镜直接观察，也可以采用 X 射线衍射方法定量给出，这个定量的标准就是石墨化程度。石墨化程度是指无定形碳与理想石墨晶体结构的接近程度。

用 G 表示石墨化程度。由 X 射线衍射测量出 $d_{(002)}$ 的值，通过下式可求得 G：

$$G=\frac{0.344\ 00-d_{(002)}}{0.344\ 00-0.335\ 38}$$

式中，0.344 00 nm 为完全无序的无定形碳的层间距；0.335 38 nm 为理想石墨晶体的层间距；d(002)为石墨体(002)晶面的层间距。

若实际材料已完全石墨化，则 $d_{(002)}=0.335\,38$ nm，$G=1$；若仍为无定形碳，则层间距为 0.344 00 nm，此时 $G=0$。

在石墨化过程中，晶体尺寸从 5 nm 增大到约 100 nm，此时层间距从 0.344 00 nm 降至理想晶体的 0.335 38 nm。但是在实际的工艺中达不到理想晶体的层间距，只能达到此距离的 95%～98%。除无定形碳原始材料的结构外，影响石墨化程度的因素还包括热处理的最高温度与在此温度下的停留时间。温度升高时，层间距达到理想的 0.335 38 nm 的速度将加快，在 2 500 ℃以上温度时，经过 12 h 保温之后可以视为石墨化过程已经结束。

5.1.1.2　石墨的主要性能

(1) 机械性能

① 强度。人造石墨的强度与其制造工艺和所用原料有关。密度越大的机械强度越大。其假密度一般为 1.55～1.98 g/cm^3，抗压强度为 20～68 MPa。石墨强度具有随温度上升而增大的特性，约 2 773 K 时强度最高，比室温下强度高 1 倍。高于 2 823 K 时开始蠕变，强度下降。这种特点使石墨作为一种耐高温材料得到广泛应用。

② 密度。石墨的理论密度为 2.266 8 g/cm^3。排液测量得到的石墨的密度称为真密度。直接测量单位体积石墨的质量(包括气孔)，所得值称为假密度。

(2) 热学性质

① 常压下石墨不存在熔点，开始升华的温度为 3 620 K，石墨的晶体结构越完整(越接近理想石墨)，升华温度越高。高压下熔点在 3 773～4 273 K 之间。

② 热导率。石墨具有比较高的热导率且各向异性。由图 5-2 可知天然单晶沿层面的热导率约为垂直于层面的 4 倍。多晶由于间界和气孔等阻碍热传导，所以其热导率小于单晶的。由图 5-3 可知高温下多晶热导率随温度上升而减小。

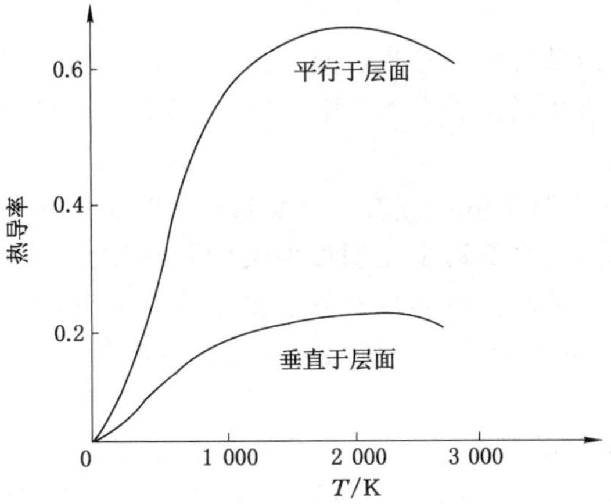

图 5-2　天然单晶石墨热导率与温度的关系曲线

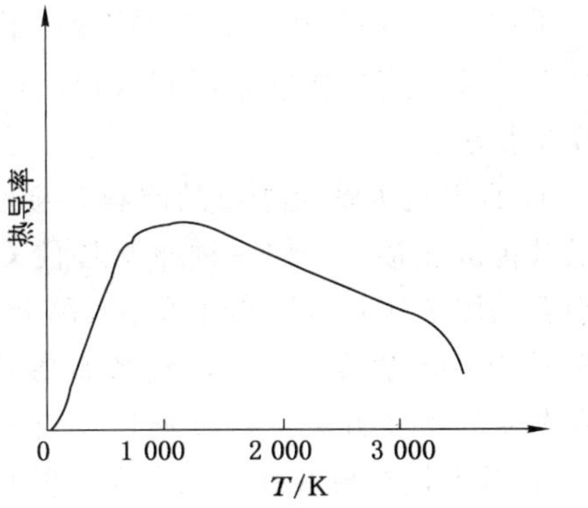

图 5-3　多晶石墨热导率与温度的关系曲线

③ 热膨胀系数。石墨晶体的热膨胀系数具有明显的各向异性，晶体结构越完整，各向异性就越明显。例如，单晶石墨的热膨胀在 700 K 以内主要在 c 轴方向，而 a 轴方向有些收缩，见表 5-1。

由表 5-1 可以看出单晶 c 轴方向热膨胀系数大(由于基面间相互作用力弱)。

表 5-1 单晶石墨和多晶石墨的热膨胀系数 单位：$\times10^{-6}\ K^{-1}$

单晶石墨		多晶石墨	
a 轴方向	c 轴方向	平行于层面	垂直于层面
1.5(273～473 K) 0.9(873～1 073 K)	平均值为 283(288～1 073 K)	0.5～5	2～6

（3）电学性能

石墨是良导体，主要因为层面上存在离域 π 键，π 键电子起导电作用。单晶石墨的电阻率具有较强的各向异性；多晶石墨由于成型造成的各向异性使其导电也表现出各向异性。人造多晶石墨的导电性比单晶石墨的差。石墨化程度对电阻率的影响是很明显的，石墨化程度越高，电阻率越小。

（4）化学性能

石墨的化学性能在常温下比较稳定，不与酸反应，加热时能被浓硝酸和高氯酸氧化。石墨加热至约 723 K 时开始氧化，约 873 K 时开始燃烧。石墨化程度越高，抗氧化性越强。

5.1.1.3 石墨材料与金刚石晶体生长的关系

根据研究结果，对碳素材料的结构与金刚石生长的关系以及石墨在金刚石生长过程中的作用综述如下。

（1）金刚石生长与碳素结构的关系

石墨化程度对人造金刚石晶体的生长有明显影响。石墨化程度高的，金刚石成核数量就多；反之，金刚石成核数量就少。实际生产中应该按合成金刚石的性能和尺寸来选择石墨牌号。生长高强度金刚石要求生长速度低。采用石墨化不是很高的细的石墨是比较合适的，而要获得较高产量，采用石墨化程度高的比较适宜，因为它含有大量的结晶中心。

（2）石墨晶体在金刚石生长过程中的作用

采用高温、高压法生长金刚石时，最普通的组装方式是作为碳源的石墨粉与作为催化剂的合金粉按一定比例混合压制成样品柱。金刚石单晶生长在触媒中，被合金薄膜所包裹，称为膜生长法。

① 石墨是人造金刚石的原料。金刚石的最小结构单元是碳原子组成的正四面体，碳原子以共价键连接。任何一种原子替代 C 原子，都会改变这个正四面体的键长和键角，这是金刚石晶体抗压强度降低的原因，因此石墨越纯越好。石墨含有的主要杂质是灰分，其中 S、Si 等为主要杂质元素。在制造石墨片时应尽量减少灰分。高温焙烧是消除石墨片中可挥发杂质的重要方法。石墨灰分应低于 0.01%。

② 石墨是合成腔体内的主要发热体。利用石墨的导电性能，石墨可以作为合成金刚石的发热体。最初用石墨棒加工成石墨管，后来用石墨片压制成石墨管，现在也有用合金管代替石墨管的。

③ 石墨是高压腔内的一种受压介质。石墨在合成金刚石中无论是作为碳源还是发热管材料，其同时又是受压介质，承担着传压作用。因此，石墨的密度不宜太小，其密度主要取决于碳源或石墨管的制备工艺。

5.1.1.4 石墨材料的选择原则

为了获得质量好、产量高的金刚石产品，需要选择所用石墨材料。不同的研究者和用户提出了不同的选择原则。按照不破坏键的结构转化观点，要求石墨结晶完整、晶粒大、纯度高。按照有溶解扩散过程的重建性转变观点，对晶粒大小没有要求，石墨化程度也不要求越高越好，而是要求适当高（86%～90%）。从催化角度出发，要求有害杂质尽可能少，有益杂质可适当存在，例如适量的 Ni、Co 等。

在实际生产中，合成不同品种的金刚石所需要的石墨材料并不完全相同，选择石墨材料时具有以下原则：

① 较高石墨化程度（90%左右）；

② 较高密度，有一定气孔率，且气孔分布均匀（28%左右）；

③ 纯度高，有害杂质尽可能消除，灰分低于 0.02%。

5.1.2　六方氮化硼

立方氮化硼（cBN）是人造超硬材料，是由六方氮化硼（hBN）高压、高温合成而得。在自然界中尚未发现立方氮化硼。合成立方氮化硼的材料除六方氮化硼外，还有菱方氮化硼。

5.1.2.1　六方氮化硼的结构

氮原子和硼原子采取不同杂化方式互相作用，可以形成不同结构的氮化硼晶体。当氮原子和硼原子以 sp^2 方式杂化后，由于键角为 120°，成键后形成与石墨类似的平面六角网状结构分子，这种大的平面网状分子采用不同的空间堆垛方式后形成不同的结构：六方氮化硼（h-BN）和菱方氮化硼（r-BN）。

（1）六方氮化硼

六方氮化硼具有与石墨类似的结构，外观为白色，因而有时也称其为类石墨氮化硼或白石墨。六方氮化硼的结构如图 5-4 所示，层状排列类型为 AA′AA′…，晶格常数 $a=(0.251\pm0.002)$ nm，$c=(0.67\pm0.004\ 5)$ nm，密度为 2.25 g/cm^3。

（2）菱方氮化硼

菱方氮化硼的结构如图 5-5 所示，层状排列类型为 ABCABC…，晶格常数 $a=0.225\ 56$ nm，$c=0.417\ 5$ nm，密度为 2.25 g/cm^3。

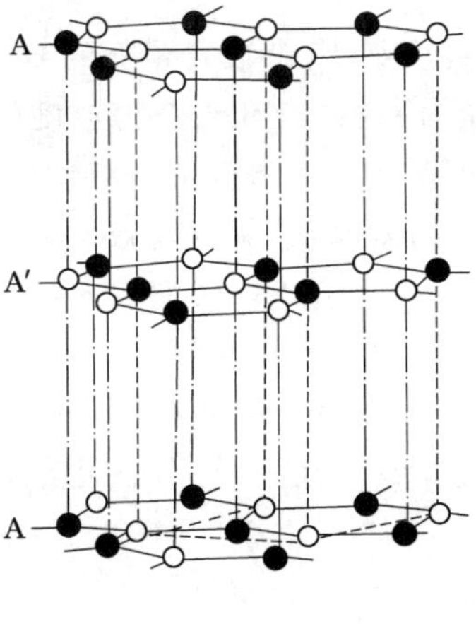

图 5-4　六方氮化硼

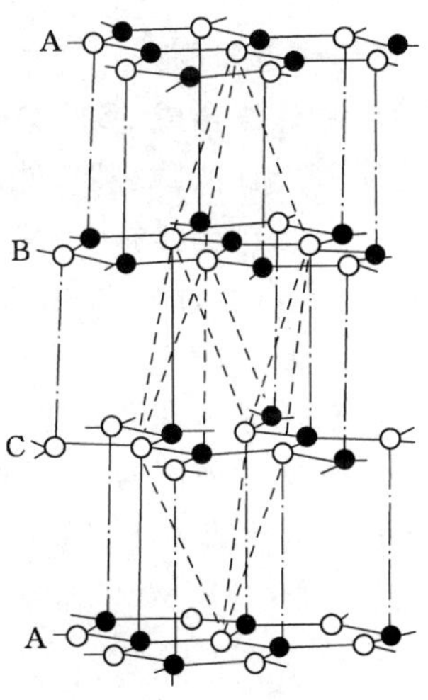

图 5-5　菱方氮化硼

菱方氮化硼具有与六方氮化硼相同的性质，不能用物理方法将其分开，菱方氮化硼层间的ABCABC…排列更有利于向立方氮化硼转变，因而有学者用菱方氮化硼在冲击压缩中直接得到了立方氮化硼。

5.1.2.2 六方氮化硼的制备

hBN一般由含硼化合物引入氮而制得，制备方法有多种。各种方法制得产品的纯度和洁净度都有明显差别，现分别介绍如下：

(1) 等离子技术——以硼砂和尿素为原料，在等离子体中2 500～3 000 ℃处理20 min。出炉料BN含量95%，水洗后含量高于99%，此方法制得产品的结晶度最高，其反应式为：

$$Na_2B_4O_7+2(NH_2)_2CO \xlongequal{\Delta} 4BN+4H_2O+2CO_2+Na_2O$$

(2) 硼砂-氯化铵工艺——以硼砂和氯化铵为原料，通入氨气，温度为800～1 100 ℃，所得BN含量为95%～98%，其结晶度较高，反应式为：

$$Na_2B_4O_7+2NH_3+2NH_4Cl \xlongequal{\Delta} 4BN+2NaCl+7H_2O$$

(3) 硼砂-尿素工艺——以硼砂和尿素为原料，通氨氮化，温度为800～950 ℃，所得BN含量为90%～98%，结晶度较低，反应式为：

$$Na_2B_4O_7+2(NH_2)_2CO \xlongequal{\Delta} 4BN+4H_2O+Na_2O+2CO_2$$

(4) 硼酸-尿素工艺——以硼酸和尿素为原料，在400～1 000 ℃下通氨氮化，可得到乱层结构的BN，含量约为95%。

由于制备工艺不同，氮化硼的结晶程度可在二维至三维有序结构(包括中间结构)的很宽的范围内变化。为了表征氮化硼的三维有序化程度，通常采用汤姆斯(Thomas)等定义的描述三维有序化的石墨化指数G.I表示。定量计算式为：

$$G.I=\frac{S_{100}+S_{101}}{S_{102}}$$

式中，G.I为类石墨结构的BN样品的结晶化程度(三维有序程度)。S为X射线衍射图上各个特征反射峰(100)、(101)、(102)的面积。

5.1.2.3 氮化硼选择原则

采用静压触媒法合成cBN，应选择结晶程度低、晶粒度细小、杂质含量低的BN原料，以利于生长优质cBN。实践表明，选用乱层结构的BN作为原料，有利于获得粒度较粗、质量较好的cBN。乱层结构是指hBN各层间不完全对准，即晶体c轴方向的对应性较差。hBN原料纯度要高，若含有百分之几的氧化物(如B_2O_3)和水分等杂质，触媒有效性将显著下降。

此外还要求较大的密度，因为BN和触媒通常以粉状混合，如果密度较大，则可减少生长室在受高压挤压时出现的严重变形。

目前国内外实际采用的hBN原料大多数为乱层结构BN，hBN含量高于95%，密度大于1.9 g/cm³。由于结构不完整，活性强，极易吸附水分和各种气体，使用中应予以注意。

5.2 触媒

触媒在超硬材料合成中具有十分重要的作用。触媒可以大幅度降低超硬材料的高压、高温合成条件，使得超硬材料得以实现产业化。金刚石和立方氮化硼两种超硬材料所采用的触媒材料差别较大，下面分别介绍。

5.2.1　合成金刚石用触媒

5.2.1.1　触媒材料种类

用于石墨转变成金刚石的触媒材料有很多，大致可分为以下三大类。

① 单元素触媒——周期表中第Ⅷ族元素及其邻近元素，如Fe、Co、Ni、Ru、Rh、Pd、Os、Ir、Pt、Cr、Mn、Ta等。

② 合金触媒——由上述元素构成的二元或三元合金，如常用的Ni-Mn、Ni-Cr-Fe、Ni-Mn-Co、Ni-Mn-Fe以及Ni-Cr、Ni-Fe、Ni-Co、Co-Mn、Ni-Co-Fe等。当用不同的金属适当搭配组成合金时，金属的电子层结构发生某些改变，从而可以调节成键能力。同时晶格结构也会适当改变，更加符合结构适应原则。此外，非无限互溶的合金的熔点恒低于单组元的熔点，因此使用此类合金可以降低合成温度。

③ 协同触媒——协同触媒一般包含两类组元：一类是有较多d-带空穴的d区元素；另一类是d-带已满的ds区元素。两者适当组合起来能起催化作用，如Nb-Cu、Ti-Cu、Mo-Ag等。其中，Cu、Ag这些ds区元素起助催化剂作用，可以转让一些d-电子给d-区元素，从而形成有d-带空穴的合金结构。

5.2.1.2　触媒材料的晶体结构及物理性能

一些单元素触媒的晶体结构和物理性能见表5-2。

表5-2　一些单元素触媒的晶体结构和物理性能

金属	原子半径/nm	外层电子结构	密排晶面	点阵常数/nm	原子间距/nm	常压下熔点/K
β-Ni	0.107	d8s2	(111)	0.351 3	0.248 6	1 728
β-Co	0.114	d8s2	(111)	0.353 7	0.250 7	176 5
γ-Fe	0.127	d8s2	(111)	0.334 7	0.252	1 808
γ-Mn	0.103	d8s2	(111)	0.385 4	—	—
α-Cr	0.128	d8s1	(111)	—	0.249 2	2 173
Cu	0.103	d10s1	(111)	0.360	—	1 356

注：1. 1 183～1 663 K之间Fe呈面心立方结构。
2. 低于673 K，α-Co呈密排立方结构。
3. 高于673 K，β-Co呈面心立方结构。

一些合金触媒的晶体结构和物理性能见表5-3。

表5-3　一些合金触媒的晶体结构和物理性能

合金	密排晶面	密排面上的原子间距/nm	晶体结构	点阵常数/nm	熔点/K
$Ni_{70}Mn_{30}$	(111)	0.252	面心立方	0.358	1473
$Co_{50}Cu_{50}$	(111)	0.252	面心立方	0.359～0.361	—
$Ni_{77}Cr_{15}Fe_{8}$	(111)	0.249 6	面心立方	0.353	1 703
$Ni_{40}Mn_{30}Fe_{30}$	(111)	0.252	面心立方	0.359	1 553
$Ni_{50}Mn_{25}Fe_{25}$	(111)	—	面心立方	—	—
$Ni_{60}Mn_{20}Fe_{20}$	(111)	—	面心立方	—	—
$Ni_{70}Mn_{25}Co_{5}$	(111)	—	面心立方	—	—
金刚石	(111)	0.2517	面心立方	0.359	—

5.2.1.3　金属-碳体系的相图

石墨到金刚石的相变是在金属-碳体系内发生的反应，因此专家们对金属-碳体系的相图做了大量的研究工作。

(1) 常压下 Fe-C、Ni-C、Co-C、Mn-C 相图

由图 5-6 可以看出，Fe-C 低共熔温度最低，所以用 Fe 基合金作为催化剂合成金刚石比用 Ni 基合金作为催化剂合成温度低；金刚石的生长温度与金属加碳的低共熔温度有关。

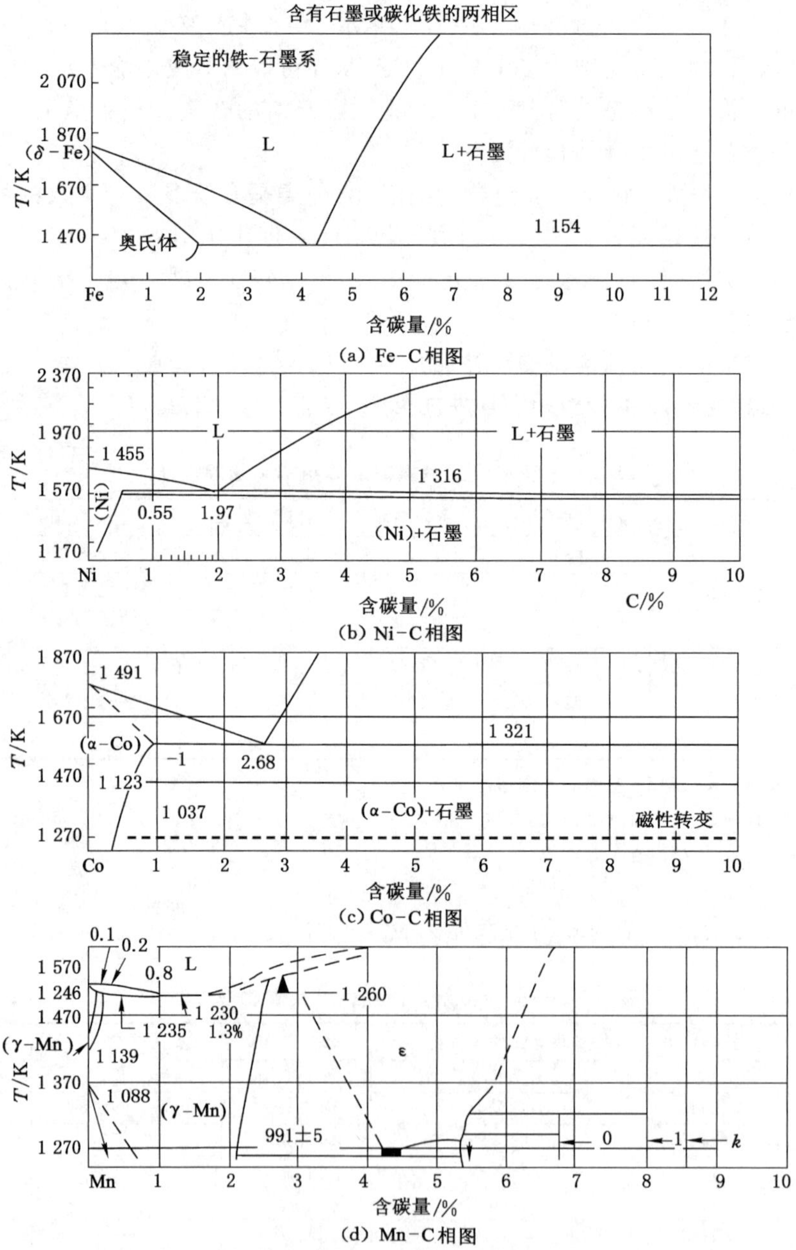

图 5-6　常压下金属与碳的相图

(2) 高压下 Ni-C、Fe-C 相图

因为 Ni-C 系和 Fe-C 系是工业合成金刚石各种体系中的代表，详述如下：

① Ni-C 相图

对常压下的 Ni-C 相图已经广泛研究，如图 5-6(b)所示，只有 1 个共晶点，特别简单，在奥氏体 Ni 和石墨间形成共晶，紧接液相处没有碳化物稳定区。1964 年、1965 年斯特朗等详述了 Ni-C 的部分高压相图，测定了共晶点随压力的变化，随着压力增加，共晶成分的含碳量倾向于提高。

虽然 Ni 的碳化物在常压下是不稳定的，但是了解其临近金刚石稳定区时是否稳定仍很重要。1965 年，斯特朗研究了 Ni_3C 稳定的压力范围，结论是压力高达 6 GPa 时 Ni-C 相在热力学上仍是不稳定的。

图 5-7 为压力为 6 GPa 和 6.5 GPa 计算得到的 Ni-C 相图。虚线代表亚稳平衡线。石墨(r)、金刚石(δ)和液体在 6 GPa 下亚稳平衡恰好在共晶线的下面，但是在 6.0～6.5 GPa 之间变得稳定。固相线也如图所示。

在 Ni-C 体系中，稳定的液体-金刚石界面所需的最低压力预计不小于 6 GPa。图 5-7(a)表示压力为 6 GPa 时的状况，图中虚线是亚稳平衡线，1 649 K 的水平线是石墨-金刚石亚稳平衡线。Ni-C 亚稳液相用虚线绘制在图 5-7(b)中，很明显该相是非常不稳定的。

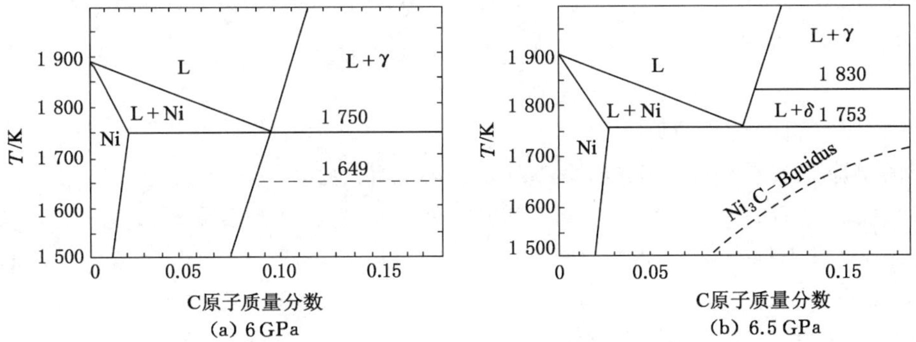

图 5-7　高压下的 Ni-C 相图

② Fe-C 相图

冶金工作者提供了大量的 Fe-C 相图资料，如图 5-6(a)所示。该相图是一个简单的共晶系，在 γ-Fe 和 δ-Fe 间有一个包晶点，但是 δ-Fe 的稳定区很小以至于只要考虑 γ-Fe 液相和固相即可。约 0.4 GPa 时渗碳体的液相变得稳定，成为金刚石合成的低温相。

图 5-8(a)表示 5.7 GPa 时由计算得到的 Fe-C 相图(5.7 GPa 是金刚石相稳定的最低压力)。图 5-8(b)和图 5-8(c)是两个压力更高的相图。很明显，在 3 个相(渗碳体、金刚石、液体)平衡点处碳的质量分数小于 25%，即该点是一个包晶点。当压力增大时，该三相点移向更高含碳量位置，而且变成一个共晶点，这样就降低了金刚石的合成最低温度。此时金刚石合成温度的下限曲线(*P*-*T* 相图)上有一个负斜率。不过在更高的压力下，当可能有另一种铁的碳化物(可能是 Fe_3C)作为稳定相出现时，则不论压力多高都不会产生负的斜率。当假设铁在石墨和金刚石中固溶度很小时，金刚石、石墨、液体三相平衡情况与 Ni-C 系相似。

在 5.7 GPa 压力下金刚石稳定区是小的，但是随着压力增大迅速增大，金刚石(δ)、液体

(L)和渗碳体(ξ)之间的平衡点从包晶点变到共晶点。

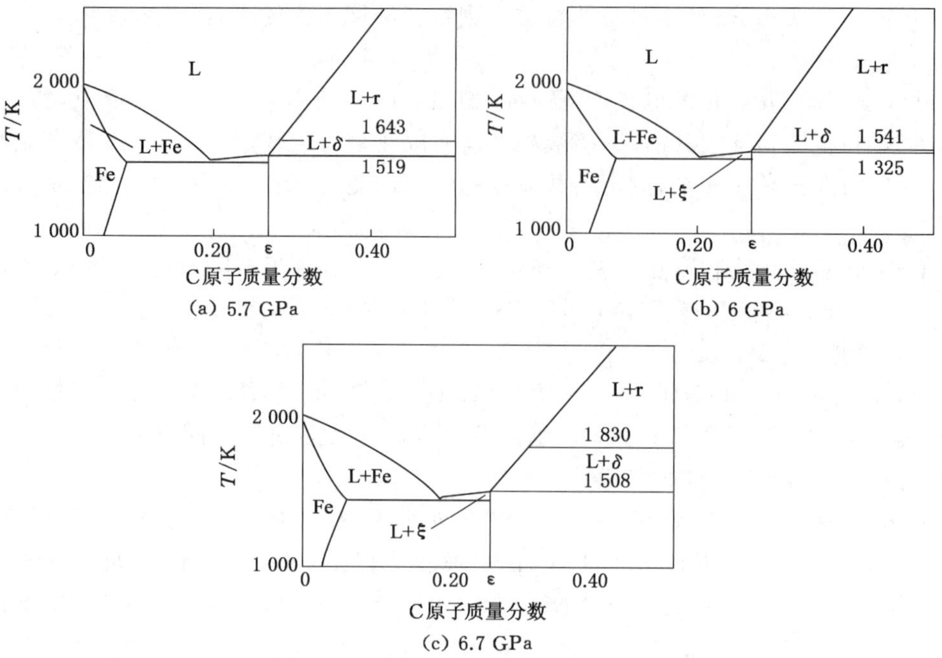

图 5-8　高压下 Fe-C 计算相图

5.2.1.4　触媒材料的选择原则

选择触媒应以实践效果为依据，并以理论分析为指导。

从多年实践来看，Fe、Ni、Mn、Co、Cr 等元素及其合金是合成金刚石最基本、最有效的触媒。其中添加 Cu、Nb 等元素，可赋予金刚石特殊性能；添加 B、Ti 则得到黑色金刚石，耐热性提高；添加少量 V、W 有利于颗粒长大。另外，还希望成本低，易加工成型。国内曾经使用的触媒主要有 $Ni_{70}Mn_{25}Co_{5}$、$Ni_{40}Mn_{30}Fe_{30}$、$Ni_{77}Cr_{15}Fe_{8}$、$Ni_{70}Mn_{30}$ 等，目前主要采用 Fe 基触媒，如 $Fe_{70}Ni_{30}$、$Fe_{80}Ni_{20}$ 等。美国、英国、德国等国家除了用 Ni 基触媒外，还有铁基触媒 FeNiCo、FeCo 等。

从理论上分析，研究者提出了若干选择原则，如结构适应、能量适应、低熔点、合金组织单一等。根据结构转化机理，提出优选原则是：

① 结构对应——触媒密排面上的原子与金刚石(111)面上的原子要对应，原子间距等于或接近于 0.251 nm。

② 定向成键——触媒原子要能使石墨层上的单号原子与它垂直成键，而成键能力强者较好。

据此认为 Co 最好，Ni 次之。

根据多位催化理论，有以下四项原则：

① 能量适应原则(电子结构适应原则)——触媒具有 d-带穴区，能与 C 原子互相吸引，但吸引能力要适中(不是越强越好)，符合相变能均分原理，$E_{吸}$ 等于或接近 364 kJ/mol。

② 结构适应原则——触媒晶体几何结构要与反应物石墨(而不是产物金刚石)结构相适应，即触媒密排面上的原子间距要等于或接近于石墨层上单号 C 原子间距，即 $d=0.246$

mm。考虑吸附与解吸两个步骤的综合效果,可以认为 Ni 的催化活性最好,Co 次之。

③ 触媒熔点低原则——或者更准确地说,触媒与石墨低共熔温度要低,以便降低合成条件,延长抗高压构件的寿命。

④ 合金组织单一原则——就合金的触媒作用而言,固溶体优于化合物,单相固溶体优于多相固溶体。在合成过程中合金组织要稳定,以不发生相变为好。

5.2.1.5　新型触媒的开发

近年来,触媒研究者以非金属材料作为触媒进行金刚石合成研究。例如,氧化物:$CaCO_3$、Na_2CO_3、Li_2CO_3、$MgCO_3$;氢氧化物:$Ca(OH)_2$;氢化物:LiH_2、CaH_2;硼氮化合物:Mg_3BN_3、$LiBN_2$、$Ca_3B_7N_4$;磷酸盐:$NaPO_3$;硫酸盐:$CaSO_4 \cdot 1/2H_2O$;硼酸盐:$Na_2B_4O_7$ 等。非金属触媒材料对石墨合成金刚石具有很强的触媒作用,由石墨合成的无色透明的金刚石,可与天然金刚石相媲美。但是在比采用金属触媒合成金刚石时的压力与温度更高(7.7 GPa,1 800 ℃)的热力学条件下才能充分发挥非金属触媒的作用。由无机盐与石墨共存的合成实验可见有许多元素和化合物具备合成金刚石触媒的功能。可以预见,非金属触媒材料研究的成功将使触媒材料的应用发生重大变化。

5.2.2　立方氮化硼合成用触媒

5.2.2.1　触媒材料种类

能够合成 cBN 的触媒材料是多种多样的,这与合成金刚石通常采用元素周期表中的过渡金属及其合金作为触媒的情况是有所不同的。合成 cBN 的触媒金属或合金元素遍及周期表中各个区域,包括 s 区、d 区、ds 区和 p 区,甚至发现某些非金属化合物也能成功地使 hBN 转化为 cBN。

① 碱金属、碱土金属及其氮化物,如 Li、Mg、Ca、Mg_3N_2 等;

② 碱金属、碱土金属的硼氮化物,如 $Mg_3B_2N_4$、$Ca_3B_2N_4$ 等;

③ 铝基合金触媒,如 Al-Si、Al-Ni、Al-Cr、Al-Mn、Al-Co 等;

④ 尿素及某些铵化物触媒,如硝酸铵、硼酸铵等;

⑤ 水触媒,其生产的 cBN 很细;

⑥ 周期表中ⅣB、ⅤB、ⅥB、ⅧB 族过渡金属的硼化物、氮化物、硅化物等。

其中,ⅠA、ⅡA 族元素和 Sn、Pb、Sb 以及其氮化物作触媒所合成的 cBN 晶体呈黑色,而金属硼氮化物触媒所合成的 cBN 为琥珀色、浅黄色甚至无色。

5.2.2.2　触媒的作用

Wentorf 推测触媒促使 BN 相变的作用过程包含以下变化:一部分 BN 形成触媒金属的氮化物,其余的溶解于生成的触媒氮化物中,然后从中析出形成立方结构,即在 BN 相变过程中以六方结构熔融,以立方结构结晶析出。

例如 BN-Li_3N 系统,发现在合成过程中形成了一种弱结合复合物,其组成接近于 $Li_3N \cdot 3BN$。认为这种复合物起着溶剂作用,溶解了剩下的立方氮化硼。由于合成压力、温度处于 cBN 稳定条件下,所以溶解了 hBN 以 cBN 的形式析出。又如 Mg-BN 系统,无论初始材料用 Mg 还是 Mg_3N_2 作为触媒,但是在最后合成 cBN 过程中总能找到 $Mg_3B_2N_4$ 相存在于合成产物中。Endo 等用差热法分析研究了 2.5 GPa 条件下 Mg、BN 之间的反应。结果表明,首先 Mg 与 hBN 反应生成 $Mg_3B_2N_4$,当 $Mg_3B_2N_4$ 形成后,将与剩余的 Mg 及 hBN 反应。在 2.5 GPa 条件下，hBN-$Mg_3B_2N_4$ 系的共晶点是(1 295±7) ℃。在 6～8 GPa 条件下，以含氧量低的 hBN(质量分数为 1.9%)为原料得到的 cBN 生长的低温下限为 1 380 ℃。所以，可以设想 cBN 的生长是通过在 BN-$Mg_3B_2N_4$ 共晶液中的溶解及析出过程来完成的。过量的 hBN 溶解并以 cBN 形式析出，成为 Mg-BN 系统中 cBN 的形成机制。

5.3 传压、密封、绝缘介质材料

超硬材料的合成必须由承载其原料和触媒并提供高压、高温条件的组装块来实施。组装块由各种材料制备的组件组成。合成组装块外围材料起密封和传压作用，内部有防止相变的传压材料、发热作用的发热管材料、承载原料和触媒的腔体材料(也称绝缘介质材料，兼有热绝缘和电绝缘作用)。这些传压、密封、绝缘材料(这三种材料没有严格区分，只是功能上有所侧重，大多数是兼而有之)的选取对合成出优质、高产的超硬材料十分重要。由于金刚石和立方氮化硼的合成组装材料没有质的区别，仅在内部材料选取或结构设计上略有区别，因此仅对所使用的传压、密封、绝缘介质材料统一介绍。

5.3.1 传压、密封、绝缘介质材料的选择

5.3.1.1 传压介质材料的选择原则

超硬材料所需要的高温、高压条件是通过超高压装置(压机高压模具)内的传压介质实现的。在超硬材料合成中，为了使元件受到的力尽可能接近于静水压力，通常采用顶锤挤压传压介质进行加压。如果用液体作为传压介质材料可使元件受到真正的静水压力，但是当压力超过 2.5 GPa 时，室温下几乎所有的液体都变成了固体，尤其是在高温下需要热绝缘，这就更需要使用固体材料。

理想的固体传压介质材料应能满足以下要求：

① 具备传递压力的流体静力特性。即用此传压介质可把压力传递到各个位置，并且相等。实际选材时是按材料的剪切强度来选的，剪切强度越低，越接近静水压。

② 可压缩性尽量低。这样传压介质材料消耗的压力少，使高压腔的设计更可行。

③ 热传导性低。这有利于温度场的一致，延长硬质合金的寿命。

④ 导电性差。传压介质材料有一定的电阻率。

⑤ 熔点尽量高。具备热稳定性，在高温下不相变、不分解，这样才能更好地保证压力、温度的稳定。

⑥ 应具有化学惰性。不与触媒、碳及硬质合金中的元素起反应，也不应含有任何对金刚石生长不利的元素(如硼、硅等)。

⑦ 良好的机械加工性能，以满足各种形式的高压腔结构设计。

5.3.1.2 密封介质材料的选择原则

超硬材料合成模具中密封概念可以用比较简单的对顶砧装置来说明。假定样品是一个和砧面同样大小的圆盘，其厚度很小，其中的压力只与到圆盘中心的距离有关。样品被挤压后，中心的压力增大，但圆盘外部边缘处的压力为零(实际上和材料的剪切强度相等，对通常的衬垫材料来说可忽略)。在边缘附近的一个环形区域内将发生塑性流动，有少量的样品被挤出。当砧面和样品之间的摩擦力(外摩擦力)等于样品的剪切强度时停止流动。由于摩擦力的支撑作用，在塑性流动区内出现压力梯度，压力由外向内逐渐增大，在样品中心可以保

持一个基本均匀的高压区。可把要挤压的物体放在圆盘的中心,周围的环形部分则起密封垫作用。

在六面顶压机中,由于传压介质和密封介质是同一种材料,密封材料的选择受到限制。超高压技术要求封垫材料具备以下三项功能:① 能变形或破碎,以使顶锤有足够的压缩行程来压缩反应腔;② 能在挤压过程中有效阻止腔内受压物料向外挤流,较早建立初始压力;③ 能在密封区形成适当的压力梯度,以保证密封的可靠性和改善顶锤的应力状态。

因而密封介质材料应满足以下要求:

① 高的内摩擦系数。内摩擦系数是指材料的剪切强度和压缩应力的比值。好的密封材料并不需要在低压下有大的剪切强度,但必须有大的内摩擦系数。

② 易压缩。因密封材料要消耗部分压力,若其不易压缩,消耗的压力就必然增大。

③ 良好的弹性。即材料在受压变形后,外力撤销时有适当的回弹性。这样才能保证在卸压时也具有良好的密封性。

④ 与硬质合金有大的表面摩擦。

⑤ 良好的电绝缘性能。

⑥ 高的熔点。

5.3.1.3　绝缘介质材料的选择原则

绝缘介质兼有传压功能,主要用来热绝缘和电绝缘。组装材料大多数有热绝缘作用,发热管内的材料须电绝缘,同时直接作为承载超硬材料合成反应的腔体。这些绝缘材料和前述的传压介质材料的选择原则基本相同,此处强调如下几点:

① 热传导性低。有利于热绝缘。

② 导电性低。传压介质材料具有较高电阻率,具有电绝缘作用。

③ 熔点尽量高。具备热稳定性,在高温下不相变、不分解,这样才能使内部的相变反应不受不良影响。

④ 具有化学惰性。不与触媒、碳元素发生反应,也不含任何对金刚石生长不利的杂质元素。

根据上述传压、密封、绝缘介质材料的选择原则,再加上超硬材料合成实践经验,叶蜡石被选作传压、密封介质材料(具有不可替代作用);白云石被选作传压、热绝缘、阻止叶蜡石相变材料;氯化钠被选作传压、热绝缘材料;氧化镁、氧化锆被选作电、热绝缘的腔体材料。

5.3.2　叶蜡石

5.3.2.1　叶蜡石的结构

叶蜡石的每一单位层由上、下两层硅氧四面体中间夹一层 Al-(O,OH)八面体组成(图 5-9)。在 Al-(O,OH)八面体层中,Al^{3+} 充填于八面体空隙中,配位数为 6,即被 4 个 O^{2-} 和 2 个 OH^- 离子所包围(图 5-10)。每一单位层之间靠范德瓦耳斯力结合,键力较弱,因此叶蜡石具有较好的滑移性,且硬度低(莫氏硬度为 1.0～1.5)。

5.3.2.2　叶蜡石的矿物成分

叶蜡石单晶很少见,作为一种矿石,大多数呈显微鳞片和放射状集合体,由于杂质含量不同,呈现不同颜色,成分很不均匀,见表 5-4。

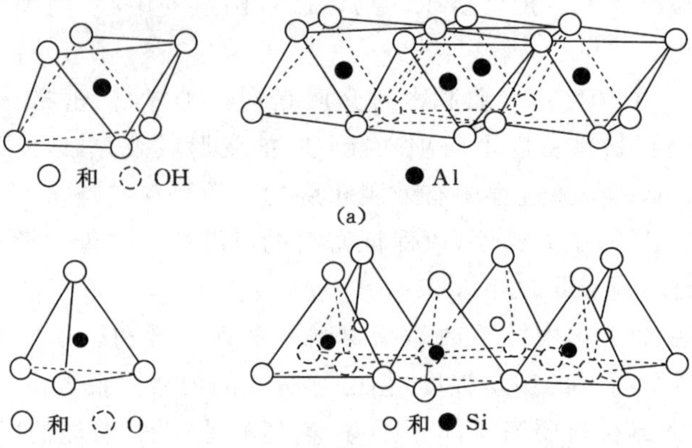

图 5-9　叶蜡石的基本结构单元

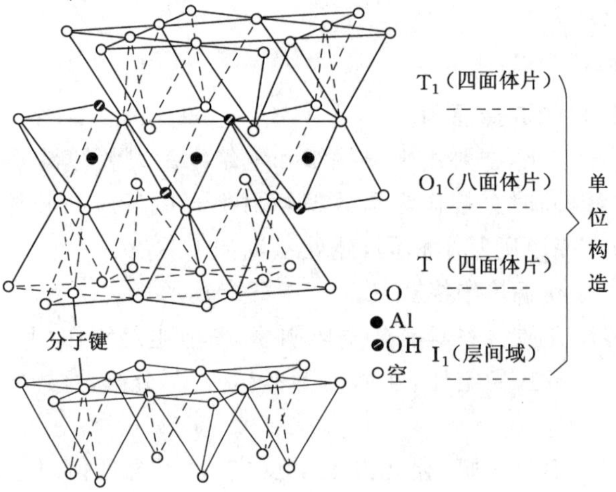

图 5-10　叶蜡石的晶体结构

各地叶蜡石主要元素含量与理论值均有偏差。例如，阳坡元叶蜡石含 SiO_2 比理论值(66.7%)少 30.3%，Al_2O_3 含量比理论值(28.3%)多 47.8%，而且含有不少杂质。在层状硅酸盐中，由于叶蜡石中四面体的 Si 没有被 Al 及 Mg 代替，因而电荷为零，不含层间结构水(仅含八面体中的—OH)。所以在层状硅酸盐中，叶蜡石含水量最少，膨胀性最弱。作为高温、高压传压介质，优于层状硅酸盐其他矿石，如蒙脱土、高岭土等。

表 5-4　我国主要产地的叶蜡石化学成分质量分数

成分	浙江省青田县	北京市阳坡元	北京市赵家台
SiO_2	67.25%	46.50%	47.78%
Al_2O_3	27.31%	41.83%	39.90%
Fe_2O_3	0.20%	0.43%(总计)	1.57%(总计)
FeO	—	—	—

表 5-4(续)

成分	浙江省青田县	北京市阳坡元	北京市赵家台
Ti_2O_3+FeO	—	0.49%	1.33%
TiO_2	—	1.07%	2.15%
CaO	0.03%	—	—
MgO	0.08%	—	—
K_2O	0.12%	—	—
燃失量	5.01%	7.84%	7.27%
其他	—	1.84%	—
合计	100%	100%	100%

5.3.2.3 高温、高压下叶蜡石的矿物相变

如图 5-11 所示，京西叶蜡石高温、高压下相变区域的分布大体上刚好是包围试料(棒状发热体)的一层椭球形“壳”。“壳”的分界面恰好反映高压下合成腔内部的温度、压力分布的特点，越靠近内层，温度越高，形成蓝晶石($Al_2O_3 \cdot SiO_2$)和柯石英(SiO_2)矿物相。这两个矿物相刚好是叶蜡石在 1 323 K 以上分解成多铝红柱石($3Al_2O_3 \cdot 2SiO_2$)和方石英的高压相，这个高压相的外层(表 5-5)温度越低，不能形成蓝晶石相，但是由于柯石英相也已不能存在，叶蜡石基本上仍保持原来结构。

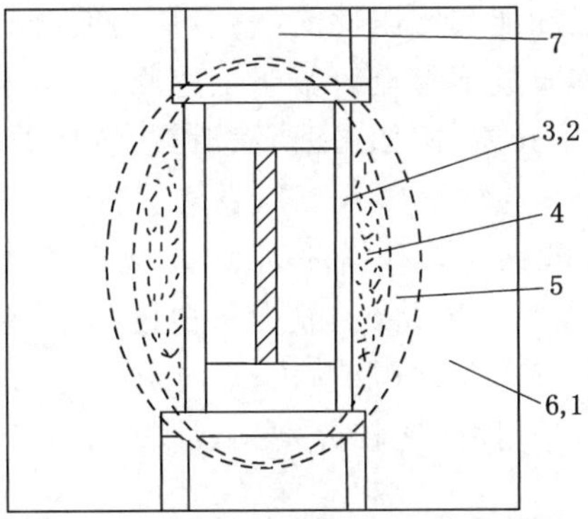

图 5-11 叶蜡石相变取样部位(1～7 为样品号)

表 5-5 京西叶蜡石经高温、高压后的矿物相变分析结果

样品号	样品名称	X 射线分析结果	实测密度/(g/cm^3)
1	叶蜡石原样(浅灰黄色)，经 673 K 焙烧处理	叶蜡石	2.88
2	陶瓷质衬管原样(白色)	多铝红柱石＋α-石英	2.30
3	合成后的瓷管(白色)	柯石英＋未知相	3.06
4	叶蜡石块内层变质相(浅蓝灰色)	柯石英＋蓝晶石	3.32
5	叶蜡石块外层变质相(属“硬壳”外层，颜色未变)	柯石英＋叶蜡石＋未知相	2.98
6	叶蜡石块未变质相(颜色未变)	叶蜡石	2.90
7	叶蜡石保温芯变质相	柯石英＋蓝晶石	3.27

5.3.2.4 叶蜡石传压性能的改变

由于叶蜡石品种不同和在加热过程中的一系列变化(结晶水的脱出、铁的氧化、矿物相变等),必然导致传压性能的改变。

5.3.2.5 叶蜡石的其他性能

① 熔点。叶蜡石常压下熔点约为 1 673 K,当压力提高到 5～6 GPa 时熔点升高到 2 273 K 以上。

② 电阻率。在常压、常温下叶蜡石的电阻率 $\rho=10^6\sim10^7\ \Omega\cdot cm$。随着温度、压力提高,电阻率下降。在合成条件下,$\rho\approx100\ \Omega\cdot cm$,仍能基本满足绝缘要求。但如果密封边很薄,产生电旁路,将会对测温热电偶的热电动势产生干扰。

③ 导热率。叶蜡石导热率很低,且随温度、压力改变不大,因此能很好地起绝热作用。

天然叶蜡石块性能差异很大,为了克服这个缺点,现在都采用叶蜡石粉末成型块——将天然叶蜡石块粉碎并混匀,重新压制成型。粉末成型块提高了传压稳定性,同时由于粉末内摩擦系数比天然块的小(2.5 GPa 下前者为 0.25,后者为 0.47),传压系数相应增大,从而可以降低压机使用吨位。

5.3.3 其他传压、绝缘介质

长期的实践表明,使用单一叶蜡石作为传压介质有一些缺点:在高温、高压下叶蜡石有相变,即在 5.5～6.0 GPa 条件下,温度为 1 620～1 720 K 时叶蜡石中的结晶水促使叶蜡石相变成蓝晶石加柯石英,其密度为 3.32 g/cm³,体积收缩率约为叶蜡石的 12.6%。这种相变及伴随的体积收缩,使保温性能和传压性能变差,从而使合成腔体内的超硬材料生长环境发生较大变化,导致超硬晶体质量不稳定。鉴于上述原因,学者们致力于寻找更适合金刚石和立方氮化硼生长的复合传压介质,例如白云石、滑石、氯化钠、氧化镁、氧化锆、氧化铝等与叶蜡石组成复合传压介质。

① 白云石。白云石是碳酸钙和碳酸镁的固溶体,化学通式为 $CaCO_3\cdot MgCO_3$,属三方晶系,晶体呈菱面体,晶面弯曲呈马鞍状,一般为灰白色,莫氏硬度为 3.5～4,密度为 2.8～2.9 g/cm³。常压下其分解为游离 MgO 和 $CaCO_3$,950 ℃左右 $CaCO_3$ 分解。白云石的化学成分与叶蜡石的化学成分对比及性能比较分别见表 5-6 和表 5-7。

表 5-6 白云石与叶蜡石的化学成分对比(质量分数)

材料	分析结果						
	SiO_2	Al_2O_3	MgO	CaO	Fe_2O_3	K_2O	Na_2O
白云石	4.03%	0.78%	20.7%	29.75%	0.20%	—	0.11%
叶蜡石	66.05%	26.92%	1.25%	0.11%	0.32%	0.52%	0.20%

表 5-7 白云石与叶蜡石的性能比较

材料	晶系	外观	密度/(g/cm³)	硬度	熔点/℃	热扩散率/(m²/s)	电阻率/(Ω·m)	热膨胀系数/K^{-1}	脱水温度/℃
白云石	三方晶系	白色,致密,块状	2.87	47	1 400	0.021 6	$10^9\sim10^{12}$	2.7×10^{-5}	—
叶蜡石	单斜晶系	白色,斑点	2.95	18.7	1 400	0.015 9	$10^6\sim10^{13}$	7.9×10^{-6}	500～700

姚裕成、张兵等研究表明：在合成超硬材料的条件下只有微量的白云石分解。经过长期的使用证明这少量的分解不会影响合成条件。白云石作为传压介质弥补了叶蜡石所存在的两个缺陷，因此在合成超硬材料中有着广泛的应用前景。

② 滑石。滑石是天然的含水硅酸镁矿物，化学通式为 $3MgO \cdot 4SiO_2 \cdot H_2O$，结晶构造式可写为 $Mg_3(Si_4O_{10})(OH)_2$，其晶体结构与叶蜡石极为相近，只是镁代替了铝，这决定了二者具有极其相近的物理性能。滑石的理论化学组成为：MgO 占 31.9%，SiO_2 占 63.4%，H_2O 占 4.7%。与叶蜡石一样，不同地点的矿物的化学组成也不同。滑石的性质极稳定，纯净的滑石与强酸和强碱一般都不起反应。

③ 氯化钠。采用一个氯化钠套管装在叶蜡石块内组成复合传压介质。这种由低剪切强度材料氯化钠和高剪切强度材料叶蜡石组合而成的传压介质，既保持了合成金刚石和立方氮化硼时所必需的密封性，又具有良好的传压性和保温性，且不产生有害气体，因此比单一的叶蜡石介质更适宜用于金刚石和立方氮化硼的合成。这种复合传压介质具有减少了合成腔体中的轴向压力梯度和减少合成腔体内的热量外流两个优点。

④ 氧化镁。氧化镁是碱性氧化物，属于胶凝材料，白色粉末，无臭、无味、无毒，是典型的碱土金属氧化物，化学式为 MgO。其熔点为 2 852 ℃，沸点为 3 600 ℃，相对密度为 3.58(25 ℃)，溶于酸和铵盐溶液，不溶于酒精。氧化镁由于熔点高、稳定性好，主要用于生长金刚石腔体绝缘保温材料，即作为盛装碳源和触媒的容器，常称之为绝缘管、堵头或镁杯。

⑤ 氧化锆。氧化锆(ZrO_2)是锆的主要氧化物，通常状况下为白色、无臭、无味晶体，难溶于水、盐酸和稀硫酸，一般常含有少量的二氧化铪。其化学性质不活泼，且具有高熔点、高电阻率、高折射率和低热膨胀系数的性质，使之成为重要的耐高温材料、绝缘材料。

⑥ 氧化铝。氧化铝(Al_2O_3)是一种高硬度的化合物，熔点为 2 054 ℃，沸点为 2 980 ℃，在高温下可电离的离子晶体，常用于制造耐火材料。工业氧化铝是由铝矾土($Al_2O_3 \cdot 3H_2O$)和硬水铝石制备的，对于纯度要求高的 Al_2O_3，一般用化学方法制备。Al_2O_3 有许多同质异晶体，目前已知的有 10 多种，主要有 3 种晶型，即 α-Al_2O_3、β-Al_2O_3、γ-Al_2O_3。其结构不同，性质也不同，在 1 300 ℃以上的高温时几乎完全转化为 α-Al_2O_3。

练习题

1. 合成超硬材料用的最主要原、辅材料有哪三种？各自有哪些？
2. 金刚石用触媒材料如何选择？
3. 以 BN-Li_3N 系统为例，说明 Wentorf 提出的立方氮化硼用触媒的作用。
4. 密封介质的选择原则是什么？哪种材料适合？为什么？

第6章 超硬材料高压合成技术

组成与结构、合成与生产过程、性质及使用效能是材料的四要素，其中合成与生产过程是十分重要的环节，决定材料的结构和性质，进而决定了材料的应用。金刚石和立方氮化硼的高压、高温合成技术十分重要，这直接决定所合成超硬材料的质量和数量，也决定了高压合成的效益。从广义上来说，超硬材料高压合成技术应当包括原、辅材料的选择与组件的制备，高压组装（腔体结构）设计，高压、高温合成基本原理及工艺参数，压力与温度的施加和控制方式以及合成操作等方面。其中，高压组装（腔体结构）设计和合成工艺设计最为重要。本章先介绍六面顶压机合成组装中各组件的制备（组件材料成分、配合比、制备工艺）和通用组装方式（包括合成腔体结构），再具体介绍金刚石或立方氮化硼晶体的合成组装、工艺原理、工艺参数和相关技术等。静压触媒法合成超硬材料，国内普遍使用六面顶压机。关于六面顶压机的具体操作方法，本章仅简单介绍了高压装置调整及合成样品柱的压力和温度的判断方法。

6.1 高压合成组装

高压合成组装设计主要包括合成块各组件原材料的选择与制备工艺、合成块的组装形式、合成腔体设计，各部分的设计互相依赖、不可分割，须统筹安排。本部分主要介绍超硬材料高压合成通用的组装及其内部腔体设计。对于某种超硬材料的具体合成方法来说其组装和腔体设计又有明显不同。尤其是差别较大的腔体内部结构和材料的选用，会在后续超硬材料合成技术中予以介绍。

6.1.1 组件制备

6.1.1.1 叶蜡石复合块的制备

叶蜡石具有良好的传压性、机械加工性、耐热保温性、绝缘性及良好的密封性能，因此利用叶蜡石作为外方内圆的正六面体组装块外围材料，其对外为六面顶压机施加高压的对象，对内可以承载超硬材料合成的高温腔体。迄今为止，虽然叶蜡石组装块内部传压、保温、绝缘材料可以有多种选择，但国内外尚未发现可以替代叶蜡石的材料。随着超硬材料合成技术的发展，叶蜡石作为组装块外围材料较好地解决了高压、高温合成技术中压力传递和固体高压密封垫隔热、绝缘以及可机械加工等问题，成为无可替代的高压合成辅助材料。

最初超硬材料高压合成用组装的外围材料采用的是纯叶蜡石，其圆形内壁紧靠发热管。在超硬材料合成的高温（1 300～1 500 ℃）条件下，叶蜡石中所含的结构水在高温、高压下必然会脱出。随着结构水的脱出，一方面加速叶蜡石晶体结构破坏，导致矿物相变；另一方面其中一部分水进入合成腔体，参与合成反应，影响超硬晶体材料的生长。

随着叶蜡石在高温、高压下发生相变，其密度、热导性和传压性均发生很大变化。叶蜡石在高温、高压下相变为柯石英和蓝晶石，矿物密度由原来的 2.90 g/cm^3 提高到 3.32 g/cm^3。随着叶蜡石密度的增大，其体积收缩，因而引起高压密封反应腔内部压力的下降。另外，叶蜡石相变后内摩擦随之增大，在试料周围形成一层硬壳，影响其传压性能，造成外部油压不变的情况下腔体内部合成压力的下降。

再者，高温下结构水脱出，进入合成腔体，在高温、高压下能分解成氢和氧或(—OH)，氢在高温、高压下具有很强的化学活泼性，很容易与合成超硬材料的原料石墨或六方氮化硼发生反应，严重影响超硬晶体材料的正常生长。

基于此，需要寻找更适合金刚石、立方氮化硼生长的复合传压介质。人们想到了白云石，白云石主要成分为 $CaMg(CO_3)_2$，不含结晶水，在合成超硬材料的高压、高温下是稳定的物相，无体积收缩，导热率低。因此，叶蜡石块内配装白云石传压管隔开叶蜡石和发热管的连接，不仅可以使叶蜡石相变层变薄，还可以弥补部分叶蜡石相变带来的压力损失，并使合成腔体内的压力稳定，压力梯度减小。因此，组装外围外方内圆的叶蜡石块内部紧挨发热管处用白云石做成的内衬管替代，可以避免叶蜡石相变对超硬材料的合成的不利影响。

考虑到白云石的内摩擦系数比叶蜡石小，白云石较叶蜡石密封性能差，白云石不适合作为高压密封材料，即不能作为叶蜡石块外围材料，所以将白云石做成套管装入叶蜡石腔体内侧，形成叶蜡石复合块，这样既有利于高压下的密封，又有利于传压、保温的均匀性。白云石作为叶蜡石块内的传压介质弥补了叶蜡石所存在的两个缺陷(相变和结构水脱出)，在超硬材料高压合成中被广泛应用。从此，外方内圆的纯叶蜡石块变为叶蜡石和白云石材料组成的复合块了。

由于天然块状叶蜡石成分不稳定，直接影响其传压性能，且叶蜡石块完全采用天然块状叶蜡石，加工难度大，资源可利用率低，粉尘污染严重，不利于实现工业化生产。因此，一般生产中均采用粉末成型叶蜡石合成组件，可以进一步改善其物理性能和化学性能，稳定合成条件。

下面介绍两种具有代表性的叶蜡石复合块的制备工艺。

(1) 第一种工艺

① 叶蜡石矿料：必须为干净的天然叶蜡石矿料，颜色呈灰色或白色，化学成分为：SiO_2 含量小于 52%，Al_2O_3 含量小于 37%，$Fe_2O_3+TiO_2$ 含量小于 1.8%，H_2O 含量大于 6.0%。

② 破碎：经过颚式破碎机粗碎和中碎，粒径小于 5 mm，再经对辊机细碎至粒径小于 2 mm。

③ 筛分：筛网为 16～100 目或 20～80 目，筛上料再投到对辊机内细碎。

④ 配混料：不同的生产厂家有不同的配料比例。下面介绍一种内蒙古赤峰叶蜡石料的配制。20～80 目混合料占 95%，100 目以细占 5%，加水 5%～7%。粗料与水玻璃混匀后再加入细料混匀，这样便于在粗料上首先均匀粘上水玻璃，待加入细料后，细料又均匀粘在粗料上，比较容易混匀。混料时间不低于 0.5 h。

⑤ 过筛：混合好的料必须过两遍筛，筛网为 10 目，筛后无料团，这样不会造成“起泡”废品。

⑥ 白云石内衬管的制备：将 50 目以细的白云石料添加 5% 的水玻璃，混匀后晾 2 h，再碾碎，添加到专用模具里，将液压机压力调至 10 MPa，压制成尺寸为(ϕ23～ϕ28)×22 mm

的白云石内衬管。

⑦ 成型：成型压力一般控制在 100 MPa，边长为 38.5 mm 的立方体用 25 t 单柱液压机进行压制，料重 93～95 g，成型块为正方体，密度要均匀（2.5～2.7 g/cm^3），质量相同。成型前要将上一步的白云石内衬管放在中间，与叶蜡石压成一体。成型时一般要加厚度 4～6 mm 的垫块，以便上下受压一致。

⑧ 焙烧：叶蜡石块的传压性能与焙烧温度有关，温度合适可以满足工艺要求，不合适将会给工艺带来不利影响。

另外，焙烧块时每层块孔孔相对，排与排之间要留有间隙，这样可以保证叶蜡石块受热均匀，焙烧出的块颜色一致，使用时合成工艺稳定，有利于提高合成效果。另外，出碱块禁止使用，以免在使用过程中卸压时放气炮而导致锤耗增加。

（2）第二种工艺

采用水玻璃作为黏结剂。水玻璃又称硅酸钠，化学式为 $x\mathrm{Na_2O}\cdot y\mathrm{SiO_2}\cdot \mathrm{H_2O}$。目前国内叶蜡石生产厂家常用的水玻璃模数（$SiO_2$ 与 Na_2O 的物质的量比值）为 2.4±0.1，主要组分含量（质量分数）如下：Na_2O 为 12.1%～14.2%，SiO_2 为 30.3%～33.1%，Fe_2O_3 小于 0.8%，不溶物小于 0.9%，H_2O 为 51.07%～56.6%。20 ℃时的比重为 1.53～1.55。

主要工艺过程如下：

① 制作叶蜡石块中心用料：叶蜡石粉的粒度分布为：20～100 目占 80%，小于 120 目的占 20%。以叶蜡石粉与水玻璃质量比 92∶8 混匀。

② 制作叶蜡石块外围用料：将叶蜡石粉在 600～650 ℃煅烧，然后筛分，按比例混合好（粒度同①）。然后按叶蜡石粉与水玻璃质量比 96∶4 配料。

③ 成型：以 38.5 mm×38.5 mm×38.5 mm 的方块为例，称量成型块中心用料 41 g，放置于粉末成型块中心，同时放入第一种方法步骤⑥制备的白云石内衬管，称量成型块外围用料 52 g，置于成型块周边，随后施加 150 MPa 的压力压制成型。

④ 烘干：在 120 ℃下烘烤 2 h。

⑤ 烧成：烘干后的粉压块，加工孔后在 400 ℃下焙烧，保温 0.5 h。

6.1.1.2 发热管的制作

合成金刚石的碳源石墨和触媒合金均为导电材料，因此国内生产磨料级金刚石大多数直热式加热方法，即电流通过石墨粉和触媒粉制成的样品柱或合成棒直接发热。而超硬材料中立方氮化硼的原料六方氮化硼不导电，且触媒不一定是金属，迫使立方氮化硼的合成不能用直热式产生高温，只能用旁热式。旁热式加热是指在原料和触媒所压成的样品柱旁边配置专门的发热管发热为合成提供高温。

直热式加热方法不需要发热管，可以节约成本，但由于其温度场和压力场不匹配，导致金刚石生长出现“荒地现象”，严重影响金刚石生产的产量和质量。2003 年之后直热式加热方式逐渐被淘汰。因此，目前金刚石的高压、高温合成均采用旁热式加热来提供高温合成条件。

旁热式发热管一般采用电阻发热来加热。发热管电阻材料发展经历三个阶段：石墨棒车制石墨管、石墨纸压制石墨管、合金发热管。

① 石墨棒车制石墨管：选取比需车制石墨管的外径大 2 mm 左右的石墨棒，在车床上先用钻头打比石墨管长 1 mm 的内孔，然后用车刀将石墨棒外圆车制成符合石墨管外径大

小，长度与钻头所打内孔长度相等，并截取长度比设计石墨管长 1 mm 的这一段，随后将这一段内外径符合设计要求的石墨管两端磨制成所需长度即可。

② 石墨纸压制石墨管：将石墨纸裁剪成所需尺寸，放在专用模具内进行压制得到石墨纸管。这种方法有专用设备进行自动化生产，生产效率高。

③ 合金发热管：将一定厚度和材质的合金片裁剪成一定长度（合金管的周长）和宽度（合金管的高度），用专用模具弯制成圆形，同时将连接处焊接，从而得到合金发热管。

三种发热管的优、缺点见表 6-1。

表 6-1　三种发热管的优、缺点

发热管材质	优　　点	缺　　点
石墨棒	阻值稳定，耐用	成本高，车钻粉尘大
石墨纸	生产效率高，成本低	阻值有一定变化
合金片	阻值稳定，管壁薄，节省空间，传压效果好	温度高时合金管会熔断

6.1.1.3　绝缘管和堵头

绝缘管和堵头围成了合成腔体，为超硬材料高温、高压合成提供场所。这里是合成组装中最为关键的地方，其材质的选取要求热绝缘和电绝缘性能好，同时高温、高压下无相变、无分解，与高压合成的原料和触媒无反应。常选择氧化镁，也有氧化锆、氧化铝、六方氮化硼等，也可能是上述两种或三种材料的混合物。合成腔体形状和位置因合成材料不同而异，这里选择合成磨料级金刚石或立方氮化硼最常规样式进行介绍。

绝缘管和堵头的样式有两种：

(1) 中间有一段管壁较薄的绝缘管，两端为堵头，三者合到一块围成圆柱形腔体。其剖面图（也是主视图或侧视图）如图 6-1(a)所示，其俯视图如图 6-1(c)所示。

(2) 将绝缘管一分为二，分别与两个堵头做成一体，成为杯状，最后合到一起围成圆柱形腔体。其剖面图（也是主视图或侧视图）如图 6-1(b)所示，其俯视图如图 6-1(c)所示。

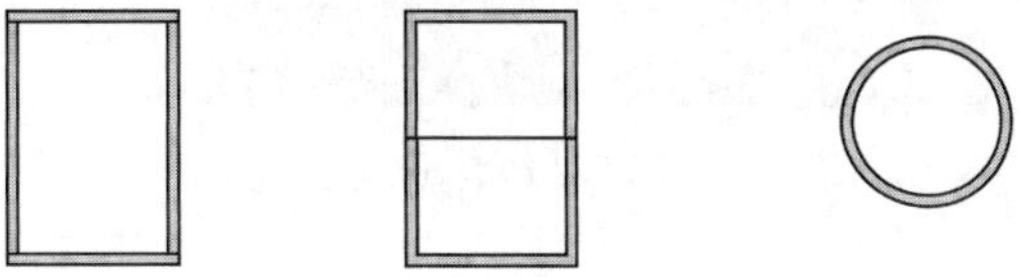

(a)　　(b)　　(c)

图 6-1　围成腔体的两种形式

6.1.1.4　样品柱

高温、高压条件下，超硬材料合成组装腔体内，原料在触媒中转变成对应的超硬材料。合成腔体内放入原料和触媒的混合物，即事先将原料和触媒以一定比例混合后，在混料机上混合 5 h 左右，称取一定量添加到特定模具中在粉压成型机上压成圆柱状，称之样品柱或合成棒。在组装时将样品柱放进绝缘管和堵头围成的腔体内，用于高温、高压下进行相变反应以获取所要的超硬材料产物。

样品柱的制备是金刚石合成技术的关键，其中原料和触媒的比例、原料合成触媒的粒度、混合时间、压制压力等都直接影响所合成超硬材料产品的产量和质量。

当然上述将原料和触媒混匀压制的样品柱是合成小颗粒超硬材料时腔体内原料和触媒的分布方式，但是对于金刚石或立方氮化硼大单晶来说，腔体结构及原料和触媒布置的方式将大大不同，这将在后面的大单晶合成技术时再详细介绍。

6.1.1.5 钢帽、导电片

钢帽，又称为钢碗或堵头，是在钢制的碗内充填白云石。钢帽有两个作用：一是作为堵头放在围成腔体堵头的两端；二是导电，用于连接发热管和顶锤之间的导电通路。

导电片包括石墨片和金属片，是放置在钢帽和发热管之间的导电通道，二者的直径与发热管大小一致，与钢帽直径不强求一致，要看实际合成超硬材料的需要。钢帽的大小具有调节温度场的作用，一般钢帽直径比里面的金属片小些。一般情况下，导电片放置在发热管和钢帽之间，其中石墨紧挨发热管放置，金属片紧挨钢帽放置。

金属片的材质一般有铁、钛合金、铜 3 种，由专门的机器冲压而成，自动化程度高。石墨片的材质来源：一是利用内圆切割机将符合直径要求的石墨棒切割成圆片状；二是采用石墨纸冲压而成。

6.1.2 合成组装

上一小节介绍了组装块各组件的材料选取及制备工艺，本小节将上一小节中的组件组装到一起就成了高压高温下合成超硬材料的组装块，其剖面如图 6-2 所示。

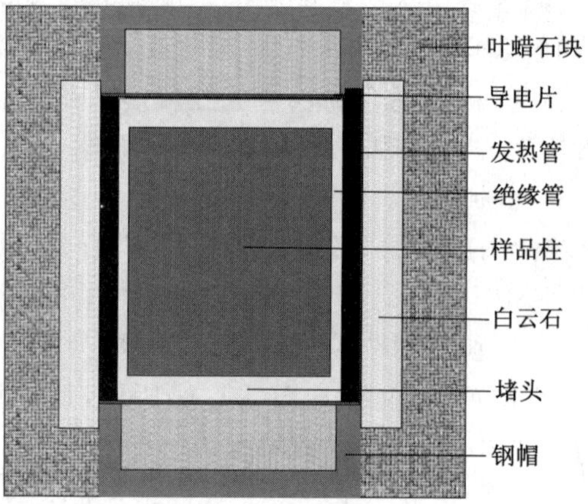

图 6-2　超硬材料合成组装示意图

图 6-2 所示组装是合成超硬材料的普通组装。各种不同的超硬材料所采用的合成组装各不相同，但都是在此组装基础上改进而成的。各种组装中最外围的叶蜡石复合块一般均沿用此种形式，只是其尺寸和样式不同。组装中差别最大的是绝缘管和堵头所围成的合成腔体内的原料和触媒，这是决定合成哪种超硬材料及其质量的关键。

6.2 高压合成设备的调整

国内合成超硬材料一般采用国产六面顶压机。第 4 章已经对六面顶压机进行了详细介绍，但调整六面顶压机是合成超硬材料前必不可少的工作。对于超硬材料科研工作者来说，掌握超硬材料合成设备六面顶压机的调试技术使其正常工作十分必要，也是超硬材料合成技术的一部分。譬如:顶锤钢环的装卸与对中性调节、六面顶压机各工作缸同步性的调试等,技术与操作经验都十分重要。当然,技术人员的高压设备调整技术各有特色,但万变不离其宗,下面介绍最常用的六面顶压机的调整技术。

6.2.1　顶锤的安装与调整

碳化钨合金顶锤是产生压力的关键部件,其硬度高而脆,易裂且价格高,因此顶锤的安装与调整效果决定了高压合成能否正常进行,也决定了高压合成超硬材料成本。

安装顶锤时首先要将顶锤压入钢环,即顶锤的压装,然后将顶锤连同钢环安装(下面简称为顶锤的安装与调整)到压机各缸内活塞上的大垫块上,再对其进行调整,以确保顶锤不歪、不扭、不耷拉头。顶锤的安装有初装和更换两种,下面分别介绍。

6.2.1.1　顶锤的压装

顶锤压装是指在一定压力下将顶锤装入钢环,其目的是使顶锤受到一个向内箍紧的预应力,以便在高压合成时能承受更大的压力。压装操作一般在50～100 t的油压机上进行,其吨位视顶锤规格而定。

压装前的检查:压装前应检查顶锤和钢环的几何精度及配合尺寸。顶锤不能有裂纹和掉边,底部应倒角以防拉伤钢环。钢环淬火硬度不宜过高,配合面应磨光,无毛刺,棱边倒角0.5 mm。

压装过盈量是指顶锤在压装前放在钢环内时顶锤外沿高出钢环的高度(图6-3)。当顶锤直径为70～80 cm、锥角为1°30′时,理论计算和实践表明YG8顶锤压装前的过盈量以5%～8%为宜,相应突出高度为7～10 mm。大尺寸顶锤压装时,过盈量相应取较大值(8%)。

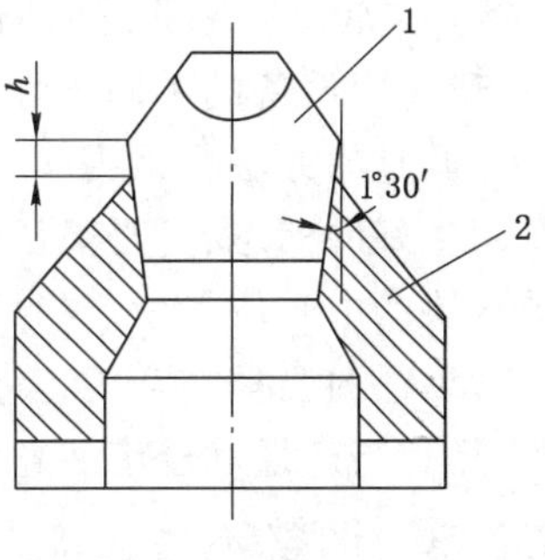

1—顶锤;2—钢环;h—过盈量

图6-3　钢环对顶锤的支撑

压装方法:要注意顶锤棱边与钢环的斜棱对齐,然后放入,过盈量在要求的范围内时方可压装。压装时先垫好垫板,然后开动压机,缓慢、平稳加压。注意顶锤斜面与钢环斜面逐渐接近,一到平齐,立即停车,可略微突出,而不宜压入过深。

6.2.1.2　顶锤的初装与调整

先装已压入钢环的下顶锤(可简称下顶锤,其他顶锤也如此简称),然后以它为基准装后、左、上顶锤。装上顶锤要随时调整。顶锤的调整主要有调到位和调对中。① 调到位:放上挤压块(即用于左右、前后、上下三对顶锤分别挤压使得顶锤与各自小垫块、大垫块压实而无空隙,挤压块边长等于叶蜡石立方块的淬火钢立方块),当上、下顶锤刚接触压块时,紧固钢环的螺钉,退回上顶锤。② 调对中:调顶锤对中需要使用校正块,也称标准块,其边长为叶蜡石立方块边长与顶锤顶面边长之和的一半。用校正块检查后、左两顶锤,采用松紧螺钉或用铜棒轻轻敲击的方法,使顶锤面与校正块的棱互相对齐且不偏不扭,然后固定限位环。接着装前、右顶锤,用同样方法调整顶锤对齐。然后调整右、前、上顶锤(这3个锤为动锤)的行程开关位置。使得这3个顶锤接触压块时,相应的3个电磁铁正好跳开。放上叶蜡石实心块(实心块不同于前面讲的用于高压合成的叶蜡石复合块,其原料全为叶蜡石且中心为实心,是专门用于调锤时压制的试块),充液到10～15 MPa。停车,将所有螺钉都上紧。回程后再用校正块进行校对,看顶锤是否有变动,若无变动,再用叶蜡石实心块试压到30～50

MPa。若压后试块的钢圈位于正中,各密封边也均匀,各条相交的棱边对齐,无明显错位,那么可另取一试压块,再试压一次。若正常,即可进行高压合成。

6.2.1.3 顶锤的更换与调整

合成过程中经常会遇到装拆和更换各个位置上的顶锤连同配装的钢环,装法和调整方法与初装顶锤基本相同,更换分为两种情况:

① 更换不动顶锤(左、后、下顶锤):使活塞前进一些,将限位环松开卸下,活塞回程到底,将顶锤卸下。新装顶锤用校正块校正后,换上撞块,用对面的顶锤压住(刚接触为止),固紧螺钉。然后安放限位套,并旋转螺帽使之互相靠近。回程后再用校正块校对一次,若无变动,即可使用。

② 更换动顶锤(右、前、上顶锤):先将撞块放在下顶锤上,右、前、上顶锤分别前进至接触撞块。松开螺钉,活塞退回,取出旧顶锤,然后安装新顶锤。安装与调整方法同前。

6.2.2 活塞同步性的调整

机器安装后在高压过程中,除了建立电气控制系统及液压系统的规范之外,还要调整6个工作缸内活塞前进的同步性,以保证超高压腔内形成的各密封边均匀且有足够的密封力,避免因设备的不同步性造成顶锤破坏等现象。

调整的方法是采用6个节流阀,通过开闭节流口的大小来调节。衡量设备活塞的同步性调整好的标志:一是高压后叶蜡石各条密封边均匀,即宽度与厚度都一致;二是钢圈在叶蜡石块的中心位置上,并且不变形。

顶锤的调整在合成工序中最关键,调整好可提高顶锤的使用寿命,降低超硬材料的成本,是提高产量和经济效益的重要手段之一。

6.2.3 调整不当的应对措施

如果顶锤和设备同步性调整不好,对中与同步性差,将造成合成试棒变形。几种典型现象(图6-4)分析如下:

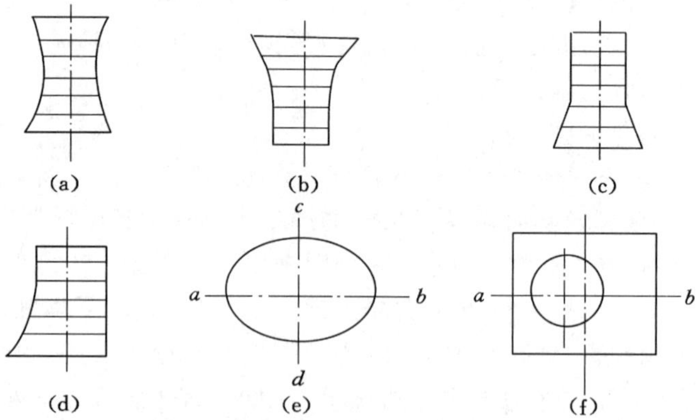

图6-4 调整不当造成的试棒变形情况

(1) 合成棒两端呈喇叭形

如图6-4(a)至图6-4(c)所示,高压合成的合成棒呈喇叭形的原因是上、下两活塞供油压力低,充液慢或上、下顶锤位置偏后(行程开关调节不准或在工作过程中发生松动)。如果试棒一端出现喇叭形，则一端发生上述问题。

(2) 合成棒“伸腿”现象

如图 6-4(d)所示，出现合成棒沿某方向“伸腿”，应该是某一面相邻两顶锤密封间隙过大，即设备同步性差或顶锤“到位”调得不准所致。

(3) 合成棒和两端的钢圈呈椭圆形

其截面如图 6-4(e)所示，原因是 ab 方向两个顶锤比 cd 方向两个顶锤位置调得较偏后，或者 ab 方向活塞缸充液较慢。

(4) 钢圈偏心

如图 6-4(f)所示，钢圈有两种可能：一是 ab 两顶锤中有一个充液比其他顶锤偏慢，或位置调得偏后；二是 ab 两顶锤中有一个充液偏快，或位置调得偏前。在合成过程中要经常观察高压后合成棒的变形情况。发现明显变形，就要分析原因并及时调整，否则会造成顶锤破裂和超压保压阶段“放炮”等事故。

6.3　金刚石高压合成技术

金刚石的高压合成有静压直接转变法和静压触媒法。静压直接转变法是指在金刚石热力学稳定区域内，没有触媒参与的高压、高温条件下使石墨相变为金刚石的静压法。由于不用触媒，因而需要更高的压力(12 GPa 以上)和温度条件(3 000 ℃以上)，这就对压机提出了更高的要求。静压触媒法是指在金刚石热力学稳定的条件下，在触媒参与的恒定的高压、高温条件下合成金刚石的方法。这种方法以石墨为原料，以过渡金属或合金作为触媒，用六面顶液压机产生高压，以直流或交流电通过加热体产生持续高温，使石墨转变成金刚石。静压触媒法石墨转变成金刚石的条件一般为：5～7 GPa、1 300～1 700 ℃。由于静压直接转变方法的压力、温度条件很高，难以产业化，因此常采用温度、压力条件较低的静压触媒法来合成金刚石。

根据金刚石颗粒的大小，金刚石可以分为粒径小于 1 mm 的小颗粒金刚石和粒径大于 1 mm 的大颗粒金刚石。其中小颗粒金刚石单晶又称为磨料级金刚石或工业级金刚石，这一类金刚石主要利用其超硬特性应用于机械加工领域；大颗粒金刚石又称为宝石级金刚石或金刚石大单晶，这一类金刚石主要应用于珠宝或功能材料应用领域。虽然金刚石的高压合成一般均采用静压触媒法，但金刚石颗粒的大小不同，所采用的具体合成方法也不同，小颗粒金刚石单晶采用的是膜生长法，大颗粒金刚石采用的是温度梯度法(也称为温度差法)。当然，这两种方法都属于静压触媒法，只不过二者所采用的组装和合成工艺不同而已。

前面已介绍了膜生长法和温度梯度法的基本原理，本节将详细叙述膜生长法和温度梯度法的合成组装、工艺及相关技术。

6.3.1　膜生长法

在磨料级金刚石的生长过程中，由于在金刚石晶体外侧包有一层薄薄的(约 100 μm)金属膜(介于金属两侧的分别是石墨和金刚石)，通常也将磨料级金刚石生长方法称为膜生长法(film growth method，简称 FGM)。

膜生长法的基本原理：在金刚石合成的高温、高压条件下，碳源石墨溶解到触媒溶剂中。由于石墨的饱和溶度大于金刚石的，随着石墨的溶解，溶剂中碳的溶度增加，先达到金刚石的饱和溶度而使金刚石自发结晶析出。

膜生长法生长磨料级金刚石的工艺流程为：选择原辅材料→制备组件→组装→高温、高压合成→酸处理→分选→质检→产品。

6.3.1.1 合成组装

膜生长法的组装与图 6-2 所设计的组装一样，但金刚石膜生长法组装是经过长时间的发展演变而来的。其演变可以从三个方面来说：一是外围具备密封及盛装容器的叶蜡石块由纯叶蜡石块发展为内衬白云石管的叶蜡石复合块；二是样品柱由石墨片和触媒片交替放置演变为石墨粉和触媒粉按一定比例混匀后压制成柱状。三是加热方式由样品柱（或合成棒）直接加电流而发热的直热式变化为样品柱外围包裹绝缘材料后设置发热管加热的旁热式并添加辅助热源。这三方面的变化各自解决了一些金刚石合成中的问题：① 叶蜡石复合块的出现，解决了叶蜡石高温相变导致温度、压力合成条件的变化问题；② 片式样品柱更换成粉式样品柱，提高了金刚石的成核率，大大提高了金刚石的产量；③ 直热式改为旁热式并添加辅助热源，解决了合成金刚石的温度场和压力场的匹配问题，提高了金刚石的质量和产量。

下面主要介绍样品柱形式、加热方式的改变及发热管的改进对金刚石单晶合成的影响。

6.3.1.1.1 样品柱样式

碳源石墨和触媒合金组成的样品柱是高压合成组装的核心部位，直接决定合成金刚石的效果。一般来说，石墨和合金的组成方式有两种——粉式样品柱（图 6-5 左上）和片式样品柱（图 6-5 右上）。

（1）粉式样品柱

高纯石墨粉和触媒粉以一定比例配制，混合均匀后以一定压力粉压成型为样品柱（图 6-5 左上）。将粉式样品柱放到组装中心腔体中进行高压合成。

采用粉式样品柱进行组装合成金刚石的工艺流程如图 6-5 所示。

（2）片式样品柱

片式样品柱由水平放置的石墨片和触媒片每隔一片上下相间叠加而成（图 6-5 右上）。每片的直径和厚度及装片数目取决于合成腔体的大小和合成工艺的要求。

采用片式样品柱进行组装合成金刚石的工艺流程如图 6-5 所示。

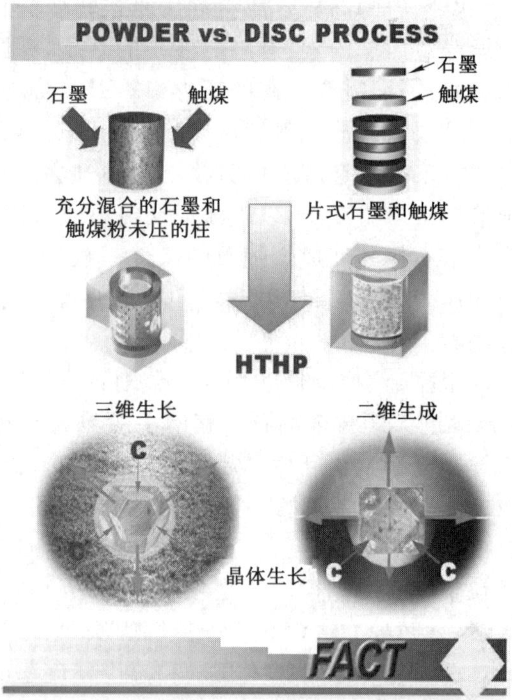

图 6-5 粉式和片式样品柱的合成工艺

20 世纪 90 年代，金刚石的合成均采用片式样品柱方式，这种方式组装方便，压力损失小。21 世纪初，为了生长较细颗粒金刚石，人们开始采用粉式样品柱，其制备较烦琐，有一定的压力损失，但是金刚石成核均匀且成核率有大幅提高，因此目前均采用粉式组装来合成磨料级金刚石。

6.3.1.1.2　加热方式的改变

对于膜生长法合成金刚石来说，其加热方式不同，会出现不同的温度场。而高压组装中的压力场却未发生变化，即压力场均是由外传到内，即组装中压力外高内低。具体的压力和温度分布情况如图 6-6 和图 6-7 所示。

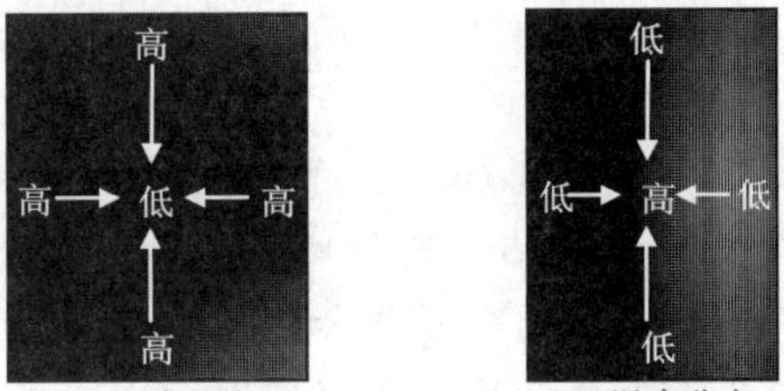

(a) 压力分布　(b) 温度分布

图 6-6　直热式的压力、温度分布示意图

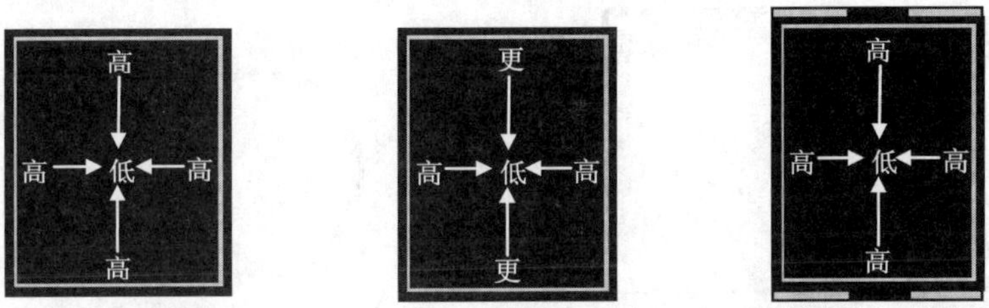

(a) 压力分布　(b) 温度分布　(c) 温度分布（辅助热源）

图 6-7　旁热式的压力、温度分布示意图

金刚石合成的加热方式一般有两种：① 直接加热（简称直热式），即电流直接流过样品柱而直接发热的加热方法；② 间接加热（简称旁热式），即电流通过样品柱外围的发热管而发热的方式。直热式由于电流直接通过样品柱发热，其温度分布为中间温度高而外围温度低。旁热式由于样品柱外围加热使其温度分布为径向上中间温度低而外围温度高，轴向上则仍是外围温度低中间温度高。旁热式为了避免样品柱也通过电流而将样品柱外围用电绝缘材料包住，因此，同样尺寸的叶蜡石复合块内放置的直热式样品柱直径比旁热式的大得多，这是因为旁热式需要另加发热管和绝缘管的缘故。

（1）直热式组装中的压力和温度分布

图 6-6 所示压力和温度分布示意图表明：直热式样品柱中压力分布是外高内低，而温度分布为外低内高。根据合成金刚石的 V 形区要求金刚石样品柱中“压力高处温度高、压力低处温度低”的规则，直热式样品柱中出现了压力和温度不匹配现象，即难以将样品柱中内、外区域的压力和温度都调整在合成金刚石的 V 形区域内。在实际生产中，直热式样品柱中会出现“荒地”现象，即样品柱内总有区域不长金刚石。

（2）旁热式组装中的压力和温度分布

图 6-7 所示旁热式组装中压力、温度示意图表明：旁热式样品柱中压力分布是外高内低，温度分布在径向上也是外高内低，但轴向上仍是外低内高。为了使温度分布在轴向上也符合外高内低的要求，需要在合成腔体上、下位置放置辅助热源，以使其温度分布符合要求。通过旁热式加热在配以辅助热源使得这种组装的合成腔体内样品柱中温度、压力分布匹配，

这样就可以将样品柱中内、外区域的压力和温度都调整在合成金刚石的 V 形区域内，从而解决了“荒地”问题，大大提高金刚石的产量。

显然，直热式具有样式简单、样品柱直径大、材料成本低的优点，旁热辅助热源式具有样式复杂、样品柱直径小、材料成本高的缺点，但旁热辅助热源式的金刚石产量和质量均有较大提升，经济效益显著，因此目前旁热辅助热源式普遍被大家所采用。

6.3.1.1.3 发热管的改进

金刚石合成用发热管由石墨棒管到石墨纸管，直至现在常用的合金发热管。图 6-8 为李尚升等所设计的合金发热管的主视图和俯视图。图 6-9 为合金发热管的展开结构示意图。合金发热管由连接为一体的第一长方形合金片与第二长方形合金片卷叠而成，第一长方形合金片的宽度边与第二长方形合金片的宽度边以边中心点对称连接，第一长方形合金片的长度与宽度均大于第二长方形合金片。第一长方形合金片和第二长方形合金片的厚度均为 0.2～0.4 mm。

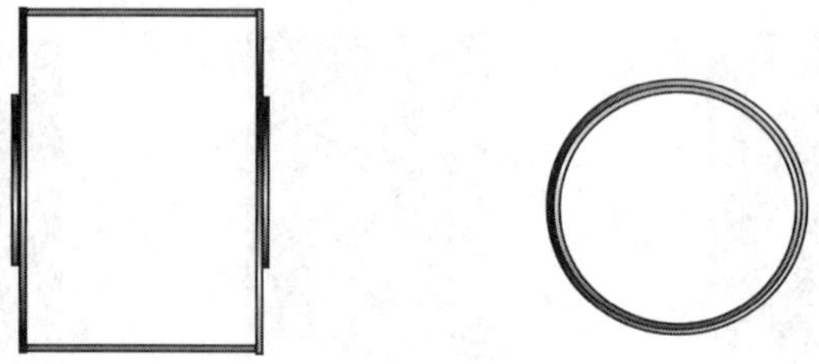

(a) (b)

图 6-8 合金发热管的主视图和俯视图

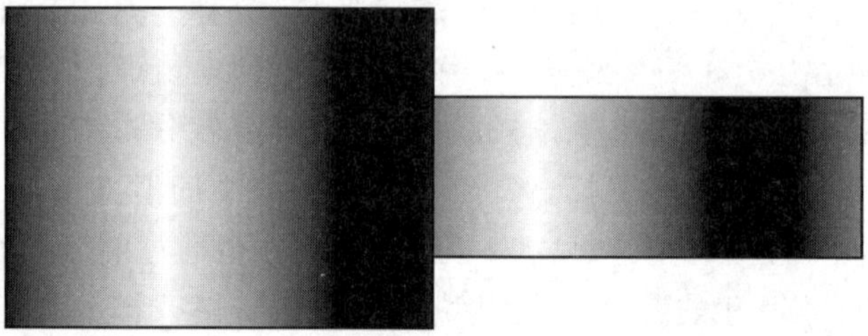

图 6-9 合金发热管的展开结构示意图

上述合金发热管在高压合成加热时，合金发热管通过电流回路与外部电源组成电路；高压下合金发热管的两层金属片被压制成一体，因此合金发热管具有两端薄、中间厚的对称结构，使得合金发热管具有中间电阻小、两端大的特点。根据串联电阻发热原理，由于合金发热管自身电阻的存在，且电阻值两端大、中间小，故外部电源提供的电流使得合金发热管产生热量呈现出两端多中间少的特点。这样，合金发热管产生的热量就替代了现有技术中金刚石合成腔体轴向上两端辅助热源产生的热量。而且，该合金发热管还可以通过调整两端与中间的厚度以更精确地消除现有技术中的温度分布不均现象。此外，合金发热管的成本比石墨纸成本低，且可加工性好，便于合成工艺的调整。

本节从三个方面探讨了膜生长法金刚石合成组装中关键部件的设计思路和改进方法，形成了较为成熟的实验组装。图 6-10 为采用粉式样品柱和合金发热管的旁热式组装。

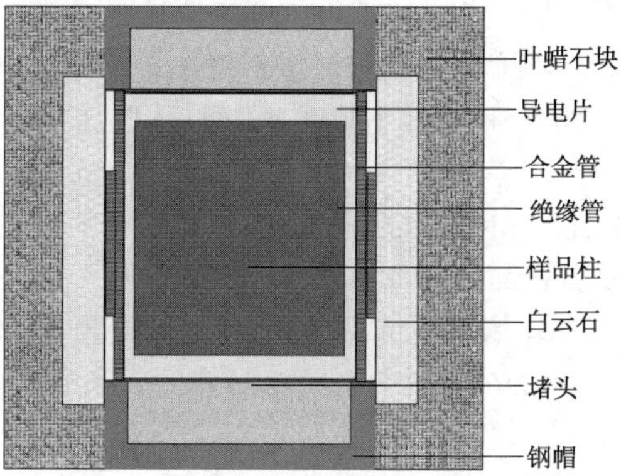

图 6-10　膜生长法合成金刚石组装(合金发热管)

6.3.1.2　合成工艺

6.3.1.2.1　合成工艺参数及曲线

合成工艺参数主要是指合成压力 P、合成温度 T、合成时间 t,这三个参数对合成效果有着重大影响。

压力和温度的作用在第 3 章已经介绍过。压力和温度是影响金刚石结晶特性的最根本的工艺因素。其他各种工艺条件,诸如样品柱和合成块结构及组装方式、叶蜡石传压介质的性质等,也往往在不同程度上归结到压力和温度这两个基本工艺参数上。至于加热方法(直接加热、间接加热、混合加热方式)、升压升温方式(一次升压、二次升压、慢升压)、控压控温方式等,更是直接与压力和温度相关。

在压力和温度一定的条件下,合成时间主要影响晶粒大小。因为金刚石颗粒随着生长时间的延长逐渐长大,所以合成时间(保压、保温时间)应由所要求的产品粒度来决定。除了粒度之外,还要考虑生长速度。在生产高品级金刚石的条件下。生长速度比较缓慢,因此需要更长的生长时间。

一般来说,磨料级金刚石的合成工艺均采取一次到温二次升压的方式。二次升压可以控制金刚石自发成核的数量,即先到温后,压力较低使得 P、T 条件不在金刚石 V 形区内,会使石墨转化为再结晶石墨,这样当压力升高到金刚石合成压力时再结晶石墨增加了金刚石成核所需的能量,使得成核难度增加,成核数量减少。相对于一次到温一次升压曲线来说,其成核数量多,金刚石生长晶种难以控制。膜生长法金刚石合成工艺曲线如图 6-11 所示。

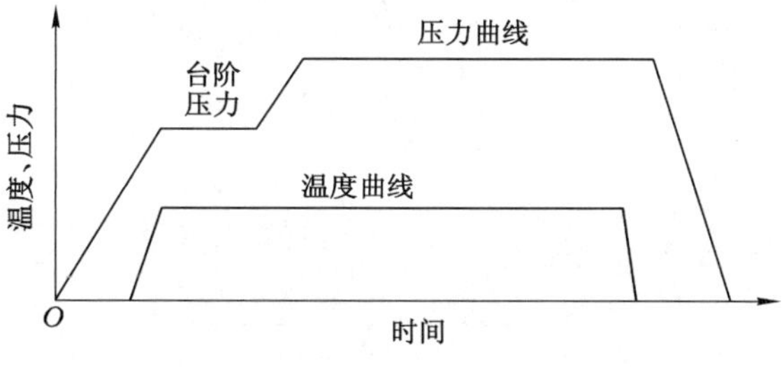

图 6-11　膜生长法金刚石合成工艺曲线

6.3.1.2.2 磨料级金刚石生长V形生长区域及晶形控制

图6-12所示为磨料级金刚石V形生长区域示意图。20世纪60年代，H. P. Bovenkerk及F. P. Bundy对磨料级金刚石在V形生长区域内的晶形进行了研究。随后，张书达及傅慧芳对磨料级金刚石在V形区域内的形态变化进行了深入分析。他们研究得出的共同结论是：在溶剂与金刚石的共晶线和石墨与金刚石的相平衡线所夹的V形金刚石生长区域内低温区、中温区和高温区金刚石晶形分别为六面体、六八面体和八面体（图6-12）。上述结果表明：磨料级金刚石V形生长区域内低温区晶面以(100)为主，中温区以(100)和(111)晶面共存，高温区以(111)晶面为主。这说明金刚石晶体的外表面是由最易显露的生长速度相对较慢的(100)晶面和(111)晶面组成的。在一定压力下，温度过低或过高都没有金刚石生长，当压力过低时，无论温度为多少都难以生长出金刚石。利用这个规律可以根据需要调整一定压力下金刚石的合成温度，进而控制金刚石的晶形。

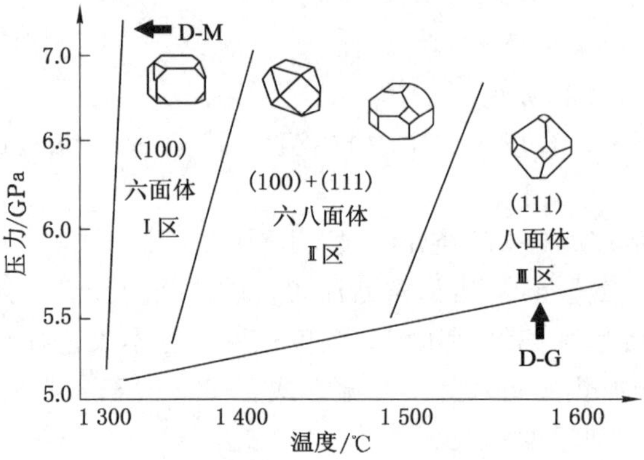

图6-12 磨料级金刚石V形生长区域示意图

6.3.1.2.3 磨料级金刚石生长区域及动态生长

(1) 磨料级金刚石生长区域的选择

如图6-13所示，金刚石V形生长区可以划分为Ⅰ区（高温区、优晶区）、Ⅱ区（中温区、富晶区）、Ⅲ区（低温区、劣晶区）。这3个区域的典型晶体分别为八面体、八面体-立方体聚形、立方体。也就是说，优晶金刚石生长在Ⅰ区，这是人们的习惯看法。

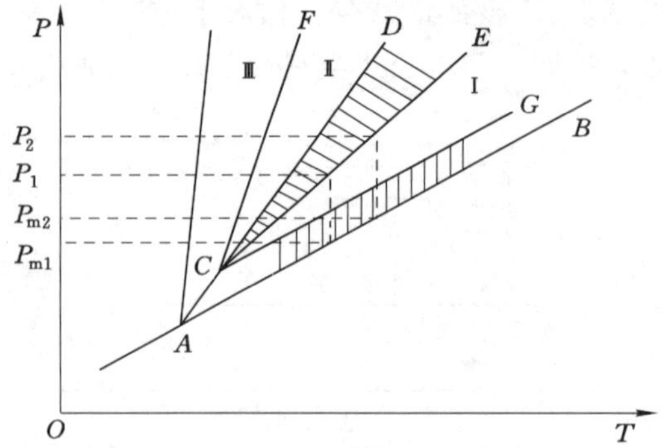

图6-13 金刚石的理想生长区域

然而通过仔细分析国内外工业金刚石产品之后，发现实际情况并非如此。

工业生产的优质金刚石，包括世界领先水平的 De Beers 公司和 GE 公司的所有各种牌号的高品级[高强度、高韧性，即 TI 值(toughness index，冲击韧性)、TTI(thermal toughnessindex，热冲击韧性)值都高]的金刚石产品，其晶形特征既不是典型的八面体，也不是典型的立方体，而是八面体-立方体聚形。品级高、低体现在晶形上的差异只在于该类晶体聚形是接近于八面体还是接近于立方体。实际产品中既没有典型的立方体，也没有典型的八面体。由此看来，工业金刚石不可能是在Ⅰ区生长的，而是在Ⅱ区(富晶区)生长的。

工业生产选择的金刚石生长区间实际上是Ⅱ区。产品品级的不同，反映在相图上只是工作点位置在该区域内是偏左还是偏右的差别。高品级金刚石实际的生长区间应当是在Ⅱ区的右侧，如图 6-13 中所示扇形区间，其范围大体上以 V 形区角平分线 CD 线为左侧边界线，以Ⅰ区与Ⅱ区之间的分界线 CE 线为右侧边界线。

(2) 磨料级金刚石的动态生长

在选择了合适的压力、温度工作点之后，在金刚石的生长过程中，如果工作点的位置能够固定不变，即压力、温度保持恒定，即理想情况，遗憾的是，定点生长只是理想情况而不是现实，实际上很难实现，严格地说根本无法实现。

在工业生产中，由于高压腔内发热量与散热量在金刚石生长过程中难以始终保持平衡，因此不可避免导致高压腔内温度发生变化：随着时间延长，温度逐渐升高。这是因为在金刚石生长过程中，时间延长，高压腔内热量逐渐积累，于是温度逐渐升高。在外加压力保持不变的情况下，温度升高意味着工作点在相图上的位置发生漂移，沿着平行于横坐标的水平方向逐渐向右偏移。同时，考虑到体积缩小引起的真实压力下降，工作点实际上是向右下方偏移。

根据生产经验，在恒压和恒功率条件下，随着时间过分延长，金刚石晶体表面常会出现因局部石墨化而形成的熔蚀坑之类的缺陷，还会有已生成的细颗粒金刚石反转化为石墨而消失，观察合成片时会发现金刚石变得稀少。

在合成过程中连续慢升压，并逐渐减小加热电功率，或者逐渐加大冷却水流量从而加强散热等措施原则上均可防止工作点漂移，但是实际上，虽然收到一定效果，却难以完全实现。在认识了工作点不可避免向右偏移的客观现实之后，比较切实可行的解决问题的方法是不再苛求难以实现的定点生长，而是适应并利用这一客观规律。在生长过程中，随着时间的延长和温度逐渐升高，相应缓慢提高合成压力，从而把工作点的漂移控制在一定方向上——沿着金刚石等质量线的方向移动。实际上是改变移动方向，从原来的向右下方改变为向右上方。这样可以实现压力与温度的动匹配，从而使金刚石在这种有控制的动态生长条件下得以长时间连续稳定长大，避免出现前述熔蚀或反转化现象。

6.3.1.2.4　金刚石合成工艺举例

本部分介绍供作树脂结合剂磨具和陶瓷结合剂磨具用的 RVD 型号的金刚石磨料以及供作以青铜结合剂为代表的金属结合剂磨具用的 MBD 系列金刚石磨料的合成工艺。

(1) RVD 金刚石合成工艺

RVD(diamond grains for resinoid and vitrified bond，树脂和陶瓷结合剂用金刚石颗粒)型金刚石的特征是晶形不规则，针片状晶形占 70%以上，其余为等积形(颗粒长轴与短轴比小于 1.5 倍)。强度最低、脆性最大、尖棱锐利、磨削锋利，是最适宜制造树脂结合剂磨具和陶瓷结合剂磨具的金刚石品种。

该类产品利用小吨位压机(6×50 MN)和小尺寸腔体(ϕ18 样品柱)就可以制造,没必要使用大吨位压机和大腔体。触媒可以使用 NiCrFe 或 NiFeMn,不必使用 NiMnCo 或其他镍和钴含量高的昂贵的触媒材料,对石墨材料的要求不高。供人造金刚石用的各种牌号的石墨均可使用,以有利于高产者为好。

RVD 金刚石合成工艺特点:① 要求压力和温度控制在 V 形合成区内的富晶区中间部位。② 可以采用一次升压升温方式,不要求二次升压或慢升压。③ 保压、保温时间根据粒度要求确定。通常是生产细粒度金刚石产品,保温高压时间一般为 3~5 min。

(2) MBD 金刚石合成工艺

MBD(diamond grains for metal bond tool,金属结合剂工具用金刚石晶粒)主要用于制造金属结合剂磨具。这些产品的晶形明显好于 RVD 型产品,基本上是等积形(80%以上),而且有相当大比例的完整晶形(至少 20%以上)。这些产品基本上属于中等强度范围。除用于制造磨具外,还可以用于制造锯片、钻头及电镀制品。

MBD 金刚石合成工艺要求:① 压力、温度控制在富晶区中间稍偏右部位。② 采用二次升压或慢升压(交替升压、升温)。③ 合成时间(保温、保压时间)根据粒度要求确定。通常生产中等粒度产品,时间一般为 5~10 min。

(3) SMD 系列金刚石合成工艺

SMD(diamond grains for metal bond saw,金属结合剂锯用金刚石颗粒)产品的晶形是规则的六面体-八面体聚形;轮廓清晰,棱角分明,表面光滑,色浅透明,杂质和缺陷少;抗压强度高,冲击强度(TI 值)也高;耐热性好,热冲击强度(TTI 值)高。粒度粗,粒度范围为 16/18~60/80。主要用于制造锯片、钻头和砂轮修整工具。

该类高品级金刚石合成工艺要求:① 合成压力、温度工作点控制在富晶区的右侧。在此区域晶体生长速度不至于过快,可以减少杂质和结晶缺陷。② 采用交替升压、升温(一次暂停或二次暂停)或慢升压方式,从开始升温到压力升至合成压力的时间大约 1 min,这个时间不可以太短。足够的预热时间(暂停或慢升压时间)可以促进石墨与触媒充分扩散渗透,有利于样品柱内各部位均匀成核并成长为饱满、完整的晶粒。③ 在合成过程中,采用非恒压工艺,在加热功率恒定的条件下,随着时间的延长,最好使压力能够连续缓慢上升;同时也可以采取非恒定功率措施,在合成过程中功率逐渐减小。④ 合成时间要足够长(15 min 以上)。具体时间取决于产品粒度要求。产品粒度要求越粗,需要的生长时间就越长。除了粒度要求以外,高品级金刚石生长点靠近石墨-金刚石相平衡线。生长速度较慢,也是需要时间长的一个重要因素。

6.3.2 温度梯度法

在利用膜生长法成功获得普通磨料级金刚石单晶之后,开始追求单晶的高质量和大尺寸。最初利用膜生长法进行尝试后发现,该方法生长金刚石由于成核数量较多,受石墨量和生长空间的限制,仅合成出粒径不超过 3 mm 的粗颗粒金刚石单晶。

1970 年,美国 GE 公司 R. H. Wentorf 等发明了温度梯度法生长出人造金刚石大单晶。高温、高压下温度梯度法合成宝石级金刚石大单晶的合成腔体及其温度梯度示意图如图 6-14 所示。其原理是:碳源石墨在高温、高压下转变为金刚石处于发热管中心的高温端,籽晶置于低温端。由于温度梯度的存在会造成碳在触媒溶剂中的溶解度不同,形成浓度梯度，从而促使碳由高温端向低温端扩散。由于籽晶的存在，扩散下来的碳源无须成核直接在籽晶表面以金刚石形式外延析出生长，且随着时间的推移，晶体向熔体深处伸展并长大。

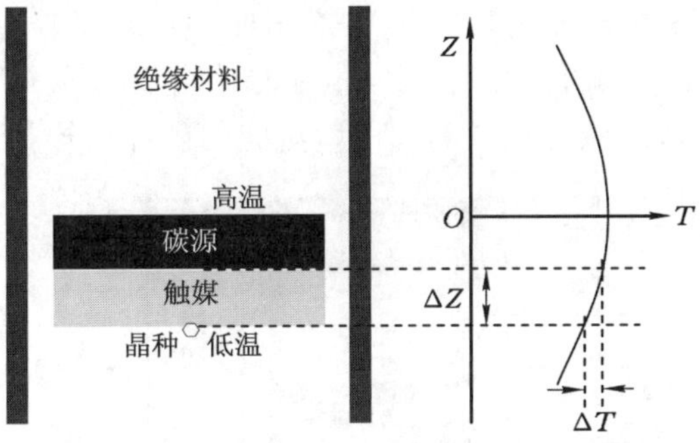

图 6-14　温度梯度法生长金刚石大单晶腔体及轴向温度分布示意图

温度梯度法成功合成金刚石大单晶后，De Beers 公司、日本住友公司也在生长大单晶方面取得了成功。图 6-14 为 De Beers 公司生长的 0.5～1.8 ct 的不同类型的金刚石大单晶，该公司于 1987 年获得了质量为 11.14 ct 的宝石级单晶和 14.2 ct 的工业级单晶。1990 年，日本住友公司用大晶种(其生长面尺寸为 5 mm×5 mm)生长出约 9 ct(粒径 12 mm)的金刚石大单晶，生长速度提高到 15 mg/h。随着大单晶研制技术的发展，De Beers 公司和住友公司等已开始商业化生产。De Beers 公司推出的产品有 MONOCRYSTAL 单晶钻石系列，其中包括 MONODIE 拉丝模系列、MONODITE 刀具坯料系列和 MONODRESS 修正器坯料系列。日本住友公司生产的大单晶主要用作热沉。

图 6-15　De Beers 公司生长的不同类型的金刚石大单晶

国内金刚石大单晶研究起步较晚，自 1999 年起，贾晓鹏课题组率先在国产六面顶压机上开始系统地开展宝石级金刚石大单晶合成研究。2007 年已经成功合成约 7 mm 的优质 Ib 型宝石级金刚石单晶。与此同时，所合成的无色优质Ⅱa 型宝石级金刚石单晶尺寸也达到 4.3 mm，填补了国内空白。2008 年起，河南理工大学也开始进行宝石级金刚石大单晶研究，2009 年研制出尺寸达 8.2 mm 的黄色宝石级金刚石大单晶。2005 年河南黄河旋风股份有限公司也开始进行宝石级金刚石单晶研究，并取得了较大进展。2012 年，中南钻石股份有限公司及郑州华晶金刚石股份有限公司相继开始宝石级金刚石大单晶产业化，在批量化合成宝石级金刚石大单晶方面取得了较大进展。

6.3.2.1 合成组装

温度梯度法组装与膜生长法组装关键的区别在于二者的合成腔体在发热管内位置及其内部碳源和触媒放置方式不同。具体来说，温度梯度法合成腔体布置在发热管中下部，腔体内碳源放置在腔体上部，触媒在下部，触媒下放置晶种。除此以外，同样尺寸的叶蜡石复合块温度梯度法的发热管及合成腔体直径变小，其目的是增加金刚石大单晶长时间合成条件的稳定性。温度梯度法合成组装如图 6-16 所示，对应的内部结构如图 6-17 所示。

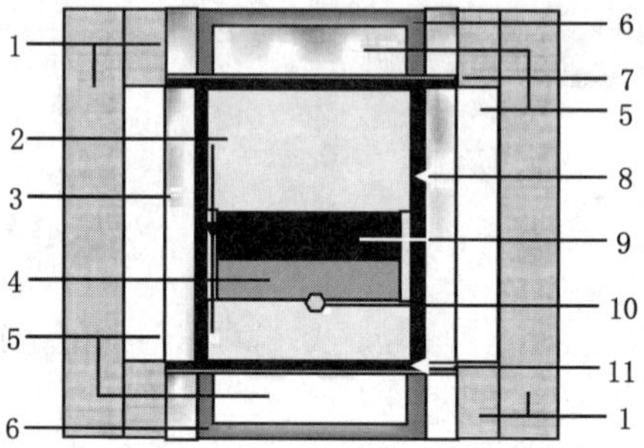

1—密封介质(叶蜡石)；2—绝缘材料(MgO)；3—传压管(NaCl)；
4—触媒(FeNi)；5—填充介质(白云石)；6—导电钢帽(Fe)；7—导电片(Cu)；
8—加热管(石墨)；9—碳源(石墨)；10—晶种(金刚石)；11—导电片(石墨)。

图 6-16 温度梯度法组装示意图

从图 6-16 可以看出：氯化钠管的添加使温度梯度法合成金刚石腔体直径减小，增加了保温层厚度，使得长时间合成时温度受外界干扰小。碳源石墨的顶部放在石墨发热管中间温度最高处，而触媒下面的晶种处于低温处，这样所造成的温度梯度使得高温、高压下碳源石墨转化为金刚石后溶解到触媒中向低温处扩散，扩散到晶种上析出，晶种逐渐长大。晶种上面一定厚度的触媒为金刚石大单晶生长提供了空间，在晶体长大的同时碳源往下扩散，下部缺失变薄使得熔体向上推进，金刚石生长的空间逐渐变大。这就是温度梯度法与膜生长法组装的不同之处，使得前者适合生长金刚石大单晶。

6.3.2.2 合成工艺

(1) 工艺曲线

温度梯度法合成工艺曲线较膜生长法简单，是一次升温一次到压曲线，不需要二次升压。这是因为温度梯度法不需要控制成核数量，其成核数量由所设置的晶种数量决定。当然，如果温度梯度过大，所设置的晶种数量来不及接收碳源时在晶种附近会出现自发核。温度梯度法合成过程中出现自发核是不希望看到的，可以通过调整温度梯度来调整生长速度以解决这个问题。因为采用温度梯度法生长的金刚石尺寸大，为了减小金刚石内部应力以避免晶体开裂，其工艺曲线常采用慢卸压和慢降温工艺，一般卸压或降温时间为 1～2 h。

采用温度梯度法生长大单晶，生长温度为 1 330～1 500 ℃，生长压力为 5.5～6.0 GPa，生长周期为几小时到几百小时。溶剂金属为 FeNi、FeNiCo、FeCo、NiMnCo 等。卸压后将试样打开，再用酸熔掉金属后可将埋在凝固的溶剂金属中的金刚石晶体取出。

(2) 晶种保护

温度梯度法生长大单晶一般都要预先植入晶种。由于温度达到设定值后，碳的输运使

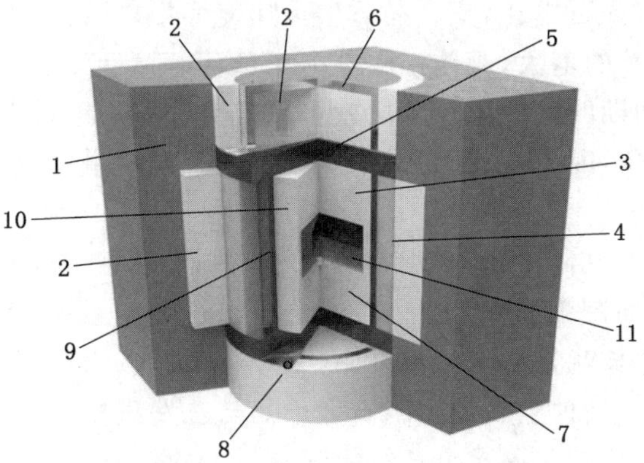

1—密封介质(叶蜡石)；2—填充介质(白云石)；3—绝缘材料(氧化镁)；
4—传压管(氯化钠)；5—导电片(石墨)；6—导电钢帽(铁)；7—晶种(金刚石)；
8—导电片(铜)；9—发热管(石墨)；10—碳源(石墨)；11—触媒(过渡金属合金)。

图 6-17　温度梯度法组装内部结构图

金属中溶解的碳达到饱和需要一定时间，如果不对晶种金刚石加以保护，植入的晶种就会溶于金属溶剂而消失。目前大体上有两类保护方法：一类是不用金刚石做晶种，改用不溶于金属溶剂的材料代替，这种替代品的晶格常数接近金刚石，最好是纤锌矿或闪锌矿结构，如 CBN、β-SiC、磷化硼或磷化铝等；另一类是在晶种和金属溶剂之间插入隔层。图 6-20 为晶种保护示意图。如图 6-18(a)所示，隔层可以是 NaCl 片，带孔的 Pt 片、Fe 片、Ti 片、Mo 片等，一般厚度为 0.05～0.5 mm，孔径为 1～2 mm；也有用几根金属丝输送碳源的，如图 6-18(b)所示；或者用金属溶剂的凸起部输送，如图 6-20(c)所示。

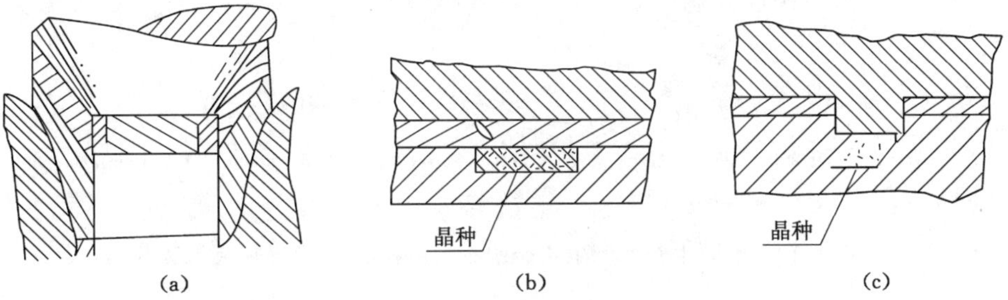

图 6-18　晶种保护示意图

(3) 生长速度

在温度梯度法合成大单晶时，通过改变溶剂中温度梯度来控制生长速度。在实际生长过程中，除温度梯度外还有其他途径，如改变金属溶剂的形状、距晶种的距离、晶种保护层的种类及厚度等。

要生长优质宝石级金刚石单晶，温度梯度的合理调整非常关键。温度梯度过大，会造成浓度梯度相差较大，碳在熔体中扩散太快，籽晶接受能力不够，多余碳源会以金刚石自发核生长(或者出现再结晶石墨)。即便全落在籽晶上，由于晶体生长速度太快，使溶剂金属来不及扩散，驻留在晶体中形成包裹体，从而严重影响晶体的质量；如果温度梯度过小，可能会导致籽晶无法生长，最后籽晶石墨化，或者晶体生长速度太慢，导致成本过高。

随着所生长晶体尺寸的增大，晶体接收碳原子的面积增大，因此晶体质量增加而加速。如果选用较大的晶种，初期的低速生长阶段就可以避免。但晶种过大，所生长金刚石晶体容易出现包裹体和裂晶现象，因此，晶种的大小要根据实验条件来选择。

(4) 限形生长

对于金刚石大单晶来说，塔状的金刚石可以用来制作珠宝、金刚石对顶砧等，板状的金刚石可以用来制作精密切割刀具、窗口材料等。金刚石硬度最高，后期加工不易且成本较高，因此金刚石的限形生长就显得十分重要。

利用温度梯度法植入晶种生长的金刚石大单晶与自发成核的膜生长法生长的磨料级金刚石单晶相比，无论是生长方式还是生长结果都有较大的差异。相对于磨料级金刚石，沿不同晶面生长的金刚石大单晶，其形态变化更复杂多样，因此用磨料级金刚石单晶的形态变化情况来套用金刚石大单晶的情况并不适用。为此，李尚升等对 Ib 型金刚石大单晶的限形生长进行了系统研究，所获得的不同晶面 V 形区内晶形分布图如图 6-19 所示。

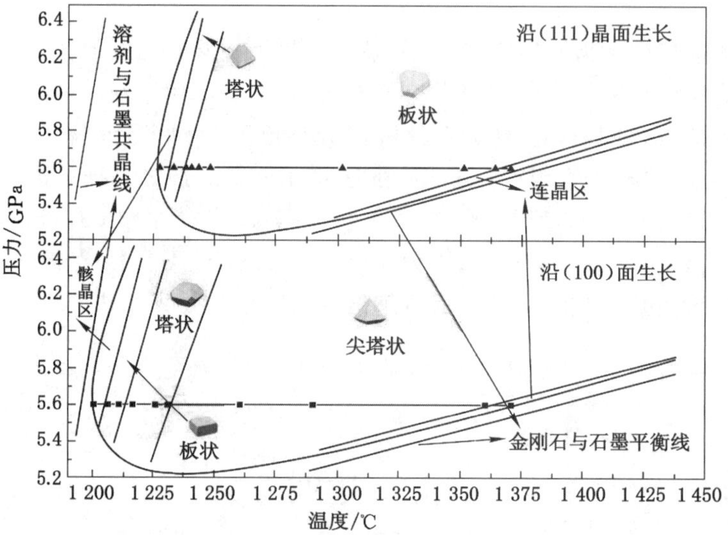

图 6-19 不同生长面所生长金刚石大单晶的 V 形生长区示意图

虽然在金刚石大单晶生长 V 形区内随着温度的升高，沿(100)晶面和(111)晶面所生长的金刚石晶形变化不一样，即沿(100)面金刚石晶形由板状到塔状乃至尖塔状，而沿(111)面所生长的金刚石晶形则由塔状到板状。但是沿这两种晶面生长金刚石大单晶的晶面发育都有低温区，晶面以(100)晶面为主，中温区(100)晶面和(111)晶面共存，高温区以(111)晶面为主的特点。这与磨料级金刚石晶形在 V 形区内随温度变化相比，二者虽然在晶形外观上不一样，但其晶面的显露规律都是随着温度的升高，金刚石外表的晶面由低温区以(100)晶面为主逐渐过渡到高温区以(111)晶面为主。也就是说，磨料级金刚石与金刚石大单晶在 V 形区内的晶形分布在内因上与这两个面的生长速度变化有关，即随着温度的升高，金刚石(100)晶面的生长速度逐渐加快，同时(111)晶面的生长速度逐渐减慢，这与布拉维法则的“慢面显露、快面淹没”原则相符。

虽然这两种方法在不同温区金刚石晶体晶面显露情况类似且其显露情况直接决定其晶形，但二者生长金刚石的晶形明显不同。产生这种现象的原因是膜生长法是自发成核且晶核在触媒中可以向四周自由生长，温度不同时可形成六面体、六八面体、八面体等晶形。温度梯度法需要在晶种面上外延生长，即晶体只能在该晶面上侧生长，这就造成了不同于磨料级金刚石的形态——板状、塔状、尖塔状等。

从图 6-19 可以看出：沿(111)晶面生长的金刚石大单晶 V 形区需要的起始生长温度明显高于沿(100)晶面生长的起始温度。根据傅慧芳等的研究结果，金刚石(111)晶面能大于(100)晶面能，金刚石晶体形态取决于环境的能量状态。这说明金刚石(111)晶面的存在比(100)晶面需要更高的外部能量。前面不同温度下金刚石晶面发育情况的结论[低温区以(100)晶面为主、中温区以(100)晶面和(111)晶面过渡共存、高温区以(111)晶面为主]的内在原因也在于此。因此沿(111)晶面生长金刚石大单晶就需要比沿(100)晶面更高的温度，即沿 (111)晶面生长的金刚石大单晶 V 形区起始生长温度明显高于沿(100)晶面生长的起始温度。

从图 6-19 还发现：沿(111)晶面生长的最高合成温度仅略高于沿(100)晶面生长的最高合成温度。二者合成温度上限的差别并没有像其下限一样向上顺延，这主要是由于一定压力下金刚石合成温度上限主要由金刚石和石墨的相平衡线决定。1961 年，H. P. Bovenkerk 等对金刚石生长时金刚石与石墨之间的相平衡线进行研究，研究结果表明该线位置主要取决于所采用的触媒，金刚石不同生长面的晶面能对其两相平衡线没有直接影响。因此，上述以(100)晶面或(111)晶面生长时不同的晶面能对金刚石生长的温度上限影响不大。

图 6-21 所示不同晶面生长Ⅰb 型金刚石 V 形区内晶形分布图调控压力温度可以实现Ⅰb 型金刚石大单晶的限形生长。对于其他类型的金刚石大单晶的限形生长也有借鉴作用。

(5) 除氮技术

一般来说，由于腔体内材料及其装配间隙中存在的空气，人造金刚石单晶均为含有弥散态氮原子的黄色Ⅰb 型(氮的浓度一般为 1×10^{-4} 级别)金刚石。由于膜生长法生长的小颗粒金刚石主要利用其超硬特性，1×10^{-4} 级别的氮对金刚石硬度的影响很小，而生长不含氮的Ⅱa 型金刚石的成本显著增加，因此膜生长法中鲜有除氮生长Ⅱa 型金刚石。但金刚石大单晶主要是利用其其他极限性能扩展其应用，除氮生长Ⅱa 型金刚石大单晶就很有必要，这就需要除氮技术。

合理选择除氮剂对宝石级Ⅱa 型金刚石大单晶的合成具有重要意义。向触媒中加入除氮剂能够降低甚至消除金刚石晶体中的 N 含量，常见的除氮剂有 Al(铝)、Ti(钛)和 Zr(锆)等，其中铝和钛最常用。

① Al 的除氮机理。Al 在高温、高压下与氮反应生成氮化铝(AlN)，但 AlN 又会分解。研究表明高温、高压合成金刚石条件下触媒溶剂中 Al 和 N 的反应为可逆反应：

$$\mathrm{Al+N \rightleftharpoons AlN}$$

② Ti 的除氮机理。Ti 既可以与金刚石中的 N 反应形成稳定的氮化钛(TiN)，又可以与合成腔体中的 C 原子形成碳化钛(TiC)。将适量的 Ti 添加到触媒中，高温、高压下能够起到除 N 的效果。Ti 在金刚石生长过程中发生如下反应：

$$\mathrm{Ti+N = TiN}$$
$$\mathrm{Ti+C = TiC}$$

为了获得优质Ⅱa 型宝石级金刚石单晶，往往在触媒中添加适量的除氮剂，但除氮剂的加入会影响晶体生长过程中杂质的排出。因此，必须处理好晶体表面的径向平铺生长速度和晶体轴向的堆积生长速度之间的关系。

TiC 的存在使得晶体内部包裹体含量增加，很难获得高质量的金刚石晶体。日本筑波大学 Wakatsuki 教授研究表明，ⅣB 族元素的碳化物可被熔融的ⅠB 族金属分解，其中铜(Cu)分解碳化物的效果最好。故为了除去由于 Ti 的加入而产生的 TiC，通常在金刚石腔体内部加入适量的 Cu。

TiC 和 Cu 的反应机理如下：

$$TiC + Cu = Ti^{-} + Cu^{+} + C$$

综上所述，除氮剂 Ti 需要和 Cu 一起使用，在金刚石的生长过程中除添加 Ti 用于除去晶体中的 N 外，还添加 Cu 抑制 TiC 的形成。

日本学者 H. Sumiya 等研究表明：Ti 和 Cu 的加入会导致Ⅱa 型金刚石生长温度区间的下限被提高，从而使生长金刚石晶体的温度区间变窄。

从上述除氮机理来看，Ti(Cu)的除氮效果要比 Al 好，这是因为 Al 和 N 生产的 AlN 会分解，导致除氮不彻底。而 Ti(Cu)则不存在这个问题，Ti 与 N 的反应是单向的，除氮较为彻底。

Ⅱa 型金刚石大单晶除氮技术的使用，除氮剂及其生成物成为腔体内杂质而影响金刚石大单晶的生长，使其内部容易卷入杂质而形成包裹体缺陷。因此，Ⅱa 型金刚石大单晶的生长与Ⅰb 型的不同，为避免包裹体的出现，一方面需要降低生长速度；另一方面需要将腔体上部的碳源形状改为环状，环内填充触媒。降低生长速度使Ⅱa 型金刚石大单晶生长有充分的时间排除杂质；环状碳源的使用可以使腔体内杂质上浮至环内触媒熔体中，远离金刚石晶体，避免其对金刚石生长产生干扰。

(6) 可控掺杂

金刚石大单晶由于其尺寸大，因此可以拓展金刚石在功能方面的应用。金刚石掺杂改性是重要方法。将氢、硼、氮、磷、硫、氧等元素掺杂到金刚石晶格中可以改变其电学性能，其中最重要的是使金刚石具有半导体性能。金刚石不同于单晶硅，由于其原子半径小，而掺杂元素中大多数原子半径较大，因此，磷、硫、氧等原子半径较大的元素的掺入较为困难，成为关注的焦点。

由于硼的原子半径较小，采用硼协同磷或硫掺杂，能降低杂质与基质碳原子半径之间的差别而引起的晶格畸变，提高迁移率，降低电离活化能，从而改善金刚石大单晶的 N 形半导体性能。近些年，吉林大学超硬材料国家重点实验室和河南理工大学高压合成实验室在金刚石大单晶掺杂改性方面做了大量研究，取得了一些进展，但距工业应用还有较大距离。

金刚石大单晶可控掺杂技术主要从三个方面着手：一是从掺杂机理上研究为掺杂技术提供指导；二是掺杂金刚石大单晶腔体设计要有创新；三是在工艺设计上充分利用高压的优势。

6.3.3 金刚石合成若干技术问题

金刚石合成有几个重要技术问题：组装的稳定性、组装的重复性、环境的适应性。这三个方面是金刚石合成技术的重要组成部分，不可或缺。

金刚石高压合成组装在高压制备时必须高压、密封，导致其在测压和控温方面十分困难，因此利用缸内油压控制压力和加热功率间接控制温度就成为常态。油压、功率控制方便宜行，而且在这方面积累了很多经验，使得油压和功率控制的相关问题得到解决。

不同于在位控压和控温，不能保证油压和腔体内压力及温度和功率的一致性，即腔体内实际的压力和温度未必能与对应的油压和功率步调一致，这主要取决于组装的稳定性和重复性。如果稳定性不好，随着加热时间的延长，组装内部的各组件相关材料发生了相变，即使功率（或油压）稳定，由于材料导热系数发生了变化，腔体内温度（腔体内压力）也会发生相应改变；如果重复性不好，换了组装制备材料时，虽然加热功率（油压）未变，但其腔体内温度（压力）已经发生了变化。这两种情况都会使腔体内的温度和压力并不能按一定比例跟随控制系统电脑所设定的功率和油压的工艺曲线。

一般来说，高温、高压下的压力测量要比温度测量难得多，因此以功率控制与温度一致性为例研究组装的稳定性和重复性。如果功率控制与温度的一致性得到了解决，那么压力与油压的一致性也能得到保证。

另外，环境的适应性是指随着季节变换，金刚石合成的温度和湿度环境发生变化，这需要调整合成工艺以适应。

6.3.3.1　组装的稳定性

为保证高压、高温条件下实验组装各组件保持稳定无相变，使得油压和功率控制精度很高，设备能确保腔体内压力和温度得到确切控制。所以，组装稳定性十分重要。

为保证组装的稳定性，必须保证组装中各组件材料满足下列要求：

(1) 传压性能良好：尽可能接近流体传压特性，使高压腔内各向压力相等。

(2) 密封性能良好：密封介质被压缩后发生塑形流动，直至摩擦力等于抗切强度时停止流动。

(3) 绝缘性能良好：旁热式加热要求绝缘材料电阻率要高，防止漏电。

(4) 隔热性能良好：要求传压介质具有很好的隔热保温性能，热导率要低。

(5) 热稳定性好：在高温、高压下不发生相变。

(6) 化学稳定性好：要求传压介质不与催化剂、石墨和合金顶锤发生化学反应。

(7) 机械加工性能良好：传压介质应便于加工成所需要的各种形状，以满足高压腔结构的不同设计要求。

6.3.3.2　组装的重复性

一般情况下，高压制备时通过控制加热功率来控制腔体内温度，使用这种方法控制温度不是利用热电耦在位控制腔体内的温度，而是靠外部间接控制。当不同批次的重复性不好的各组件组成的组装块在材料高压制备时所控制的加热功率虽然相同，但是其内部的温度却并不一样。由于高压下的密封性，使得金刚石晶体生长不能像其他晶体生长那样可以实时观察并实时调整其生长条件，因此在金刚石合成过程中，须保持各组件的材质、尺寸、制备工艺一致，以确保实验组装的可重复性。

组装的可重复性包括各组件的原料、制备工艺都一致，其中发热管的可重复性最重要。这是因为对于恒定功率加热的发热管来说，发热管电阻的差异不会导致其发热量的不同。但是有两个方面的原因导致加热管电阻差异引起其发热量的明显不同，进而导致腔体内温度变化，影响金刚石的合成。原因一：发热管不管是石墨管还是合金管，电阻均很小，为毫欧级，与一般的欧姆级电阻相比小了 3 个数量级。因此这种加热必然是低电压（数伏）、大电流（上千安）加热。如果用常用的电压来加热，其电流则要达到数十万安，与短路无异，电路不能正常工作；原因二：高压组装的密封性使得电压测量点不能加在发热管两端，故外在功率必然包括发热管之外的附加电阻上的功率，而附加电阻(也为毫欧量级)与发热管电阻相比不能忽略，当发热管电阻发生变化导致附加电阻上加热的大电流随之变化时，这时候发热管上产生的热量就不能保持一致了。因此要想保证恒功率下合成腔体内温度稳定，就必须确保发热管电阻的重复性。

发热管电阻发生变化引起热量变化的走势可用下面的例子具体分析。

图 6-20 为金刚石合成加热电路图，图中 R 为间接加热发热管的电阻，$2r$ 为附属导电钢碗、顶锤、垫块、钢环的电阻之和。现在进行两次合成实验：第一次实验加热功率为 W_1、电流为 I_1、负载总电压为 U_1、电阻为 R_1；第二次实验加热功率为 W_2、电流为 I_2、负载总电压为 U_2、电阻为 R_2。

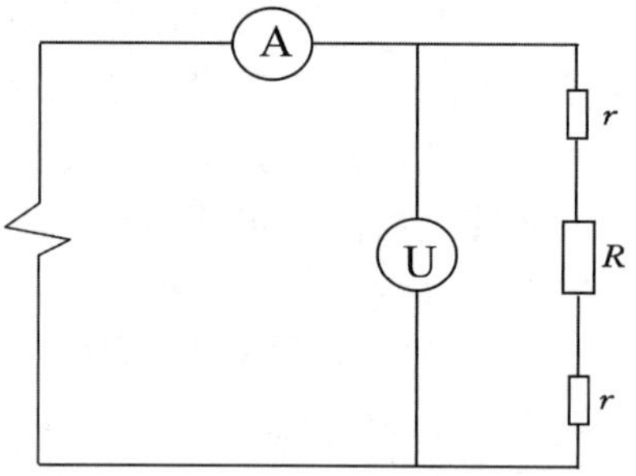

图 6-20 金刚石合成加热电路图

① 设定 $W_1=W_2=W_0$，$R_2<R_1$，在两次实验附属电阻 $2r$ 不变的情况下，比较两次实验发热管 R_1 和 R_2 上的发热量 Q_{R1} 和 Q_{R2} 的大小。

② 根据①的结果解释恒功率加热情况下，保持发热管 R 重复性的重要性。

解析：① 根据电学相关知识：$W=UI$。

在 $W_1=W_2=W_0$ 恒定的情况下，即 $U_1I_1=U_2I_2$，由 $U=IR$ 知：

$$U_1= I_1(R_1+2r),U_2=I_2(R_2+2r)$$

由此可知：

$$I_1^2(R_1+2r)=I_2^2(R_2+2r) \tag{6-1}$$

当 $R_2<R_1$ 时，

$$I_2> I_1 \tag{6-2}$$

根据电阻发热量公式 $Q=0.24\ I^2Rt$，可知：

$$Q_1=0.24I_1^2(R_1+2r)t=0.24(I_1^2R_1t+I_1^2 2rt)=0.24(Q_{R1}+I_1^2 2rt)$$

$$Q_2=0.24I_2^2(R_1+2r)t=0.24(I_2^2R_2t+I_2^2 2rt)=0.24(Q_{R2}+I_2^2 2rt)$$

据式(6-1)可知：$Q_1=Q_2$，即 $0.24(Q_{R1}+I_1^2 2rt)=0.24(Q_{R2}+I_2^2 2rt)$，因此，

$$Q_{R1}=Q_{R2}+I_2^2 2rt-I_1^2 2rt=Q_{R2}+2(I_2^2-I_1^2)rt$$

据式(6-2)可知：$Q_{R1}>Q_{R2}$。

② 由①的推导结果可知，在恒定功率加热的情况下，若发热管电阻变小，则发热管发热量也变小。又因为金刚石高压合成采用小电阻、低电压、大电流加热，即加热管电阻较小，电压表不能加在发热管两端，附属电阻不可忽略。因此要想保证恒功率下合成腔体内温度稳定，就必须保持发热管电阻的重复性。

在金刚石合成实践中，不可能保证发热管电阻重复性完全一致。当发热管电阻较上次合成电阻小时，会根据经验适当上调加热功率，反之下调加热功率。

6.3.3.3 环境的适应性

随着季节变化，金刚石生产车间会产生环境温度和湿度变化，因此金刚石合成工艺必须进行调整，否则金刚石的生产不能正常进行。

① 温度变化：随着车间温度的变化，金刚石合成功率必须随之调整，否则金刚石合成温度会偏移而导致其产量减少和质量变差。

② 湿度变化：冬季气候干燥，湿度小，金刚石合成后卸压时会出现放气炮现象，必须对叶蜡石复合块制备工艺进行调整，即冬季时要有不同于夏季的叶蜡石复合块烘烤工艺。

6.4　立方氮化硼高压合成技术

立方氮化硼是继人造金刚石之后，由温托夫(Wentorf)采用类似于合成金刚石的静压触媒法，于 1957 年成功制备出的一种新型人造超硬材料。20 世纪 60 年代末镀金属的 cBN-Ⅱ型产品问世后，各国开始广泛采用。我国于 1967 年合成出样品，1975 年开始工业化生产。立方氮化硼的发展历程，与人造金刚石相似，在有了普通强度的产品之后，进一步向高强度、大颗粒、多品种和专用化方向发展。与金刚石类似，立方氮化硼也有小颗粒和大颗粒合成工艺之分，本节从这两个方面介绍立方氮化硼的合成技术。

6.4.1　立方氮化硼小单晶的合成工艺

6.4.1.1　氮化硼的相图

Bundy 和 Wentorf 根据实验数据以及与碳的相图的对比，作出了早期的 BN 相图，并在此基础上分析了不同压力下的状态，所得到的 BN 相图如图 6-21 所示。

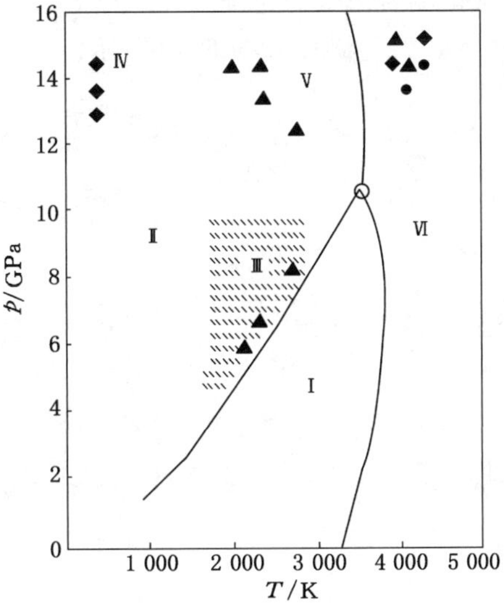

Ⅰ—六方氮化硼稳定区；Ⅱ—立方氮化硼稳定区；Ⅲ—触媒生长区；

Ⅳ—闪锌矿型氮化硼区；Ⅴ—钎锌矿型氮化硼；Ⅵ—液相；●—hBN；▲—zBN；◆—wBN。

图 6-21　氮化硼相图

由图 6-21 可以看出，BN 的热力学稳定相是 hBN、zBN 和液相。wBN 是一种高密度的亚稳相，它只能在较低温度下由 hBN 形成。在较高温度下，亚稳的 hBN 和 wBN 可以转化为 zBN。需要说明的是，图中的三相点以及各条分界线的位置尚未精确测定。对于有触媒参与的 hBN-zBN 相平衡曲线，压力在 5～7 GPa 内可以用下式近似描述：

$$p = 0.0028T - 0.039 \tag{6-3}$$

式中，p 为压强，GPa；T 为温度，K。

6.4.1.2 触媒参与下立方氮化硼合成组装方式

使用精度为 0.1 g 的天平分别称量触媒、添加材料及 hBN 原材料，按适当比例混料均匀后，按压块质量称混合料，在 2～5 t 压力下用模具将粉料预压成型。将成型的原料按照图 6-22 进行组装。

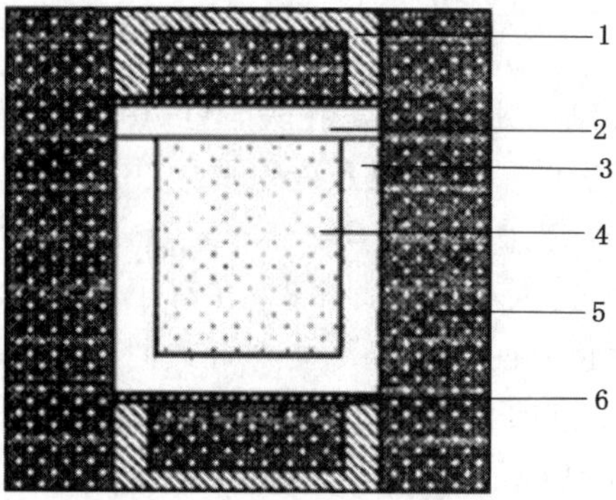

1—导电钢碗；2—石墨片；3—石墨碗；4—反应料；5—叶蜡石复合块；6—钼片。

图 6-22 立方氮化硼合成块组装示意图

6.4.1.3 触媒参与下立方氮化硼合成工艺流程

触媒参与下立方氮化硼合成工艺流程如图 6-23 所示。

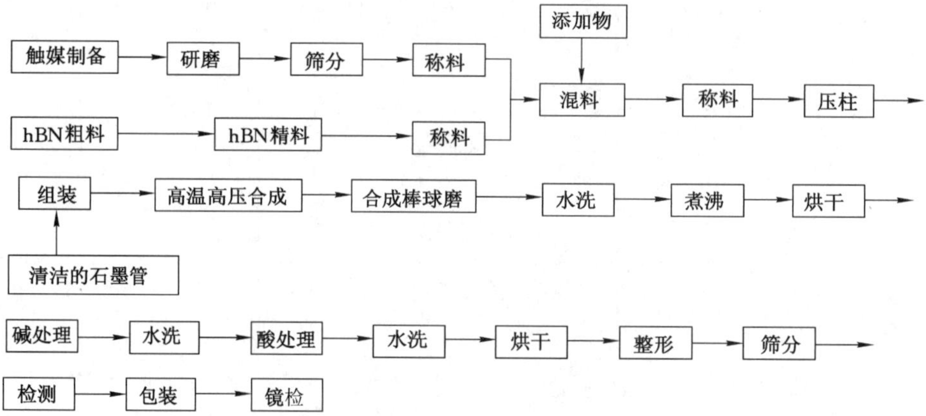

图 6-23 立方氮化硼合成工艺流程图

6.4.1.4 触媒参与下立方氮化硼合成压力和温度条件

合成的温度、压力与所用的触媒原材料有关。合成压力、温度以及升温、升压程序对结晶状况的影响，不像合成金刚石那样敏感，但规律是一致的，主要表现在以下几个方面：

(1) 工作点的 p、T 越接近平衡线，所获得的尺寸越大；

(2) p、T 也要适当匹配，提高工作压力将导致晶粒细化；

(3) 采取“提前升温”和“缓慢升压”措施，对增大晶粒尺寸和改善质量同样有效。

在合成条件下通常维持 2～5 min 或更长时间。在稳定的压力、温度条件下，cBN 晶体随时间的延长而长大，该规律与金刚石生长一致。

一般触媒参与下合成立方氮化硼的压力为 4.5～6.0 GPa，温度为 1 400～1 900 ℃，合成时间为 2～10 min。

6.4.1.5　触媒参与下立方氮化硼合成的影响因素

(1) 氧对镁基触媒合成 cBN 的影响

在用以镁为基的系列触媒合成立方氮化硼过程中，氧的危害是很大的，主要表现在以下几个方面：

第一，氧(含氧化物)能与触媒发生反应，消耗触媒，降低触媒的利用率，可能发生的反应如下：

$$4Mg+B_2O_3 = 3MgO+MgB_2$$

$$7MgB_2+B_2O_3 = 3MgO+4MgB_4$$

或

$$7MgB_2+2B_2O_3 = Mg_3(BO_3)_2+4MgB_4$$

$$Mg_3N_2+B_2O_3 = 3MgO+2BN$$

$$Mg_3B_2N_4+B_2O_3 = 3MgO+4BN$$

在上述反应中，B_2O_3 作为反应物与触媒发生反应，生成 MgO、MgB_2、MgB_4。已经证明 MgO 不是合成 cBN 的触媒，而且对 cBN 的生长有阻碍作用。MgO 很容易留在生长的 cBN 晶体的表面，形成阻挡层，造成 cBN 晶体的表明缺陷，或者在 cBN 晶体中以 MgO 的形式成为晶体中的包裹体缺陷。

第二，过量的 B_2O_3 和 MgO 直接影响 cBN 的成核率。

实验表明，B_2O_3 含量为 1%时，对镁基触媒，特别是镁影响尚不明显。当 B_2O_3 含量达到 3%时，cBN 的成核率已经明显降低，晶形不完整的 cBN 开始增多。当 B_2O_3 含量超过 5%时，在相同的合成条件下成核量极少。可见，B_2O_3 对 cBN 的成核率和晶体形态均产生明显的影响。

B_2O_3 与触媒的反应可能为：

$$2Mg+B_2O_3+O_2 = Mg_2B_2O_5$$

$$4Mg+B_2O_3 = 3MgO+MgB_2$$

$$2MgO+B_2O_3 = Mg_2B_2O_5$$

$$7MgB_2+2B_2O_3 = Mg_3(BO_3)_2+4MgB_2$$

Mg_3N_2 和 $Mg_3B_2N_4$ 与 B_2O_3 在高温、高压下的反应生成物基本相同，主要产物都是 MgO、hBN、$Mg_3(BO_3)_2$。

MgO 对 cBN 成核的影响要比 B_2O_3 小得多。当 MgO 占 5%时，对体系没有明显的影响，但是当体系中大量存在 MgO 时，成核率也明显下降。

从上面的结果中看到 MgO 的存在对 cBN 的合成影响似乎并不明显。但是值得注意的是，所用的原材料 hBN 并没有进行除氧。原料中原有的氧化物(如 B_2O_3)含量可能较高。由于 MgO 是典型的碱性氧化物，B_2O_3 是典型的酸性氧化物，二者在高温、高压下会发生如下反应：

$$2MgO+B_2O_3 = Mg_2B_2O_5$$

上述反应由高温、高压下($MgO+B_2O_3$)产物的 X 射线衍射物相分析所证实。这说明 MgO 在合成 cBN 体系中的作用，有一部分已被 B_2O_3 所抵销，因而表现不明显。因此给出了一个有益的启示：在含氧（氧化物）较高的原材料 hBN 中加入适量的 MgO，同样可以抵销 B_2O_3 对 cBN 合成的影响。事实证明，这一方法是行之有效的。

（2）氧对温度、压力的影响

为了比较 hBN 中的氧含量对温度、压力的影响，实验选用两种 hBN 原料：尺寸为 10 μm 和 15 μm，密度为（2.02±0.01）g/cm³ 及（1.96±0.02）g/cm³，氧含量为（1.9±0.01）%及（7.9±0.4）%，G.I 值为 1.56 和 1.39。

实验结果表明，原料 hBN 中氧含量高，合成温度和压力下限均有所提高。而且不同研究者的研究结果基本一致。氧对镁基触媒合成 cBN 的影响：氧与最终的触媒材料 $Mg_3B_2N_4$ 反应而使合成的温度和压力升高了。该反应可用下列化学反应方程式表示：

$$2Mg_3B_2N_4+3O_2 = 6MgO+4BN+2N_2$$

$$Mg_3B_2N_4+3O_2 = Mg_3(BO_3)_2+2N_2$$

通过上述反应消耗掉 $Mg_3B_2N_4$，使 cBN 成核减少或不能成核。只有高于 $Mg_3B_2N_4$-BN 共晶温度很多时，才可能重新形成 cBN。因而，使 cBN 合成温度和压力区向高温和高压方向移动。而当原材料中含氧量降低后，合成温度和压力下限均降低，这一结果可能更接近真实 cBN 合成条件的下限。

6.4.1.6 几种触媒参与下 cBN 生长的 p-T 平衡曲线

（1）Mg 参与下 cBN 生长的 p-T 平衡曲线

福长修、库达科（Kudaka）、尤施欧（Ushio）等分别对氮化硼在 Mg 参与下生长的 p-T 曲线进行了研究，结果如图 6-24 所示。远藤忠用含氧质量分数为 19%的 R 型和含氧质量分数为 7.9%的 N 型为原料，研究了在 Mg 参与下 cBN 生长的 p-T 区。

由图 6-24 可知：N 型的合成温度、压力下限高于 R 型，压力比 R 型高约 0.5 GPa，温度比 R 型高约 573 K。推测在 hBN-Mg 体系中，cBN 生长区的温度随着杂质含量的增加而升高，与体系中氧消耗催化剂有关，致使 cBN 的产量减少或停止生长。

用 R 型 BN 合成 cBN 时的低温限，在 6～8 GPa 压力下约为 1 653 K，此限与 hBN-$Mg_3B_2N_4$ 体系的共晶点接近。用 N 型 BN 合成 cBN 时的生长区温度比用 R 型 BN 的高 573 K，其低温限在 6 GPa 压力下约为 1 973 K，MgO 或 $Mg_3(BO_3)_2$ 以伴生物的形式存在，$Mg_3B_2N_4$ 是氮化硼的溶剂。

反应体系中所含的氧（特别是 B_2O_3）与 $Mg_3B_2N_4$ 的反应如下：

$$Mg_3B_2N_4+3/2O_2 = 3MgO+2BN+N_2$$

或

$$Mg_3B_2N_4+3O_2 = Mg_3(BO_3)_2+2N_2$$

因为 $Mg_3B_2N_4$ 被上述反应所消耗，cBN 的产量减少或停止。在达到 BN-$Mg_3B_2N_4$ 的共晶点的温度时，液体量增多，没有被氧所消耗的剩余液体起溶剂-催化剂作用，按此推理可知，在含氧量高的体系中，cBN 形成的低温限向较高的温度区移动，N 型 BN 属于此类。

用 R 型 BN 所得的 cBN 比用 N 型 BN 所得的 cBN 表面光滑，通常只有用含氧量低的 BN 才能获得质量好的 cBN。用 N 型 BN 合成 cBN 时，观察到 $Mg_3(BO_3)_2$ 与 cBN 共存，cBN 表面粗糙度可能是氧化物造成的，因为氧化物妨碍了 cBN 表面的生长。

（2）氮化物参与下 cBN 生长的 p-T 区间

hBN-Ga_3N_2，hBN-Mg_3N_2，hBN-Li_3N 体系中 cBN 生长的 p-T 区间，如图 6-25 所示。由图 6-25 可以看出，3 种氮化物合成 cBN 的压力下限基本相同，而温度下限则有明显差异。

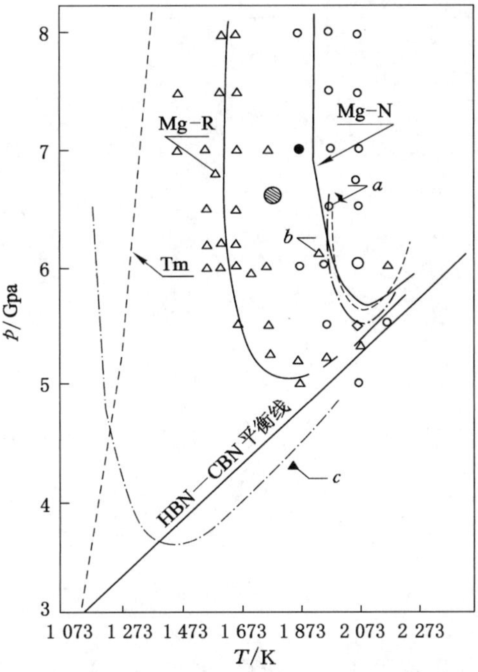

图 6-24　Mg 参与下 cBN 生长 p-T 曲线

（a，b、c 数据分别为福长修、库达科、尤施欧测得的数据）

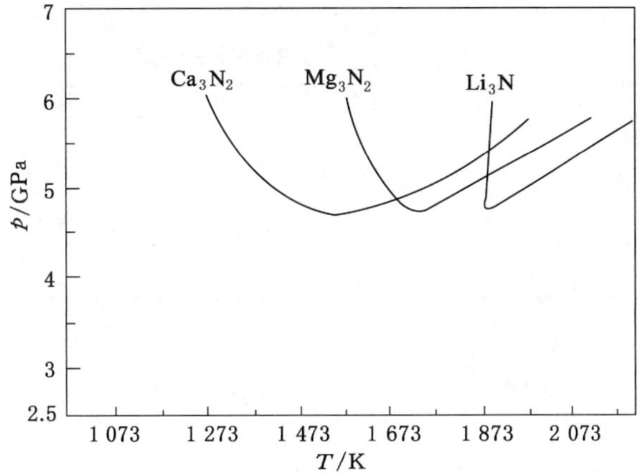

图 6-25　各种氮化物体系中 cBN 生长的 p-T 区

(3) Li_3BN_2-hBN 体系 p-T 区

弗里斯(De Vries)和弗莱舍(Fleischer)研究了 Li_3BN_2 参与下 cBN 生长的 p-T 区，如图 6-26 所示。他们认为 Li_3BN_2-hBN 体系在高温、高压下能与 cBN 共存的基本相是高压形成的 Li_3BN_2，称为 Li_3BN_2(W)，并指出在 5.5 GPa、1 883 K 条件下 Li_3BN_2-hBN 有一共熔点，且 cBN＋液相区的最高温度上限为 2 023 K，这意味着晶体生长温度区域大约为 413 K。

6.4.1.7　立方氮化硼的颜色

cBN 晶体的颜色与其所含杂质种类、数量有关。而杂质可来源于催化剂或添加剂，也

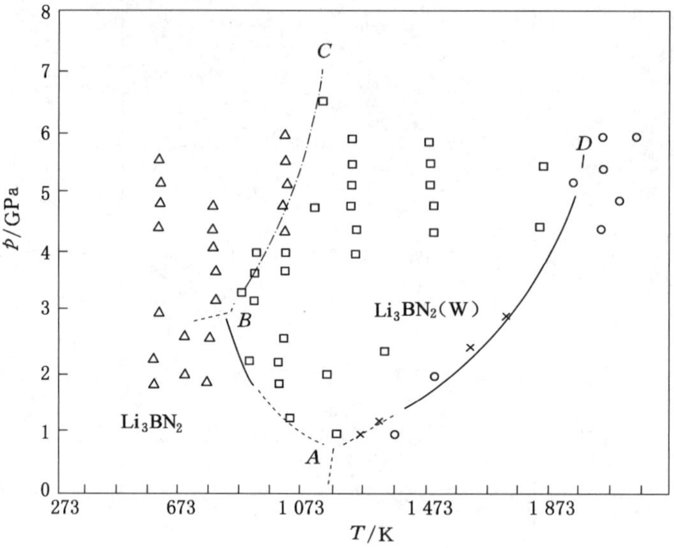

图 6-26　Li_3BN_2-hBN 体系 p-T 曲线

可来自 cBN 的生长环境，以及晶体的生长速度。

(1) cBN 晶体颜色与 U-V(紫外)吸收率

贾攀等学者以黑色、浅琥珀色和深琥珀色 cBN 为对象，测量了它们的 U-V 吸收光谱。上述 3 种 cBN 的特点和 U-V 光谱在特定波长位置的吸收率见表 6-2 和表 6-3。

表 6-2　3 种不同颜色 cBN 的特点

CBN 样品颜色	催化剂
黑色	Mg 基化合物
浅琥珀色	Li 基化合物
深琥珀色	Li 基化合物

表 6-3　三种不同 cBN 样品的 U-V 光谱在特定波长位置的吸收率

取样	项目	黑色	浅琥珀色	深琥珀色
样品一	波长/mm	435.8	422.6	422.5
	吸收率/%	33.19	62.86	60.26
样品二	波长/mm	532.1	531.7	532.1
	吸收率/%	35.20	43.01	52.28
样品三	波长/mm	623.2	623.2	621.7
	吸收率/%	35.48	18.42	29.19

U-V 光谱不同波段吸收率对颜色的影响从 3 种 cBN 晶体的 U-V 光谱的吸收率同样可以看得很清楚，比如黑色 cBN 晶体对可见光的全部波段有高吸收率，并只在一个很小的范

围内波动，从 435.8 nm 的吸收率 33.19%到 623.4 nm 的吸收率 35.48%，差别仅 2.29%，对可见光全部吸收就是黑色 cBN 晶体的颜色为黑色的原因。而琥珀色 cBN 晶体的吸收率从 422.6 nm 时的 62.86%到 632.2 nm 时的 18.42%，相差 44.44%。从吸收光谱的曲线上也可以看到，黑色 cBN 晶体的吸收光谱几乎是一条直线，而琥珀色的吸收光谱却是一条变化很大的曲线，如图 6-27 所示。

通过对金刚石晶体和 cBN 晶体的 U-V 吸收光谱和晶体颜色的分析可得到如下结论（图 6-28）：

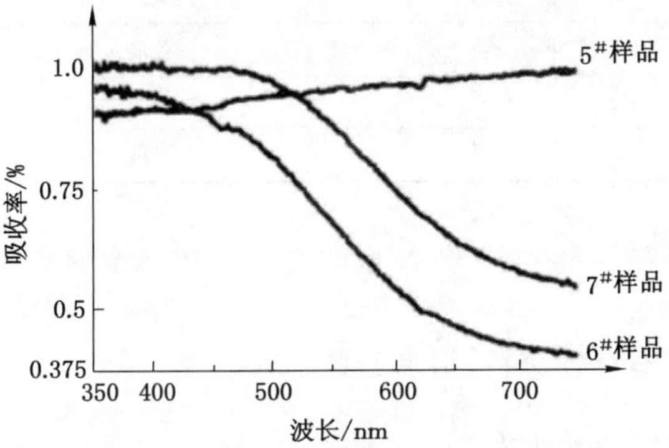

图 6-27　琥珀色和黑色 cBN 晶体的 U-V 吸收光谱

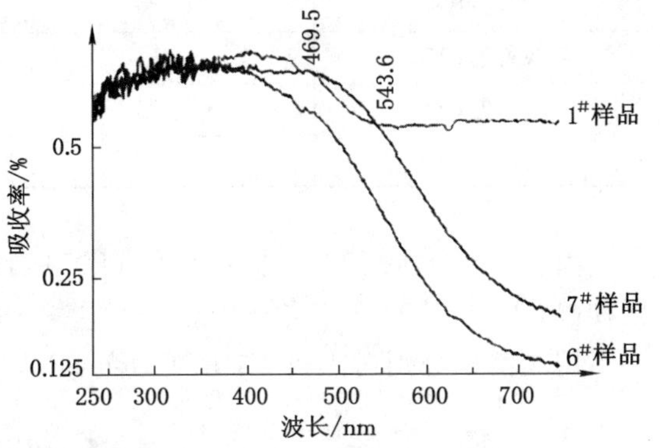

图 6-28　金刚石晶体与 cBN 晶体的 U-V 吸收光谱的对比

① 在可见光（太阳光或显微镜下的白色灯光）照射下，即波长为 380～780 nm，眼睛观察金刚石晶体呈黄色，cBN 晶体呈黑色或琥珀色。

② 金刚石和 cBN 晶体的 U-V 测量结果表明，这些晶体对不同波长范围内的可见光有不同的吸收率。金刚石晶体对 350～460 nm 范围内的可见光有最强的吸收率，cBN 晶体对 350～500 nm 范围内的可见光有最强的吸收率，两种晶体的吸收率差值较大。

③ 金刚石晶体和 cBN 晶体的颜色与这些晶体对可见光的最强的吸收波段有直接关系，这两个晶体的不同颜色分别与其吸收光谱对应的不同补色一致。

④ 金刚石晶体与 cBN 晶体对不同可见光波段的吸收与这两种晶体内的杂质有关。

（2）cBN 晶体颜色的形成机制

关于晶体颜色的形成机制有很多不同的观点。Taniguchi 等认为晶体颜色的改变主要是晶体中含氧量的改变引起的；S. S. Singhal 等认为晶体颜色变黑与晶体生长过程中的温度有关，相同体系中晶体颜色随着温度的升高而变深（而现在普遍认为晶体颜色变深是晶体中 B、N 等原子比例失调所致）。贾晓鹏等认为，在以 Li 基多元化合物为催化剂，在引入添加剂（A）的情况下，随着温度的升高，晶体的颜色更容易变黑。当温度较不添加添加剂所生长晶体的温度低时，生长的晶体很少，说明添加剂的引入阻碍了晶体的生长，也相应提高了 cBN 生长所需要的温度。升高温度有利于生长出黑色的 cBN，并且加入添加剂可能会改变体系中催化剂的性质，导致体系发生改变，从而有利于一般 Li 基多元催化剂体系，而生长出黑色 cBN 单晶。

（3）不同颜色 cBN 晶体的分析

以金属、氮化物、氮硼化合物为催化剂，在不同温度、压力条件下，可以合成黑色、黄色、琥珀色和无色的 cBN 晶体。为了了解与 cBN 性质的关系，对不同颜色的 cBN 进行分析十分有必要。

用天平称出等量的 4 种不同颜色的 cBN 样品放入石墨电极内，用石墨电极发出的电弧使 cBN 汽化，用棱镜射谱仪拍摄光谱，结果见表 6-4。

表 6-4 cBN 气相光谱分析结果

成分	Mg	Ca	Si
黑色 cBN	强	弱	更弱
淡黄色 cBN	强	弱	更弱
琥珀色 cBN	强	弱	无
白色 cBN	强	弱	更弱

由表 6-4 分析可知：不同颜色的 cBN 中均有 Mg 存在，经 X 射线分析可知，Mg 是以氧化物（MgO）形式存在于晶体中。

用能谱仪分别对黑色 cBN、淡黄色 cBN 进行能谱分析，结果见表 6-5。

表 6-5 cBN 能谱分析结果

元素	N	B	Mg	Fe	Ni
黑色 CBN	45.8%	46.4%	6.2%	1.2%	0.4%
浅黄色 CBN	47.0%	48.4%	4.0%	0.4%	0.2%

能谱和气相光谱的测量结果有所不同，主要是因为能谱测量结果为晶体表面层行为，而气相光谱是晶体整体行为。二者的差别显示，Fe、Ni 杂质的质量分数很低并且集中在晶体表面，这与 cBN 生长过程中对 Fe、Ni 的排斥作用有关。

cBN 晶体具有不同颜色是因为晶体内部有孤对电子存在，使得 cBN 晶体的禁带宽度变化，以至于在可见光的照射下能形成电子的跃迁，从而导致晶体具有不同颜色。因此可以肯定，cBN 晶体颜色的产生原因是晶体内部存在的 Mg、Ca、Li 等杂质元素。

6.4.2 立方氮化硼大单晶的培育

6.4.2.1 高压、高温下 BN-Li_3BN_2 体系中立方氮化硼大晶体的生长

高压、高温下 BN-Li_3BN_2 体系中立方氮化硼晶体生长的实验装置如图 6-28 所示。样品装入 Mo 生长室中。氮化硼源（Showa Denko 公司生产的 SBN-T325/400 的立方氮化硼）和晶种（GE 公司生产的 CBNI）分装在生长室的底部和顶部，Li_3BN_2 粉装在氮化硼源和晶种之间。生长室置于加热体中较靠近顶端处，以保证氮化硼源比晶种的温度高。这种组装方法与金刚石生长的情形相反。氮化硼溶解越多，溶液越浓。因此，组装方式能抑制熔融状态触煤的对流。

Mo 生长室的整个组装过程在通 N_2 气流的干燥箱内完成后，在压力为 5.5～6.0 GPa、温度为 1 978～2 223 K 保温 15～30 h 的条件下进行立方氮化硼大单晶的生长。

尽管生长室内的温度不能测知，但氮化硼源和晶种的温度可通过调整生长室的位置来控制，如图 6-29 所示。$X-Y$ 值表示生长室的位置，其值为 −1 mm、1 mm、2 mm 和 3 mm。

$X-Y$ 值越大，温差也越大。

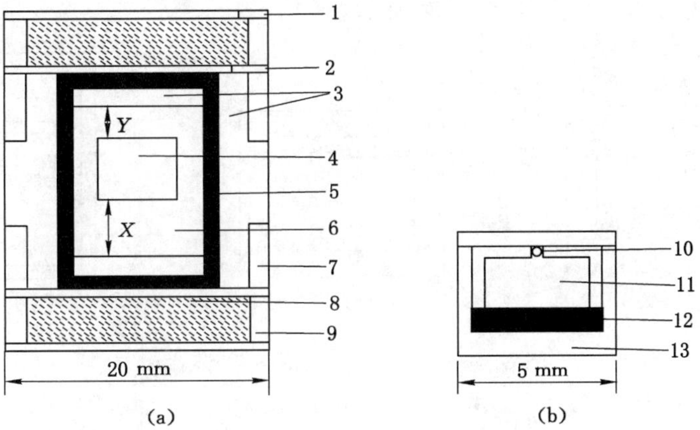

1—不锈钢片；2—Mo 片；3—NaCl-10%ZrO_2 的传压介质；

4—Mo 生长室；5—石墨加热体；6—hBN 传压介质；7—钢圈 1；8—ZrO_2 片；

9—钢圈 2；10—晶种；11—溶剂；12—BN 源；13—Mo 管。

图 6-29　立方氮化硼晶体生长的实验装置的横截面

实验发现，在一定的温差和保压、保温时间条件下，直径随着温度升高而增大，如图 6-30 所示。实验还发现，晶体直径随保温时间增加而增大，如图 6-31 所示。在 2 073 K、$X-Y=2$ mm 的情况下，从原点至 2 mm，保温 20 h，直径几乎呈线性增加。

根据实验结果可得出如下结论：不含包裹体、裂纹，直径达 2.6 mm 的立方氮化硼晶体，可用温度梯度方法在 5.5～6.0 GPa、1 973～2 173 K 范围内，用 Li_3BN_2 溶剂成功培育。培育的晶体由发育不好的(111)晶面、(100)晶面以及发育好的(111)晶面构成。晶体包含(111)孪层，导致晶体形状复杂。(100)晶面和(111)晶面有平行于(100)方向的条纹特点。

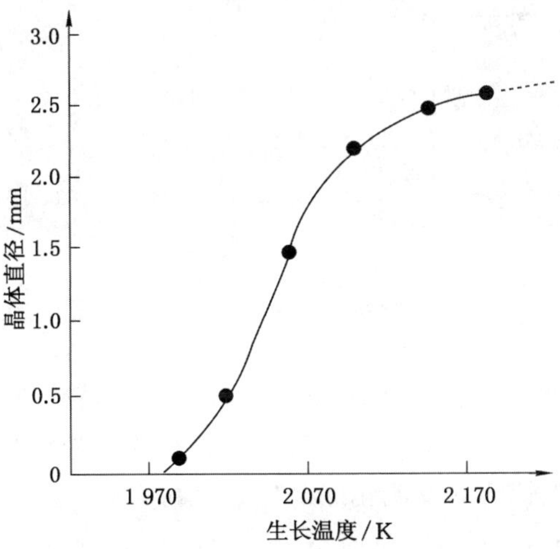

图 6-30　晶体直径与生长温度的关系曲线
[条件：$X-Y=1$ mm，
保温时间 17 h 和(111)晶面]

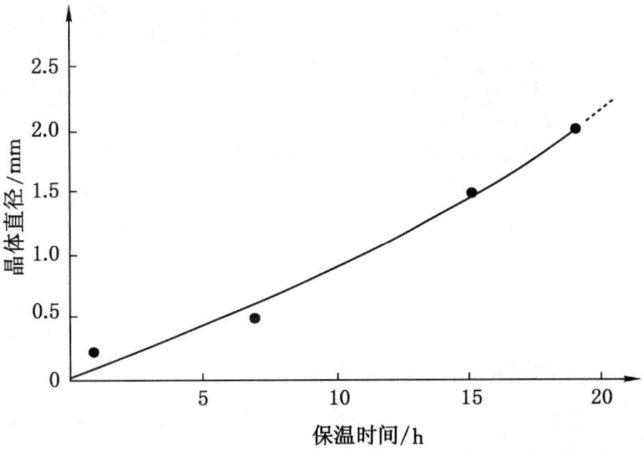

图 6-31　晶种直径与保温时间的关系曲线
[条件：$X-Y=2$ mm，
2 073 K 和(111)晶面]

6.4.2.2 高压、高温下立方氮化硼晶体生长的过饱和效应

立方氮化硼晶体生长室如图 6-32 所示。

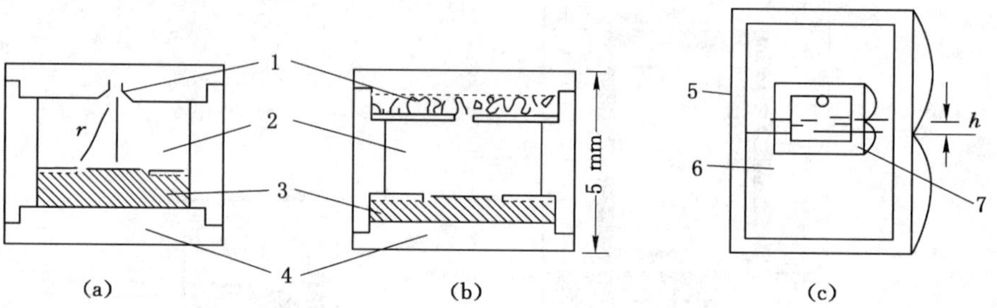

1—晶种；2—溶剂；3—BN 源；4—Mo 管；
5—石墨加热管；6—hBN 传压介质；7—生长室。

图 6-32 立方氮化硼晶体生长室

生长室内的温度分布难以测量，但是可通过两种方法使培养基与晶种之间的假设最大温差 ΔT 发生变化：一种是在管形加热体内垂直移动生长室，移动的距离为图 6-32(c)中 h；另一种是在溶剂与立方氮化硼培养基之间嵌入一带孔 Mo 薄片，改变孔的直径，如图 6-32(a)中 r 所示。最大温差可由 $\Delta T=\Delta T_1+\Delta T_2$ 求得，ΔT_1 和 ΔT_2 分别为轴向和径向温差。生长过程中，生长室内温度分布相当复杂，但可以分别通过 h 值和 r 值来控制 ΔT_1 和 ΔT_2。

实验结果表明，生长的立方氮化硼晶形与实验参数 r、h 和 T 有非常明显的关系，如图 6-33 所示。

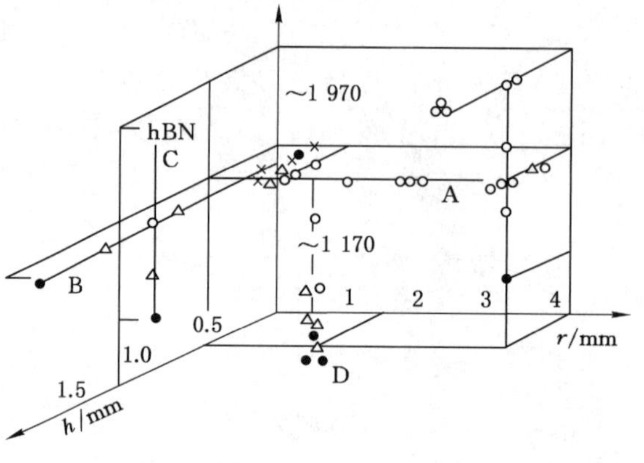

图 6-33 在不同的 r、h 和 T 条件下生长的立方氮化硼外形

沿图 6-33 中的 A 线：当 $r<0.7$ mm 时，立方氮化硼的生长不明显；当 $r=0.7$ mm 时，有松散的多面体出现；当 $r>0.7$ mm 时，生长的立方氮化硼颗粒相对较大，但变为骨架形晶体；当 $r=4.2$ mm、$h=0.5$ mm、$T=2\,073$ K 时，生长的立方氮化硼晶体直径约为 3 mm。

6.4.2.3 采用多个生长室培育立方氮化硼大单晶

采用多个生长室培育立方氮化硼大单晶以下面两点为基础：① 采用具有不同共晶温度的催化剂溶剂；② 各个生长室具有一定的温度梯度。

实验培育立方氮化硼大单晶时所使用的生长室断面如图 6-34 所示。另一种形式的生长室断面如图 6-35 所示，由 4 个小生长室构成。

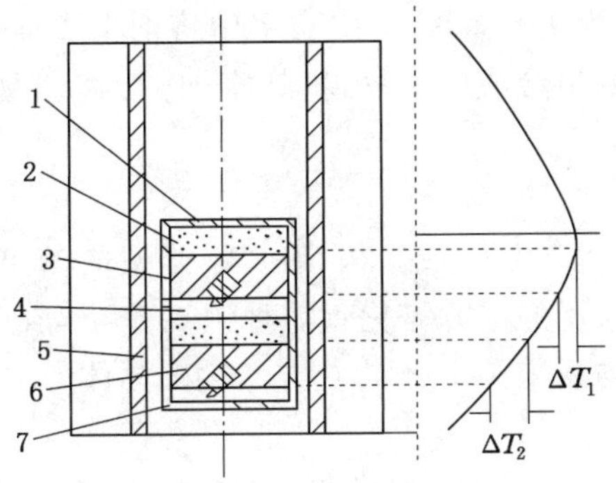

1—MO管；2—BN源；3—cBN晶体生长室；4—晶床；
5—加热管；6—溶剂；7—晶种。

图6-34 培育立方氮化硼大单晶生长室的断面1

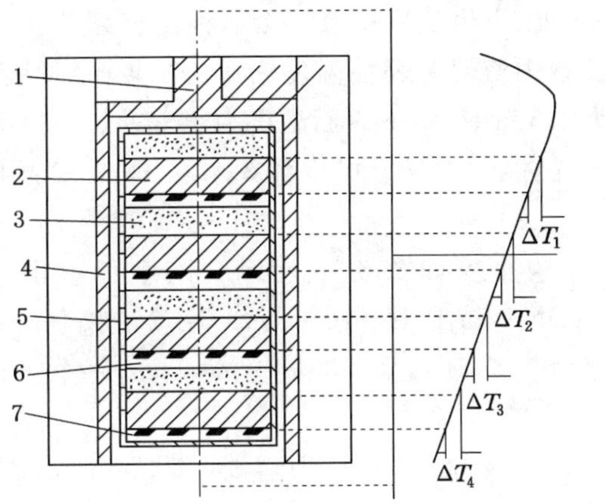

1—加热体；2—溶剂；；3—BN源；4—加热管；
5—Mo管；6—晶床；7—晶种。

图6-35 培育立方氮化硼大单晶生长室的断面2

由图6-34和图6-35可知生长室中温度分布是有差异的。为适应生长室内的温度分布差异，需采用不同共晶温度的溶剂，这样可期望培育出优质立方氮化硼大单晶。实验表明：为获得优质立方氮化硼单晶，温差宜为293～343 K。如果温差过小，立方氮化硼生长速度会降低；如果温差过大，则得不到高质量的晶体。为了防止晶种溶解于溶剂中，可以将体积分数为0.5%～1.0%的六方氮化硼加入所采用的溶剂中。作为原料的氮化硼，可以是立方氮化硼粉，也可以是六方氮化硼，或者是二者的混合物。

立方氮化硼的p-T生长区如图6-36所示。图中kk'是hBN-cBN平衡线，AA'、BB'、CC'、DD'表示与压力有关的六方氮化硼某溶剂的共晶温度特性曲线。$AA'k$、$BB'k$、$CC'k$、$DD'k$表示采用某一特定溶剂的立方氮化硼的p-T生长区。

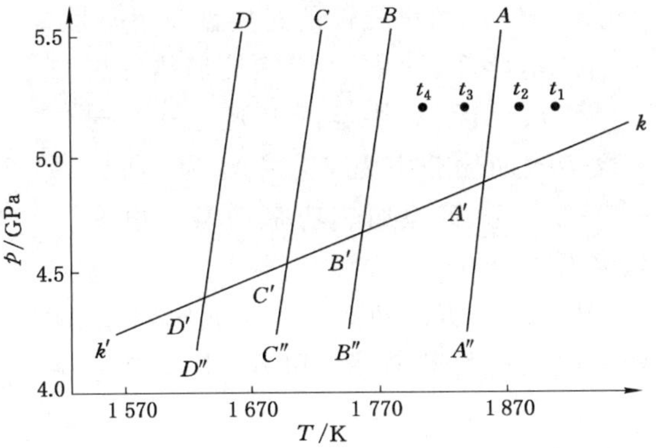

图6-36 立方氮化硼的p-T生长区（kk'是hBN-cBN平衡线）

6.4.2.4 实例

(1) 实例1

生长室如图6-34所示。将直径12 mm、厚5 mm的$Ca_3B_2N_4$圆片放在上生长室，而将同样直径和厚度的圆片放在下生长室。cBN∶hBN＝1∶1（质量比）。采用粒径为0.7 mm的立方氮化硼作为晶种；立方氮化硼放在Pt片晶床上，以使与每个生长室中的溶剂底部接触；上、下生长室中放 3 个晶种。但图 6-34 中仅示出 1 个晶种。合成压力为 5.2 GPa，上生长室中溶剂上表面温度为 1 723 K，而下表面温度为 1 673 K；下生长室中溶剂上表面温度为 1 653 K，而下表面温度为 1 573 K。30 min 后取出合成的产物，生长室中得到 3 个 0.05 ct 晶体，下生长室中得到 3 个 0.15 ct 的晶体。

（2）实例 2

生长室如图 6-35 所示。该生长室由 4 个小生长室构成。采用 4 种类型的溶剂，即 Li_3BN_2、$Ca_3B_2N_4$（10∶3）、$Sr_3B_2N_4$ 和 $Ba_3B_2N_4$。采用的立方氮化硼晶种约 0.25 ct，生长压力为 5.5 GPa，生长时间为 60 min，每个生长室中均获得 1.7 ct 的立方氮化硼晶体。

（3）实例 3

以 Ni-Al 合金作为溶剂，即 50Ni-50Al、60Ni-40Al、65Ni-35Al、70Ni-30Al，其他条件均与实例 2 相似，每个生长室分别获得 0.15 ct 和 0.25 ct 的立方氮化硼晶体。

练习题

1. 解释叶蜡石复合块中白云石内衬管的作用，为什么不采用全叶蜡石块或全白云石块？

2. 旁热式发热管的材质有哪些？各自有哪些优缺点？

3. 静压触媒法合成金刚石有哪两种方法，并解释。

4. 指出膜生长法和温度梯度法合成样品柱中石墨和触媒的安排的不同，是否放置晶种？解释为什么膜生长法金刚石晶体不易长大而温度梯度法的金刚石能长大？

5. 膜生长法组装中石墨和触媒典型安排方式有哪两种？画出示意图并解释二者合成金刚石效率的不同。

6. 金刚石合成的 V 形区由哪两条线所夹？V 形区内低、中、高温区内沿(100)或(111)面所生长的金刚石晶体的晶形有何不同？

7. 解释金刚石合成组装稳定性和重复性的必要性及可行性。

8. 图 6-37 为金刚石合成电路图，图中 R 为间接加热发热管的电阻，$2r$ 为附属导电钢碗、顶锤、垫块等的电阻之和。现在有两次合成实验：第一次实验加热功率为 W_1、电流为 I_1、负载总电压为 U_1、电阻为 R_1；第二次实验加热功率为 W_2、电流为 I_2、负载总电压为 U_2、电阻为 R_2；

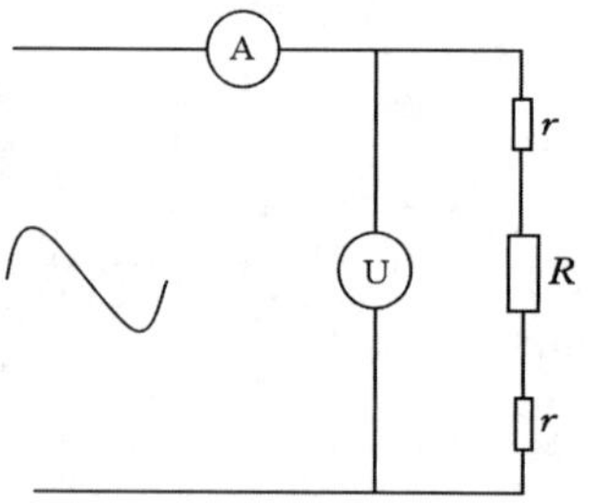

图 6-37

① 在设定 $W_1=W_2=W_0$，$R_2<R_1$，两次实验附属电阻 $2r$ 不变的情况下，分析比较两次实验发热管 R_1 和 R_2 上发热量 Q_{R1} 和 Q_{R2} 的大小。

② 据①结果解释恒功率加热情况下，为什么还需保持石墨管 R 重复性？

9. 采用 Al 和 Ti(Cu)分别做除氮剂合成无色Ⅱa 型金刚石大单晶时，哪种除氮效果好？为什么？

10. cBN 生长 V 形区的特点是什么？

11. 氧对 cBN 合成触媒及温度压力条件有什么影响？

12. 解释氮化硼的相图。

13. 立方氮化硼合成用触媒有哪些？

第 7 章　超硬材料的提取、分选与检测

超硬材料金刚石和立方氮化硼在各自触媒作用下经过高压、高温合成后，石墨大部分转变为金刚石，六方氮化硼大部分转变为立方氮化硼。与此同时，二者的转变是在触媒中进行的，这就造成了合成后的混合物中除了有超硬材料与对应原料外还有相应触媒。因此，合成后的超硬材料需要从混杂的原料和触媒中提取出来才能加以利用。

超硬材料的提取是指从高压、高温合成后经过相变的试样中清除未反应的原料和相应的触媒等杂质，从而获得纯净的超硬材料的过程。

经过提取，所得到的超硬材料产品质量不一，还需要经过分选和质量检测才能得到满足不同用户需求的产品。分选是将所提取的超硬材料进行筛分、选形和磁选，以便划分为不同粒度、形状和性能的超硬材料品种的过程。检测是根据国内外超硬材料产品标准规定的检测项目和方法进行检测的过程。

本章主要介绍超硬材料的提纯与分选的原理和方法，简单介绍质量检测的项目和方法。

7.1　超硬材料的提取

生产中使用的超硬材料提取方法可分为两类：一类是物理和机械的分离方法，另一类是化学的分离方法(包括电化学方法)。

物理、机械分离方法主要是利用各种物料形状或密度差异进行分离，如摇床分选法和重液分选法等。此类方法的优点是简单、经济且不产生公害，其缺点是不能分离彻底，还必须利用化学分离方法进行最后的杂质清除。

化学分离方法主要是根据各种物料化学性能上的差异，用酸、碱或强氧化剂进行处理，将各类杂质转变成可溶性物质后去除。该方法能够将杂质清除干净，但也有其明显缺点：需要消耗掉大量化学药品，排出有害的废液和废气。在去除金属时，采用电解方法代替酸处理，可以在很大程度上克服这个缺点。

工业上经常联合使用上述两种方法，但考虑到环境保护问题，在超硬材料提取过程中优先使用物理机械方法或电解方法，最后再用化学方法处理，以减少对环境的污染。当然，化学处理方法必须配套环保设施，以消除所产生的有毒废气对环境的影响。

7.1.1　金刚石的提取

金刚石化学稳定性很强，常温下不与酸、碱发生反应，在 600 ℃以下不与强氧化剂反应，也不被电解。石墨化学稳定性较金刚石弱得多，在加热情况下可被强氧化剂氧化，其密度也比金刚石的小得多。金属触媒易与酸发生反应，也易电解。根据金刚石、石墨和合金触媒的物理或化学特性，经过多年研究和实践，总结出一套提取与分选工艺，工艺流程如图 7-1 所示。为了提取金刚石，必须采用物理方法或化学方法除掉金刚石中混杂的石墨和金属。

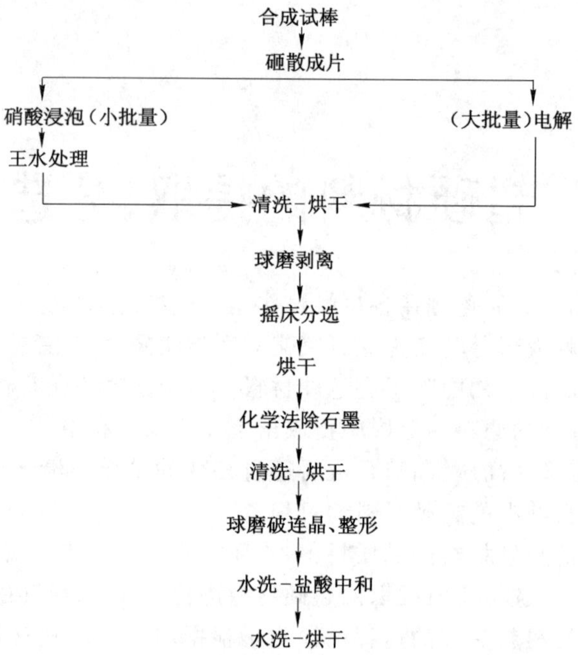

图 7-1　金刚石的提取工艺流程

7.1.1.1　除金属

除金属常用的方法有两种：酸处理和电解处理。小批量生产或实验采用酸处理为宜。大批量生产时宜采用电解法处理，以降低成本和减少污染，改善劳动条件。

7.1.1.1.1　酸处理

酸处理所用的酸既可以是硝酸，也可以是硝酸与硫酸混合酸，或者是硝酸与盐酸的混合酸（俗称王水）等。王水处理最常见，下面重点介绍。

王水处理前可先经浓硝酸加浓硫酸浸泡，使片状石墨疏松、变碎，大部分变为粉状，经漂洗除去，然后用王水处理。只用硝酸也可以将金属除去，但费时过长。王水由浓盐酸（密度为 1.19 g/cm^3）与浓硝酸（密度为 1.40 g/cm^3）按体积比 3∶1 配制而成。王水是一种氧化性极强的混合酸，能把触媒金属中的 Ni、Cr、Fe、Co、Mn 等及其合金溶解，生成相应的可溶性盐。化学反应如下：

$$3Ni+2HNO_3+6HCl = 3NiCl_2+2NO+4H_2O$$

$$Cr+HNO_3+3HCl = CrCl_3+NO+2H_2O$$

$$Fe+HNO_3+3HCl = FeCl_3+NO+2H_2O$$

$$3Mn+2HNO_3+6HCl = 3MnCl_2+2NO+4H_2O$$

$$3Co+2HNO_3+6HCl = 3CoCl_2+2NO+4H_2O$$

反应生成的 NO 还会进一步发生如下反应：

$$2NO+O_2 = 2NO_2$$

$$2NO_2+H_2O = HNO_3+HNO_2$$

HNO_2 是一种致癌物质，对人体的危害性较大，因此废气需要专门处理。

酸处理操作方法：将物料与王水装入烧杯或耐酸容器，置于电热板上加热至沸腾。当溶液呈绿色时，表示反应已终止。冷却后倒掉废液，用自来水清洗数次，至中性为止。

7.1.1.1.2　电解处理

(1) 电解原理

触媒合金成分 Fe、Ni、Co、Mn 等各有一定的分解电位或析出电位。当电解槽外加电压增大到使金属的电极电位超过其分解电位时，这些金属便会被电解，并在阳极上氧化为离子而进入溶液，之后又通过溶液迁移到阴极，并在阴极上还原析出。电极反应为：

阳极反应：　　$Me-2e = Me^{2+}$

阴极反应：　　$Me^{2+}+2e = Me$

Me 代表 Ni、Co、Mn 等金属，Me^{2+} 代表相应金属的+2 价离子。

各种金属在阳极上溶解和在阴极上析出的先后顺序，与各自的电极电位有关。电极电位取决于平衡电位 $V_{平}$ 和过电位 U，其关系式为：

$$V=V_{平}+U \tag{7-1}$$

式中，$V_{平}$ 可由能斯特方程式计算：

$$V_{平}=V_0+RT\ln a_M{}^{2+}/(nF) \tag{7-2}$$

于是有：

$$V=V_0+RT\ln a_M{}^{2+}/(nF)+U \tag{7-3}$$

式中，$a_M{}^{2+}$ 为金属离子活度，在电解过程中随时间变化。

过电位 U 取决于电解条件(电解液、电极材料、电解参数)。V 较低者优先在阳极上溶解。如图 7-2 所示，金属 1 最先被电解。而当外加电压使得电极电位超过金属 3 时，三种金属 1、2 和 3 将共同放电，同时被电解。

(2) 电解装置

电解装置如图 7-3 所示。

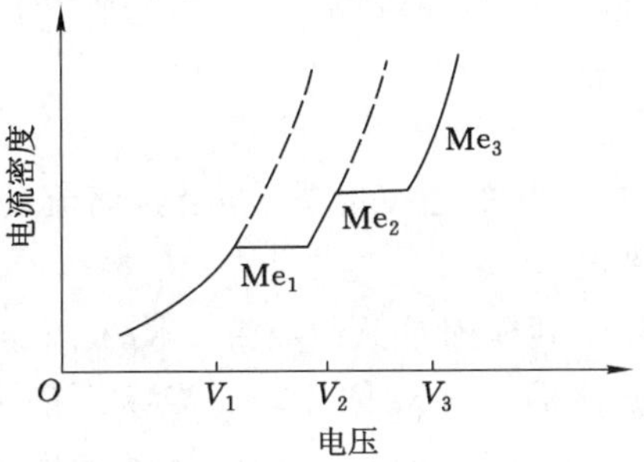

图 7-2　多金属共同电解时的阳极极化曲线

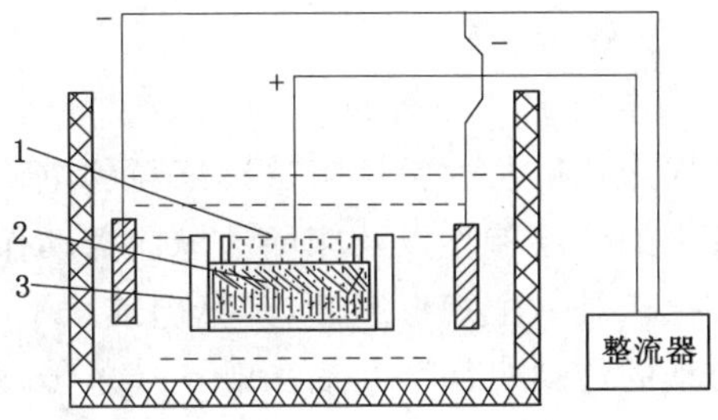

1—石墨电极；2—电解物料；3—阳极篮。

图 7-3　电解装置示意图

低压直流电源：一般用硅整流器，其功率与电解槽配合，根据生产量决定，例如可用 GDA300/0～24 整流器。

电解槽：陶瓷耐酸槽或其他耐热耐酸槽，常用规格为 500 mm×300 mm×400 mm。阳极料槽(阳极篮)由耐酸、绝缘、100 ℃不变形而且可透过电解液的多孔性材料制成，例如可用 WA80 浇注法制成。电解篮也可用钛篮，阴极板为不锈钢板或钛板。

(3) 电解液

电解液一般可以用硫酸镍溶液添加适量的导电盐、阳极去极化剂和 pH 值缓冲剂制成。这种配方耗电少，电解效果也好。例如，200 g/L $NiSO_4$、150 g/L $FeSO_4$、150 g/L $MgSO_4$、2～3 g/L NaCl、5 g/L H_3BO_3。

生产中从实际出发也可以采用下述方法配制 $NiSO_4$ 溶液：将电解槽中阴极板上清理下来的废镍（或者连同废阴极板一起）放入硫酸溶液，通入蒸汽使之溶解，即成为 $NiSO_4$ 溶液（废阴极板上的 Fe、Cr 也可以溶入，这时溶液实际上含有 $FeSO_4$ 等成分）。

（4）电解参数

电解电压为 6～8 V，单纯 $NiSO_4$ 电解液需电压较高，电解终结电压可达 16～18 V，电解液温度一般为 60～80 ℃，pH 值为 5～6（单纯 $NiSO_4$ 电解液的 pH 值为 2～3），阳极表观电流密度开始时为 3 A/dm^2，终了时为 1.3～1.5 A/dm^2，阴、阳极间距为 30～40 mm。

（5）电解过程

将砸散的试料片倒入料槽并压实，然后放入盛有电解液的电解槽中，最后放入阴极板。调好 pH 值后即可电解。常规电解工艺每槽电解 5 d 左右。电解过程中，尤其是前两天，要每隔数小时将料压实一次，以保持导电良好。当采用快速电解工艺时，电解过程可缩短到 1～2 d。电解液蒸发后要及时补充。阴极板上的镍要每天清除一次，以防触及阳极而造成短路。

电解后清洗，然后倒入锥式球磨机中磨碎，以便之后摇床分选。球磨时只要求有研磨作用，以收到破开连晶和整形效果。不希望有很大的冲击作用，防止金刚石在球磨过程中冲击破碎。

7.1.1.2 除石墨

在目前的工业生产中，除石墨过程一般分为两步：① 采用摇床选矿法或浓硝酸加浓硫酸浸泡漂洗法除去大部分石墨（80%以上）；② 采用化学方法将剩余的石墨清洗干净。

（1）摇床选矿法

① 摇床选矿法原理

摇床选矿法通常用来选别细粒的重矿物，是根据矿物的密度差异、在沿斜面流动的横向水流中的分层特性以及床面的纵向摇动作用来选别的。

摇床是一个矩形床面，其纵向或水平向有小坡度，其横向常倾斜放置。使床面作纵向往复摇动的传动机构装在摇床的一端。传动机构可使床面作不对称摇动。当床面前进时，最初的运动速度小，最终的运动速度大；反之，在床面作后退运动时，最初的运动速度大，最终的运动速度小。

摇床的给矿由床面右上角给矿槽 a 给入，同时在水槽 b 中给入横向洗涤水。矿粒在不对称往复摇动下由 C 侧向 D 侧移动，如图 7-4 所示。

当矿粒落入床面后，在摇动机构与横向水流的作用下，任何矿粒都会在两个方向（纵向和横向）上运动。由于不同矿粒的粒径和密度一般不相等，所以它们的纵向速度和横向速度往往也不等。显然，矿粒的运动轨迹与床面纵向运动方向所成夹角 β 是由矿粒的横向移动速度 v_1 和纵向移动速度 v_2 决定的，即

$$\tan\beta = v_1/v_2 \tag{7-4}$$

由式（7-4）可知：矿粒沿横向的移动速度越快，角度 β 越大，即矿粒与床面纵向的偏离也

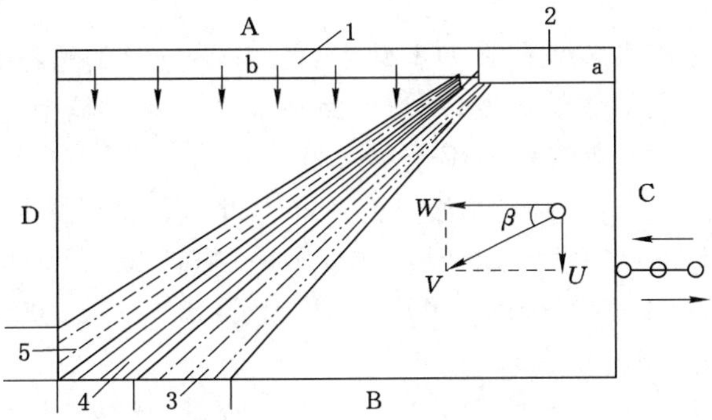

1—洗水；2—给矿；3—尾矿；4—中矿；5—精矿；
U—横向移动速度；W—纵向移动速度；V—合成移动速度；
a—矿槽；b—水槽。

图 7-4　摇床工作示意图

越大。因此，矿粒在床面上按密度和粒度不同的分离也越好。

由于矿物在床面上分层和多次摇动，细而较重的矿粒向床面 B 侧不断运动，粗而较轻的矿粒向床面 D 侧不断运动，最后形成如图 7-4 所示扇形分布，从而达到分选的目的。

② 金刚石的摇床分选。

将经过除金属后的混合料送入球磨机内进行球磨，把石墨磨碎，使金刚石从石墨床体上剥落下来，然后可选用刻槽矿泥摇床有效分离金刚石与石墨。

摇床的冲程和冲次是影响摇床工作的 2 个互相联系的参数。对于粒度小于 0.3 mm 的金刚石，冲次 360 次/min、冲程 13 mm 较为合适。

冲洗水量和床面倾角是影响物料在床面上分带的主要因素。首先固定冲洗水量，使之在床面上形成足以将全部物料覆盖一层薄薄的水膜。然后慢慢给料，观察分带情况。如果大部分物料聚集在床面对角线上方，表明倾角太小，应逐渐增大；如果床面整个扇形带很窄，分带不清楚，应减小倾角，使被选物料有较清晰的分带。倾角宜为 0°45′。以同样的方法调节冲洗水量。

混合料初选为 1.8～2.8 L/min，尾料扫选为 1.4～1.8 L/min。不论倾角还是冲洗水量，均应根据实际情况进行调节。给料速度最好以料浆浓度为 30%～40%连续给入，给料水的量应使给料不至在给料槽内集存为宜。混合料的分选结果：精料品位为 80%～95%，尾料中金刚石含量小于 0.03%。

(2) 重液选矿法

重液选矿法是在密度较大的介质中，使矿粒按密度差异进行分选的选矿方法。重介质的密度介于大密度和小密度矿粒密度之间。分选时，大密度矿粒下沉，小密度矿粒悬浮在介质的表层中，从而达到按密度差异分选矿物的目的。

在重液选矿过程中，重液的选择非常重要。因为重液法是无损分离物质方法中最精细的方法，重液的性质直接影响重液选矿的效果。最理想的重液：① 密度大；② 物理、化学性能稳定，本身不分解，与矿物不发生反应；③ 密度值稳定，沸点应高于水的沸点，加热时不分解；④ 密度-温度系数尽可能小，其比值为 0.001～0.003 g/(cm^3 · K)，变温范围为 293～

343 K；⑤ 无毒、无味。

但是目前所用的重液大多数存在如下缺点：① 几乎所有的重液都有毒；② 制备困难，价格昂贵；③ 有机试剂大多数易挥发，水溶性重液体膨胀系数较小，不适宜重液变温法；④ 回收和再生比较困难。因此其工业应用受到限制。

为了克服重液上述缺点，吉林省冶金研究所与东北师范大学共同研制出一种名为 Sy-1 的新型重液，其技术指标：① 密度为 1.1～3.6 g/cm^3；② 无毒、无味的透明溶液；③ 密度-温度系数为 0.001 1～0.001 6 $g/(cm^3 \cdot K)$；④ 黏度为 4.823～32.522 mPa·s；⑤ 饱和蒸气压极低；⑥ 价格较便宜，回收较容易。

用无毒重液选矿法对人造金刚石、石墨与叶蜡石进行提纯处理，可节省能源，提高效率，降低成本，改善劳动条件，而且有利于保护环境。但是目前由于其价格仍然偏高、回收损耗较大、颜色较深等原因，未能推广应用。

(3) 硝酸-硫酸法

本方法是利用非金刚石碳在 280 ℃温度条件下与硫酸、硝酸反应，生成二氧化碳气体和易溶于水的物质（可能生成苯六甲酸等石墨氧化物），进而达到分离非金刚石碳和提纯人造金刚石的目的。其化学方程式为：

$$C + 2H_2SO_4 \xlongequal{\Delta} 2SO_2\uparrow + 2H_2O + CO_2\uparrow$$

$$3C + 4HNO_3 \xlongequal{\Delta} 4NO\uparrow + 2H_2O + 3CO_2\uparrow$$

$$2NO + O_2 \xlongequal{} 2NO_2$$

经摇床分选的，将含非金刚石碳 20%～50%的精料置于烧杯中，按加入物料克数添加相应体积的硫酸、硝酸混合液（按体积比为 1∶10～1∶20 配料）使物料完全淹没，然后置于电炉上加热。当温度升至 140 ℃时，硝酸开始分解，有棕红色气体逸出。继续加热，溶液由黑色变为浅绿色。当温度升至 250 ℃时，溶液变成乳黄色，红棕色气体消失，并有少量 SO_2 产生。气体逸出，此时反应完毕，整个过程需 30～40 min。

倘若溶液未呈乳黄色，则继续加热至 280 ℃，待有大量白色气体逸出时停止加热。取下冷却至 200 ℃以下，缓慢滴入 20～40 mL 硝酸，再次置于电炉上加热至溶液变为乳黄色即可。假如溶液仍未变色，再反复进行上述操作，直到溶液变成乳黄色为止。

反应完毕，取下烧杯冷却至室温，倾倒酸液留作下次再用，将杯内物料洗至中性。

硫酸与硝酸的体积比，各厂家不尽相同，一般在 10∶1～7∶3 之间。反应温度控制在 150～290 ℃，最好为 260 ℃左右。

(4) 高氯酸氧化法

高氯酸是一种强氧化剂，加热后能把石墨缓慢全部氧化，反应机理还不是十分清楚，可能其化学方程式会生成 CO_2 气体，其化学方程式为：

$$4HClO_4 + 7C \xlongequal{\Delta} 2H_2O + 2Cl_2\uparrow + 7CO_2\uparrow$$

也可能生成一系列石墨氧化物（或称为石墨酸，是一类含有 $\equiv$C—O—、═CO 等多种基团的复杂化合物），后者可溶于水，并显示由绿色到棕色之间的多种颜色，冷却后成为淡黄色固体。

操作方法：把已除去触媒的物料置于烧杯或瓷桶中，倒入高氯酸，适当过量，然后加热。随着反应的进行，溶液颜色由黑灰色变为绿色、棕色至橘红色。反应完毕，撤离热源，倒出废酸。冷却至室温后清洗数次至中性。剩余物为金刚石和叶蜡石的混合物。

在高氯酸中添加适量硫酸(如高氯酸与硫酸的体积比为 2∶1),可显著加快反应速度,达到同样的处理效果,称为高氯酸-硫酸法,但是因反应剧烈,应注意安全。

以上几种除石墨化学方法比较见表7-1。

表 7-1 几种除石墨化学方法比较

用酸	反应时间/min	石墨残余量	处理温度/℃
$HClO_4$	>240	0	约 240
$H_2SO_4+HClO_4$(体积比为 1∶2)	30～45	0	约 240
$H_2SO_4+HNO_3$	45	2%～5%	150～260

7.1.2 立方氮化硼的提取

为了得到纯净的立方氮化硼(cBN)晶体,合成的试样必须经过提取处理。因为高压、高温合成的样品内除了一部分六方氮化硼(hBN)转变为立方氮化硼以外,还有残余的未转化的六方氮化硼混在立方氮化硼中。另外,在合成过程中还有触媒及其反应物等,必须将这些除掉后才能得到纯净的立方氮化硼晶体。

(1) 如果触媒为金属或合金,则应先除去金属,然后再除去六方氮化硼等杂质。

① 去除金属镁:盐酸与料质量比为 1∶1,煮沸半小时,金属镁溶解。

$$Mg+2HCl = MgCl_2+H_2\uparrow$$

需要指出的是,MgO 常以包裹体形式存在于 cBN 晶体中。经过球磨暴露出来的 MgO 也难以用酸(甚至王水)除去,只有高温碱能处理或在真空中 800 ℃以上才能分解。而在这样的碱处理条件下,cBN 部分也被溶解,因此 MgO 是难以除去的有害杂质。

② 碱处理 hBN:低温熔融态的 K、Na 等金属的氢氧化物可以溶解 hBN,而对 cBN 没有影响。

$$BN(六方)+3KOH = KBO_2+K_2O+NH_3\uparrow$$

$$BN(六方)+3NaOH = NaBO_2+Na_2O+NH_3\uparrow$$

为了防止温度高时腐蚀 cBN,可用混合碱来降低熔点。混合碱中 NaOH 和 KOH 的质量比 $m_{NaOH}:m_{KOH}=1:2$,熔点为 300 ℃,而它们各自的熔点分别为 360 ℃和 320 ℃。碱处理操作:物料盛入银杯内,加入混合碱(KOH 与 NaOH 质量比为 6∶1～7∶1),置于(300±20) ℃的坩埚形电阻炉中加热约 2.5 h,至反应结束,用水洗去溶解物,并酸洗至中性,得到提纯的 cBN。

(2) 如果触媒为可溶性触媒(如硼氮化物、氮化物),则提纯工艺有所不同。

首先将试料粉碎,然后将粉碎的试料放入热水中浸泡,并不断搅动,使用上述触媒时可将试料溶解。由于立方氮化硼质量分数较六方氮化硼的大,立方氮化硼会在溶液中沉淀,留在容器的最下部。当沉淀一定时间后,可将上部不含立方氮化硼的溶液倒掉,将剩余的料加水煮沸,重复上述过程,可以除去大部分的六方氮化硼。

将上述试料烘干后用碱(NaOH、KOH)加微量水煮沸处理半小时,冷却后再用水洗净,可除去残余的六方氮化硼等杂质。再将上述试料用酸(如 HCl、H_2SO_4、王水、$HClO_4$ 等)处理,除去其他杂质。水洗净后可得到纯净的立方氮化硼晶体。

7.2 超硬材料的分选

分选是指经提纯的超硬材料进行粒度分级、形状分选和磁选的过程。

7.2.1 金刚石的分选

7.2.1.1 粒度分级(筛分)

通常将粒状物料按其大小分成若干颗粒尺寸相近的粒群的过程称为粒度分级。粒群即粒度。对于每一级别的粒度,颗粒尺寸和粒度组成都有严格的要求。《超硬磨料 粒度检验》(GB/T 6406—2016)规定颗粒按其尺寸可分为 25 个粒度。各粒度的尺寸范围用公称筛孔的尺寸范围来表示,由上检查筛和下检查筛两个相邻筛网的网孔尺寸来确定。例如,通过 $50^{\#}$ 筛网而不能通过 $60^{\#}$ 筛网的颗粒群称为 50/60 粒度,其余类推。

每种粒度都是由粗粒、基本粒、细粒组成的。其中,基本粒是指上、下筛网之间的粒群。基本粒群含量决定该粒度号组成的相对稳定程度。基本粒含量越高,该粒度的可变范围越小,则相对稳定程度越高。

金刚石磨料的粒度分级,按标准规定用机械振动筛分法进行,此外还有近些年新推出的气流风选筛分法(该方法尤其适用于颗粒尺寸小于 100 μm 的细粒级物料的筛分)和电磁振动筛分法。目前国内金刚石磨料筛分粒度范围从 16/18 到 325/400,共 25 种成品粒度。图 7-5 为金刚石两段筛分工艺流程图。

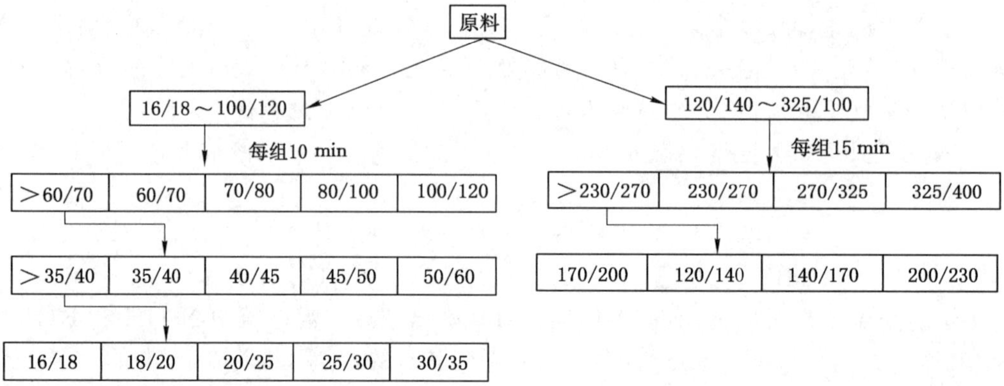

图 7-5 金刚石两段筛分工艺流程图

机械振动筛分法的常用设备为 ϕ200 拍击式标准筛,振筛机转速(摇次)为 290 r/min,拍击频率为 156 次/min,软塞与拍击锤之间距离为(38±6) mm,筛网孔直径为 200 mm。筛分时,每次投料 100 g。先从 100/120 起,分成 16/18～100/120 和 120/140～325/400 两个粒度段,然后分组筛分成单号粒度。粗粒度段通过 3 组筛分完成单号粒度的分级,每组 10 min;细粒度段通过 2 组筛分完成单号粒度的分级,每组 15 min。粒度分级的有关标准见《超硬磨料 粒度检验》(GB/T 6406—2016)。

7.2.1.2 选形

经过分级的各粒度金刚石中均含有各种形状不同的金刚石晶体。一般来说,不同晶形的金刚石颗粒，其性能是不同的。经验表明：完整晶形或等积形颗粒的金刚石的强度和耐热性总是高于非等积形的颗粒。因此，选形实际上是将金刚石分选成性能不同的各种牌号产品。

目前国内的选形只限于 200/230 以粗（通常 120/140 以粗）的各级粒度，在专用设备上进行。国内外一般采用振动选形法，国外还研究了浮选法，与筛分法联合使用。

7.2.1.2.1　振动选形法

（1）设备

电磁振动选形机如图 7-6 和图 7-7 所示。

选形台台面为等边三角形，尺寸一般为 730 mm×730 mm×730 mm。台面材质一般为铝合金。台面下的螺丝可用来调节台面倾角，电磁振动器带动台面振动，附件包括多个集料漏斗和盛料杯等。台面边长为 730 mm 的有 13 个料杯。XXI-83 型选形机主要技术参数见表 7-2。

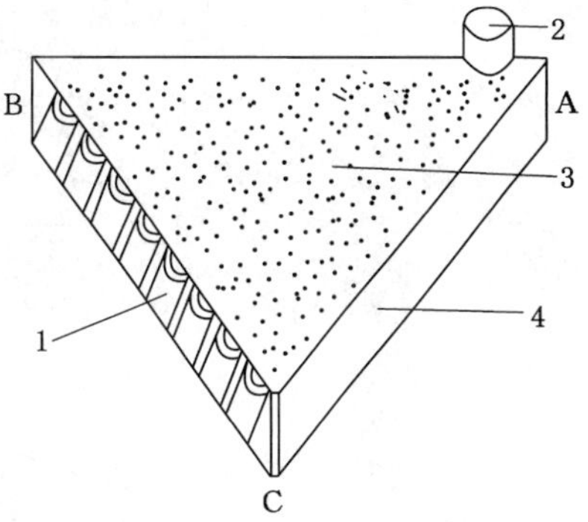

1—接料杯；2—给料斗；
3—待选颗粒；4—振动台面。

图 7-6　选形台面示意图

表 7-2　XXI-83 型选形机主要技术参数

项目	技术参数	项目		技术参数
分选粒度	20/25～170/200	分选振动器	电压/V	105
给料角度	0°～10°(可调)		电流/A	0.32
分选角度	6°～17°(可调)		振幅/mm	0.18
分选盘边长/mm	730		振动速度/(mm/s)	38
分选能力/(g/h)	240～400		振动加速度/(m/s^2)	22.5
整体总功率/kW	<0.1	给料振动器	电压/V	125
电源电压/V	交流 220		电流/A	0.06
电源频率/Hz	50			
外形尺寸/mm	1 220×820×1 400		振幅/mm	0.05
总质量/kg	260		振动速度/(mm/s)	6.4
噪声/dB(A)	60～70		震动加速度/(m/s^2)	9.5

电磁振动选形机在 XXI-83 型基础上又出现了若干改进型。例如，柳州探矿机械厂的 XXII-83 型、XXII-92 型，柳州冠树超硬材料设备厂的 GJXXI-97 型，深圳高瑞达公司的超静音分选机等。其主要改进之处是：三角形分选盘、振动结构和电控手段等，适用于不同粒度金刚石的分选；可分选粒度范围更大，细粒度可细到 200/230，230/270 甚至 270/325；工作时的噪声明显减小，工作状态更稳定。

（2）电磁振动选形机的工作原理

该选形机的工作原理：利用振动和摩擦的作用以及二者之间的相互作用和影响，从而达到人造金刚石磨料分级选形的目的。

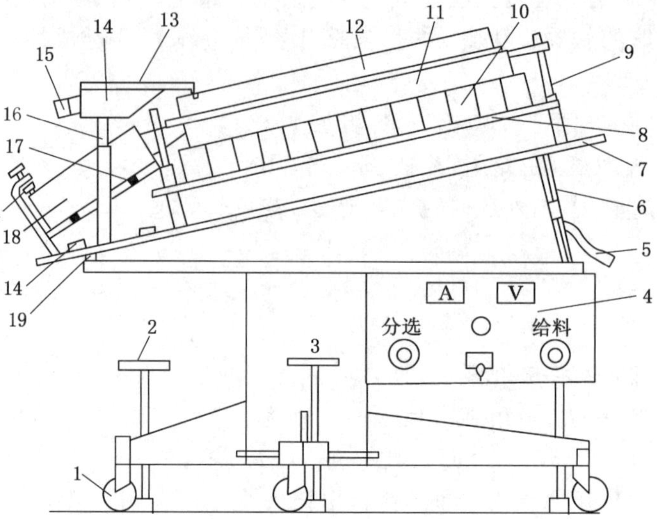

1—活动脚轮；2—固定支架；3—机架；4—振幅控制箱；5—手摇把；6—分选角度调节器；
7—工作台面板；8—集料斗托架；9—分料装置支架；10—集料斗(13个)；11—分料漏斗；12—三角形分选盘；
13—V形给料槽；14—减震件；15—给料振动装置；16—给料装置支架；17—橡胶支撑；18—分选振动装置；19—铰链。

图 7-7 XXI-83 型选形机构造

当具有一定粒度、密度、形状的被选物料，经给料振动装置的V形给料槽，按一定给料速度连续投放到振动着的具有一定振幅、三维空间倾斜角度、表面粗糙度的三角形盘面上时，因为物料和分选盘面间的摩擦阻力大小和形式不同(滑动摩擦、滚动摩擦、静摩擦)，使得物料在分选盘面上沿着不同的运动轨迹前进，其中，完整晶体的单晶颗粒沿着分选盘面较低的一边向前滚动，连晶体或针片状等不规则的单晶颗粒沿分选盘面较高的一边向前爬行，介于二者之间的物料沿着分选盘面中间部位走完全程。经过分料漏斗，落入依次排列的13个集料斗中，从而达到连续分选的目的。

(3) 影响选形效果的若干因素以及选形机的调整

一定粒度和密度的物料在分选盘面上能正常分选的标志：当物料投放到振动着的分选盘面上时，首先应能散开，然后再调节振幅以及分选盘空间倾斜度，以得到最佳分选效果。不能正常分选时，可通过调节分选盘的空间倾角、振源电压、分选盘在振动器中弹簧上的固定位置以及校正选形盘在振动器上的安装角度为20°等措施去改善。

① 给料速度——分选进行时，给料速度太慢并不影响分选的进行，但显然影响分选效率。给料速度过快，致使分选盘上物料集结，会妨碍分选正常进行。给料速度的调节可通过调整振源电压及V形槽倾斜角度来实现。给料装置工作不正常时，可调节装置中螺旋弹簧的初压状态来改善。

② 分选角度——三角形选形盘的三维空间倾斜角度的调节是分选的最重要环节。它控制着物料通过分选盘的速度：角度过大，物料通过的速度过快，则来不及分离，会导致分布范围过窄；反之，过分分离，会导致物料在盘面边缘集结。因此，角度必须与物料的粒度和密度相适应。

③ 振幅——振幅控制物料在分选盘上的运动状态。振幅过大，物料跳动过快，来不及

分选就“跑走”了；振幅过小，物料不能正常运动，影响分选效果。振幅应与物料的密度相适应。一般来说，物料密度越大，振幅也应越大。

④ 选形机工作环境——选形机应安装在湿度适宜且没有明显空气流动的厂房中。湿度过低，会影响物料与分选盘面间的摩擦阻力，改变物料运动的正常状态；湿度过大，物料会粘连在分选盘面上，使分选难以进行。如果有明显空气流动，因被分选物料密度极小，其运动轨迹会被改变而影响选形效果。

⑤ 三角形选形盘盘面——盘面必须保持清洁，必要时用酒精擦洗。不用时盖上保护罩，并不得被硬物划伤，否则会破坏盘面的粗糙度和均匀程度。选形机一经调定，某种粗糙度的分选盘最好固定分选某一种粒度的物料，有利于保证分选效果的一致性和重复性，避免受操作技术熟练程度的影响。

(4) 选形操作方法与注意事项

① 待选料装入给料斗后，调节给料角度及出料口大小以控制给料量，旋转变压器手柄以调节振动强度。一般来说，选细料时给料量要小，振动要强；选粗料时则相反，给料量要大，振动要弱。

② 选形过程中，操作人员和其他物体不得接触台面和选形机，以免影响选形效果。

③ 所选金刚石物料必须是单一粒度，不潮湿，不含酸碱性。

④ 不同粒度物料用同一台选形机选形时，物料应按粒度由细到粗顺序进行。

⑤ 每一种粒度的金刚石选形完成后要清扫台面和集料斗，并按原来顺序装上。

⑥ 注意下料斗的下料点不可置于台面以外，以免金刚石散落造成损失。

⑦ 已选好的牌号，粒度不要混杂，分别收集。

7.2.1.2.2　浮选法

金刚石强度不仅与晶形有关，还与晶体表面状况有关。同样晶形的颗粒，晶面光滑、平整的比表面粗糙的强度要高得多。实例见表7-3，颗粒强度是指颗粒抗破碎负荷。

表7-3　315/250金刚石颗粒强度与形状及表面的关系

形状系数	粗糙表面颗粒强度/N	光滑表面颗粒强度/N	强度增幅/%
1.12	67	89	33
1.19	45	68	51
1.25	40	62	55
1.31	30	48	60
1.35	19	39	105

根据不同的表面活性物质对粗糙晶面和光滑晶面有选择性吸收的原理，可对晶形相同而表面状况不同的金刚石进行浮选，从而得到不同强度的产品。浮选时首先加入可溶性抑制接触剂，其吸附于表面能较高的部位——表面活化区。表面粗糙的金刚石颗粒上牢固附着了抑制剂，被水较好湿润，从而留在浮选机内。然后加入搜捕剂，它吸附到未黏附抑制剂的表面上，与表面光滑的金刚石颗粒以及气泡一起浮到表面(泡沫产品)上。

浮选分级的结果：槽内产品比泡沫产品的强度低25%～35%，泡沫产品中含有80%的光滑表面的颗粒。浮选分选法与振动台分选法相结合，可以提高高强度产品的产量。

ACC、ACK、ACB牌号金刚石的浮选效果如图7-8所示。

7.2.1.3　磁选

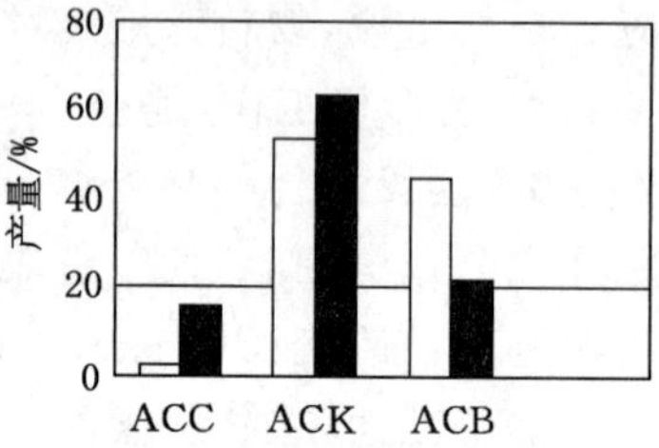

□—系列1振动选形法；

■—系列2综合选形法。

图7-8　浮选效果条形图

7.2.1.3.1　磁选的意义

磁选与筛分、选形并称为人造金刚石分选的三大方法。磁选是指根据金刚石颗粒磁性的强弱差异来分选。

研究结果表明金刚石的磁性与其他性能之间存在如下关系：

① 磁性与杂质含量呈线性关系。杂质越多，金刚石的磁性就越强，反之就越弱。金刚石中的杂质主要为合成时所用的触媒，一般为Fe、Co、Ni等金属，它们都是铁磁性物质。

② 磁性与强度和晶形有关。磁性越弱，强度和晶形就越好，但它们之间并不是严格的线性关系。

③ 磁性与热稳定性也有关系。实验发现，强磁性金刚石经700 ℃焙烧后强度下降60%，而弱磁性金刚石在1 100 ℃烧结时才开始出现强度下降趋势。

由于磁性对金刚石的性能有不良影响，特别是经受高温后，强度下降。所以，用于金属结合剂磨具，尤其是用于石材锯片、地质钻头的金刚石产品，都须经过磁选，以便在制造时能经受住高温烧结的考验。制造电镀制品使用的金刚石也必须经过磁选，否则镀层上会出现镍瘤，使之成为废品。

7.2.1.3.2　磁选原理与设备

（1）磁选原理

在强磁场中，磁性颗粒与非磁性颗粒感磁能力不同，因而所产生的运动轨迹不同。磁性较强的颗粒受到的磁力大于机械力，因而被吸到磁辊上并随着辊子旋转，当磁辊旋转到磁场作用力以外时，磁性颗粒从辊子上脱落或被刷子扫下，进入磁性产品料斗，非磁性颗粒由于受到的磁力较小而被料槽带出磁场进入非磁性产品料斗中。这样就可以通过改变磁场强度将金刚石分为磁性、非磁性或弱磁性等不同等级的产品。磁选过程如图7-9所示。

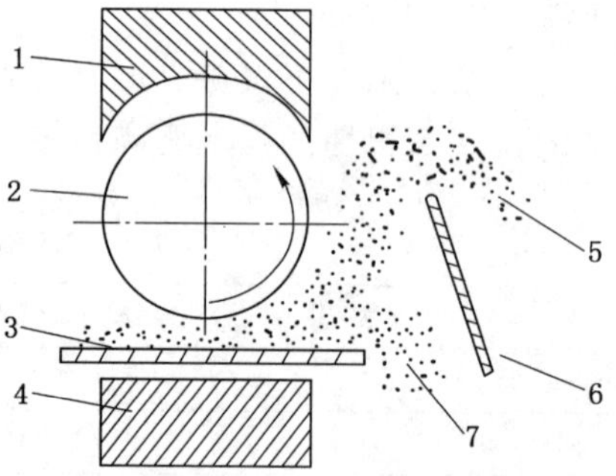

1—上磁极；2—磁辊；3—加料槽；4—下磁极；5—磁性物；6—分隔板；7—非磁性物。

图7-9　磁选过程示意图

（2）磁选设备

磁选设备是指能够产生强磁场的磁选机。按照给料方式不同，磁选机可分为以下三类：

① 上部给料式磁选机：大多数圆筒式磁选机、感应辊式磁选机属于此类。选别过程是从总的料流中除去非磁性矿物。除去的主要方式是借助重力和离心力。

② 垂直给料式磁选机：其选别过程是从料粒群中选出磁性粒子，特点是重力与磁力方向垂直。

③ 下部给料式磁选机：磁力与重力或其分力方向相反。选别流程是从总物料流中选出磁性粒子，金刚石磁选通常使用该种磁选机。例如国产的XCG-I型单辊干法强磁选机就属

于此类，其磁场强度可达 14 000 A/m。此外，感应辊式磁选机也有下部给料的，如美国产的 MLH(13)115-5 型高强度感应辊式磁选机。

7.2.2　立方氮化硼的分选

将纯净的立方氮化硼整形。整形后要进行筛分、选形等处理，从而得到不同型号的立方氮化硼晶体。筛分和选形与金刚石的类似，此处不再赘述。立方氮化硼很少有磁性，一般不需要磁选。

7.3　超硬材料的质量检测

7.3.1　金刚石质量指标及检测项目

产品的质量检测是保证其使用性能的必不可少的环节，同时对于产品自身的发展也起到积极作用。检测标准与检测手段的完善是生产和科研发展的标志之一。

由于世界各国人造金刚石的发展水平不同，人造金刚石的品种划分、质量标准、检测项目和检测方法等存在较大差异。国内外金刚石磨料的主要检测项目见表 7-4。

表 7-4　主要国家金刚石磨料的主要检测项目

项目	南非 De Beers 公司标准	美国 GE 公司标准	俄罗斯国家标准 OCT-9206	日本东名公司标准	中国国家标准 JB/T 7989—1997
粒度组成	△. PPC	△	△	△	△
抗压强度			△		△
冲击韧性	△	△		△	△
堆积密度	△	△		△	△
比表面积	△(表面状态)	△			
形状		ECC，τ	形状系数	△(微粉)	△(微粉)
热稳定性	TTI※	TTI		△	
磨削实验	△		研磨能力(微粉)	△	
杂质含量			△		△
湿度			△		
加工粗糙度			△(微粉)		

注：△为该标准有本项检测；PPC(Partical Per Carat)为每克拉的颗粒数；CFS(Compressive Farcture Strengh)为抗压破碎强度；ECC(Eccentricity)为偏心率；TTI(Thermal Toughness Index)为热冲击韧性或高温冲击韧性；τ 为晶形量化指标。详见 7.3.3 节。

由表 7-4 可以看出：各国检测标准尚不统一，只有粒度和强度(韧性)是各国共同的检测项目，其中仅粒度有国际标准(ISO 6160—1979)。

7.3.1.1　粒度

粒度测定与国内基本相同，同样采用筛分法，但筛网标准和筛分条件严格，筛网结构合理。

7.3.1.2 强度

除俄罗斯外，西方各国都不测单颗粒静压强度，而是测定相对强度(韧性)。测定方法分为冲击法和对辊法。冲击法是采用GE、De Beers等公司使用的Wig-L-Bug或Friatester冲击韧性仪进行测定。以一定质量的试样做冲击实验，然后过筛，测定其保持原有粒度的百分数，即冲击韧性或相对强度TI。冲击韧性仪性能参数见表7-5。GE公司相对强度(冲击韧性)指标如图7-10所示。

表7-5 冲击韧性仪的性能参数

冲击韧性仪名称	钢管尺寸/mm	钢球尺寸/mm	试样质量/g	转速/(r/min)	过筛时间/min
Wig-L-Bug	ϕ32×4	ϕ4.76(重0.45 g)	0.8	3 015	
Friatester		ϕ8	0.4	2 400	3
中国CYCJ-91A	ϕ15×37	ϕ8	0.1	2 000	3

另一种是用对辊挤压测试磨粒的抗破碎强度，被认为是近似磨粒实际工作条件的测试方法。便携式对辊仪装置(图7-11)由两个直径为50 mm的硬质合金辊组成，其中一个转速为12 r/min，另一个自由驱动。可以对辊缝隙调节，通常为名义粒径的50%，务必80%～90%的磨粒都能被破碎。被测试磨粒用振动喂粒器加入缝隙，破碎负荷由应力计接收，经放大以示波器显示。通常测试50颗，计算其平均强度值。通用电气公司的50/60号金刚石磨粒的平均强度见表7-6。

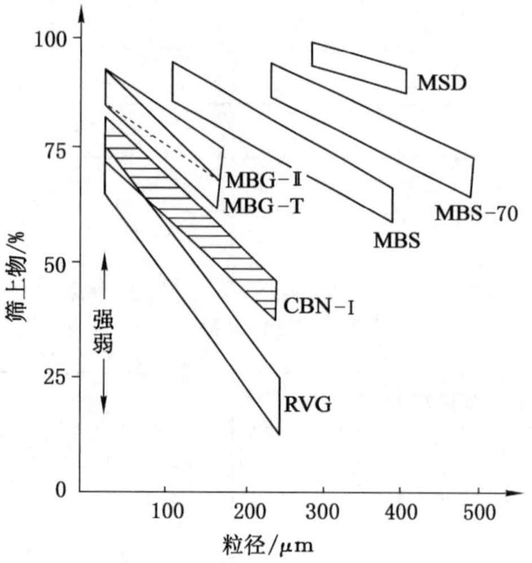

图7-10 GE公司超硬材料的冲击韧性指标

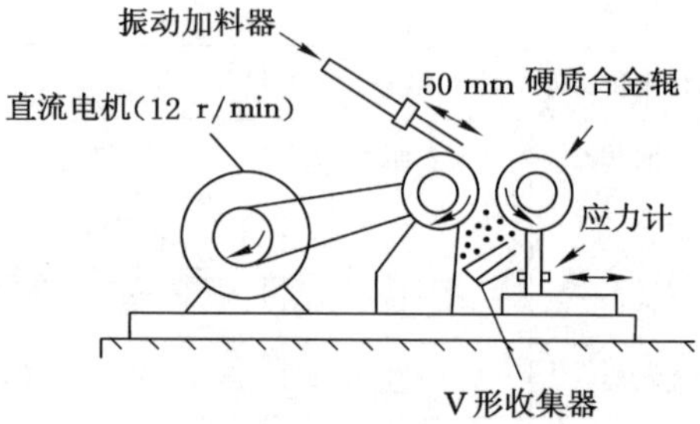

图7-11 便携式对辊仪装置示意图

表7-6 通用电气公司的50/60号金刚石磨粒的平均强度

牌号	RVG	MBG	MBS	MBS-70	棕刚玉
强度/MPa	324	662	2 832	3 310	586

日本利用锤击方式测试金刚石单晶颗粒的抗冲击强度。取一定数量(200颗)磨粒进行

锤击实验，并以破碎率为 50％时的相应锤击高度作为平均强度。

7.3.1.3　堆积密度

根据美国国家标准 ANSIB74. l7-1971，将最少 200 g 磨粒倒入漏斗形容器，使之迅速流入另一个容积与质量已知的容器，将多余的磨粒刮去，称取质量并算出其体积密度(单位 g/cm^3)。标准要求见图 7-12，其他国家类似。

7.3.1.4　比表面积

利用气孔体积分析仪将一定体积的气体充到一定质量超硬磨料中，根据测得的气体压力的变化，得知磨料表面吸附的气体分子数，算出被气体分子覆盖的比表面积，单位为 m^2/g，表示磨具中的超硬磨料与结合剂之间的接触面积。美国通用电气公司将比表面积列为检验指标之一，要求见图 7-13。

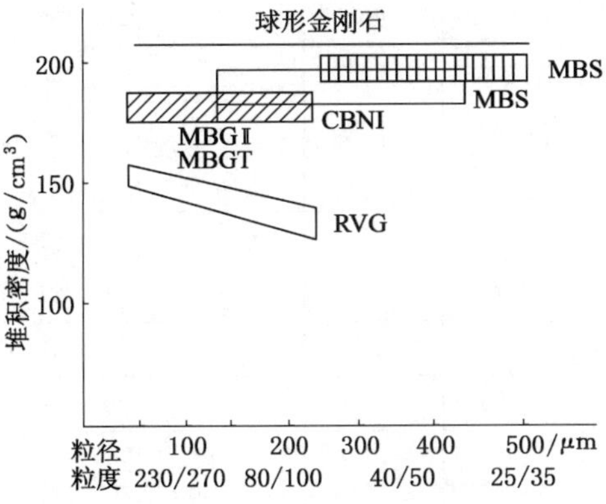

图 7-12　GE 公司超硬材料堆积密度

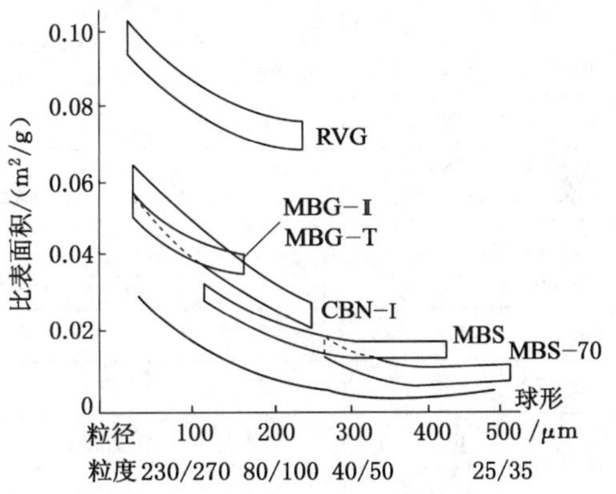

图 7-13　GE 公司超硬材料比表面积

除了上述检查外，还要对金刚石以及触媒和石墨等原材料性能进行检测。例如用 X 射线衍射法进行结构分析，用光谱法进行杂质元素分析，用扫描电子显微镜进行形貌观测，以及热稳定性的差热分析及磁化系数的测定，等等。

7.3.2　国内金刚石质量检测项目及方法

为了使我国金刚石产品质量检测标准与国际接轨，根据国内的具体生产和技术状况制定了相应的检测方法——《超硬磨料 人造金刚石技术条件》(JB/T 7989—2012)。该标准规定的检测项目包括：粒度组成、冲击韧性、抗压强度、堆积密度及杂质含量，并规定了各项产品质量的相应指标，列出了检测方法所依据的相关标准。

7.3.2.1　粒度及其组成

人造金刚石磨料分为磨粒和微粉两类。磨粒的粒度检查方法与生产时的粒度分级都采用筛分法，只是生产中用编织筛，检查时某些粒度用电成型筛。金刚石磨粒检查所依据的标准为《超硬磨料 粒度检验》(GB/T 6406—2016)，等效采用《超硬磨料制品 金刚石或立方氮化硼磨具形状和尺寸》(GB/T 6409.2—2009)。其筛比为 1.18，共有 25 个粒度。其中窄范围 20 个，宽范围 5 个。各个粒度号的尺寸范围以本粒度上、下检查筛的网孔尺寸范围和粒度组成表示，见表 7-7。

表 7-7　超硬磨料的粒度标准

粒度标号	公称筛孔尺寸范围/μm	99.9%通过网孔/μm	上检查筛		下检查筛			(≤)2%通过的网孔尺寸(下限筛)/μm
			网孔尺寸/μm	筛上物(≤)/%	网孔尺寸/μm	筛上物(≤)/%	筛下物(≤)/%	
窄范围								
16/18	1 180/1 000	1 700	1 180	8	1 000	90	8	710
18/20	1 000/850	1 400	1 000	8	850	90	8	600
20/25	850/710	1 180	850	8	710	90	8	500
25/30	850/710	1 000	710	8	600	90	8	425
30/35	710/600	850	600	8	500	90	8	355
35/40	600/500	710	500	8	425	90	8	300
40/45	425/355	600	155	8	360	90	8	255
45/50	355/300	500	384	8	302	90	8	213
50/60	300/250	155	322	8	255	90	8	181
60/70	250/212	384	271	8	213	90	8	151
70/80	212/180	322	227	8	181	90	8	127
80/100	180/150	271	197	10	151	87	10	107
100/120	150/125	227	139	10	127	87	10	90
120/140	125/106	197	116	10	107	87	10	75
140/170	106/90	165	97	11	90	85	11	65
170/200	90/75	139	97	11	75	85	11	57
200/230	75/63	116	85	11	65	85	11	49
230/270	63/53	97	75	11	57	85	11	41
270/325	53/45	85	65	15	49	85	15	—
325/400	45/38	75	57	15	41	80	15	—
宽范围								
16/20	1180/820	1 700	1 180	8	850	90	8	600
20/30	850/600	1 180	850	8	600	90	8	425
30/40	600/425	850	600	8	425	90	8	300
40/50	425/300	600	455	8	302	90	8	213
60/80	250/180	384	271	8	181	90	8	127

注：隔离线以上者用金属编织筛，其余用电成型筛。

表 7-8　取样时的数量规定

粒度标号	试样质量/g	
	200 mm 筛	75 mm 筛
16/18～170/200	80～120	9.6～14.5
80/100～170/200	40～60	4.8～7.2
200/230～325/400	20～300	2.4～3.6

在人造金刚石的技术条件中，粒度组成为首检项目，只有粒度组成合格了，其他项目的检查结果才有意义。

检查所用的设备仪器：ϕ200 mm 标准拍击式振筛机、ϕ200 mm 或 ϕ75 mm 检验筛、二分器及感量为 0.001 g 的天平等。

操作时首先进行试样准备，按规定的环境条件(相对湿度为 45%～55%，温度为 20～25 ℃)用二分器取样，取样数量按表 7-8 规定。

然后按被检试样粒度选取检查筛，依筛孔尺寸顺序组装，底部装上接料盘，将试样倒入顶端粗筛中，盖好上盖，然后把整套筛安放在筛机上，定时 15 min 开动筛机。筛分完成后取出筛组，从上层开始，将筛内试料逐一倒出称量，记下数据并处理，从而判定产品的粒度组成是否合格。

7.3.2.2　单颗粒抗压强度

单颗粒抗压强度是指单颗粒金刚石在静压作用下发生破碎时的负荷值。

强度是衡量金刚石质量的重要指标。一般来说，强度越高的金刚石，韧性也越大，热稳定性也越高。各种型号金刚石的单颗粒抗压强度标准见表 7-9[参见《超硬磨料 人造金刚石技术条件》(JB/T 7989-2013)]。

表 7-9　金刚石的单颗粒抗压强度标准　　单位：MPa

品牌	牌号	窄范围														宽范围				
		16/18	18/20	20/25	25/30	30/25	35/40	40/45	45/50	50/60	60/70	70/80	80/100	100/120	120/140	16/20	20/30	30/40	40/50	60/80
RVD	RVD											20								
MBD	MBD4									50	46	39	33	28					70	43
	MBD6									82	69	59	50	42					105	65
	MBD8									109	93	78	67	57					140	85
	MBD10											98	83	71						
SMD	SMD	171	399	338	286	243	206	174	148	125	106					435	313	224	162	98
	SMD25	561	475	403	341	289	245	208	176	149	126					518	372	268	192	116
	SMD30	672	570	483	409	347	294	248	211	179	152					621	447	321	230	140
	SMD35	785	665	564	477	405	343	291	246	209	177					725	520	374	268	164
	SMD40	919	779	661	560	474	402	341	289	245						850	611	438	315	190

单颗粒抗压强度的测定方法：首先用二分器将待检料缩分至适量，再按四分法缩取至约 5 ct 样品置于载玻片上，用刀片刮成直行。然后从待检料的一端起，按顺序依次摄取一粒置于压头上，逐渐加载，直至破碎并记下负荷值。按此测 40 粒止。

先算出 40 粒负荷值的算术平均值，然后舍去超过平均值 1 倍者，余者再求平均值，即该试样的单颗粒抗压强度。其计算公式为：

$$P=\left(\sum_{i=1}^{40}Q_i-\sum_{j=1}^{n}Q_j\right)/(40-n)$$

式中，P 为所求抗压强度，Pa；Q_i 为每颗粒的破碎负荷，N；Q_j 为负荷超过平均值 2 倍的颗粒的破碎负荷，N；n 为负荷超过平均值2倍的颗粒数。

《超硬磨料 人造金刚石技术条件》(JD/T 7989—2012)标准还规定：抗压强度低于规定平均值$\frac{1}{2}$的颗粒数不能多于15%；抗压强度高于规定平均值的颗粒数不少于50%。这样可以通过40颗颗粒的负荷值的分步规律反映选形的工艺参数是否合理，并根据上述要求进行调整。

由于单颗粒抗压强度是静压状态下的破碎负荷，与磨粒实际使用状态相差甚远，故不能确切反映磨粒在实际使用中的质量。仅我国和俄罗斯将抗压强度作为控制金刚石质量的一项指标，而国际上比较通用的是采用冲击韧性来控制金刚石的质量。

7.3.2.3 冲击韧性

(1) 意义

冲击韧性又称为冲击强度。金刚石磨粒，尤其是锯切和钻探用的高品级金刚石，在使用过程中受到冲击、剪切、研磨等作用而被破碎。所以要求全刚石不仅有高强度、高耐磨性，还要有一定的抗冲击韧性。冲击韧性指标在国际上已得到普遍采用。

我国1993年颁布了标准《人造金刚石或立方氯化硼冲击韧性测定方法》(JB/T 6571—1993)。冲击韧性作为控制金刚石质量的重要指标，故列入自1998年开始实施的行业标准《超硬磨料 人造金刚石技术条件》(JB/T 7989—2012)。本节主要介绍现行标准规定的这种测定方法。

(2) 冲击韧性测定方法要点

取一定量超硬磨料基本粒，连同钢球一同装入试样管，冲击后求得未破碎率，以未破碎率为50%时的冲击次数表征样品的冲击韧性。

对测试所用试样及试样管、钢球等作出相应要求，如试样应取基本粒，新钢球要除油、打毛，规定钢球及合金垫片的寿命等。

保证测试结果的准确性、可比性，对测试的仪器、工具及有关参数作出规定。例如，冲击频率为2 000 r/min，冲击时其频率偏离值应小于10 r/min，允许调节；用天平称量0.1 mg，待测试样质量应在0.4～0.402 g范围内，筛分用筛机为标准拍击式筛机，筛网为ϕ75 mm检验筛等[详见《人造金刚石或立方氮化硼冲击韧性测定方法》(JB/T 6571—1993)]。

(3) 冲击韧性的具体测试步骤

① 预热机器15 min。调节冲击频率为2 000 r/min。预计并设定试样的半破碎次数。

② 称取试样，将试样和所用钢球及垫片装入试样管，并安装在试样支架上。开启机器，冲击试样。

③ 将冲击后的试样用细一号筛网筛分3 min。称量筛上物质的质量，求出未破碎率，精确至小数点后一位。

④ 对于未破碎率在47%～53%范围内的试样，按照下式计算冲击次数即可得到冲击韧性值。

$$T = mT_1$$

式中，T 为样品破碎率为50%时重设冲击次数，次；m 为逼近系数；T_1 为测试时首次预设半破碎次数，次；

⑤ 对于超出47%～53%的试样，必须另外称取一份试样进行逼近测试，即按照上面公

式计算出重设冲击次数后按照上述①～④步骤操作，直至未破碎率在规定范围内。行业标准中规定的各牌号冲击韧性值见表 7-10。

表 7-10　金刚石冲击韧性值标准($\times10^3$ 次)

品种	牌号	窄范围																		宽范围			
		20/25	25/30	30/25	35/40	40/45	45/50	50/60	60/70	70/80	80/100	100/120	120/140	140/170	170/200	200/230	230/270	270/325	325/400	20/30	30/40	40/50	60/80
RVD	RVD																						
MBD	MBD4							1.0	2.0	2.9	3.7	4.4	5.0	5.5	5.9	6.2	6.5	6.8	6.9			0.9	2.4
	MBD6							1.5	2.5	3.5	4.4	5.1	5.7	6.2	6.6	6.9	7.2	7.5	7.6			1.0	3.0
	MBD8							1.8	3.0	4.1	5.1	6.0	6.7	7.3	7.8	8.2	8.6	8.9	9.0			1.2	3.5
	MBD10									4.6	5.6	6.6	7.3	7.9	8.4	8.8	9.2	9.5	9.8				
SMD	SMD	0.3	0.4	0.6	0.8	1.1	1.5	2.0	2.6											0.3	0.7	1.3	3.0
	SMD25	0.5	0.6	0.8	1.1	1.4	1.9	2.4	3.1											0.5	1.0	1.6	3.6
	SMD30	0.7	0.8	1.0	1.3	1.7	2.2	2.7	3.4											0.7	1.2	1.9	3.8
	SMD35	0.8	0.9	1.2	1.5	1.9	2.5	3.1	3.7											0.8	1.3	2.2	4.1
	SMD40	0.9	1.0	1.3	1.7	2.2	2.8	3.5	4.2											0.9	1.5	2.5	4.6

注：该表见《超硬磨料人造金刚石技术条件》(JB/T 7989—2012)。

7.3.2.4　堆积密度

堆积密度是指自然堆积情况下空气中单位体积内所含磨粒的质量。根据几何学原理，只有球形颗粒才能达到最大堆积密度。因此，堆积密度成为判别金刚石晶形及产品质量的一个重要指标。只有那些晶体发育完整、等积形颗粒含量高的金刚石粒群的堆积密度才大。相反，针、片状等不规则颗粒居多的金刚石的堆积密度自然较小，质量也差。

超硬磨料堆积密度的测定方法：将消除静电的干燥磨料，在无振动情况下，经漏斗流出，通过固定的高度充满一个 10 mL 容积的量筒，用黄铜板刮去余料，计算单位体积的质量。

测试前首先进行试样制备。将待测试料按标准方法取样，缩分到(25±0.1) g，在(110±5) ℃温度下烘干 1 h，取出置于干燥器中冷却至室温，保存 4 h 以上，使其适应实验室氛围。

测试时，首先调控仪器的水平度，组装各部件，再将试样倒入玻璃加料器，然后加入仪器漏斗。迅速打开球阀，使试样自由下落，充满量筒。左手轻扶量筒，然后用刮板刮去多余试样，轻敲筒壁，并消除筒壁外侧及底部的散落颗粒。称量量筒中试样的质量，精确到 0.01 g。重复测定 3 次，取平均值。

$$D=G/V$$

式中，D 为堆积密度，g/cm^3；G 为量筒内磨料的质量，g；V 为量筒的体积，cm^3。

堆积密度的 3 次测定值允许偏差不应大于±0.015 g/cm^3。

加料方法：先沿漏斗壁，然后移至中心部位，在加料器不离开料堆的情况下缓缓地流入漏斗，使其自中心向四周均匀散开，自然堆积成锥形。

另外，刮料操作中要避免振动、冲击等，否则会影响测量精度。

7.3.2.5 杂质含量

磨料级金刚石外部杂质是指待检料中的非金刚石颗粒。杂质含量以杂质颗粒百分数(含杂质金刚石颗粒数占金刚石总颗粒数的百分数)计。

《超硬磨料 人造金刚石技术条件》(JB/T 7989—2012)规定：粒度 120/140 及以粗者，杂质含量应不大于 0.5%，粒度为 140/170 及以细者，杂质含量应不大于 1.0%。

杂质含量的测定要通过体视显微镜来观测。取待检料按标准规定方法缩分至 5 ct 左右，再匀取适量置于载玻片上，用刀片将试样刮成一行。然后将显微镜调至合适倍率，自试样一端起，沿直行检测至另一端。共检 500 粒，若一行不足，另起一行。分别记下金刚石及杂质的颗粒数，然后计算出颗粒百分数，即所测料的杂质含量。

7.3.3 TI、TTI、PPC、CFS、ECC 及 τ 值

本节介绍近年来国外学者研究并正在推广应用的一些新的质量指标以及相关的检测技术，包括 TI、TTI、PPC、CFS、ECC、τ 值等指标。

TI(toughness index)，即冲击韧性(或冲击强度)，是国际上普遍采用的指标。对试样冲击一定次数，然后筛分，用筛上物(未破碎料)质量分数表示其冲击韧性强弱。

TTI(thermal toughness index)，即热冲击韧性或高温冲击韧性，这也是国际上普遍采用的指标。

PPC(partical per carat)，即每克拉颗粒数，这是 De Beers 公司的质量指标。

CFS、ECC、τ 值都是 GE 公司的质量指标。

CFS(compressive fracture strength)，即抗压破碎强度。它是用辊压法测量的。用一对硬质合金辊来碾压被测的金刚石颗粒，测出破碎力，然后用计算机统计，绘出分布图。可见，CFS 法测的是辊压强度，不同于国内的静压强度法(SCT)。

ECC(eccentricity)，即偏心率，描述颗粒几何形状的不对称性。这是晶形的一种量化指标，利用计算图像处理技术来分析晶形特征。

τ 值也是描述晶形的一个量化指标。GE 公司又提出一个描述晶形的新概念——椭圆度，即颗粒最大直径与最小直径之差。

IST 系统的七项指标，是采用 IST 公司和 FACT 公司开发的 Diashape 金刚石检测系统进行综合检测的一系列指标，包括椭圆度、圆度、粒径分布、颜色、透光度、纯净度及表面粗糙度等。

(1) TTI

热冲击韧性 TTI 是衡量金刚石耐热性的指标，其数值表示热稳定性的强弱。

TTI 值是将金刚石放在充有惰性气体(例如氩气)的专用设备内加热后所测得的 TI 值。加热最高温度一般为 900 ℃或 1 100 ℃。加热时间一般为 10 min。

(2) PPC

每克拉的颗粒数 PPC 实际上是与粒度指标相关的一个指标。PPC 与粒度指标结合起来构成了更严格的产品粒度规格要求，这样能够更精密地控制金刚石产品颗粒尺寸，保证产品粒度组成的稳定性，从而有利于金刚石工具使用性能的稳定。

(3) τ 值

τ 值是一个描述品形的量化指标，其定义为(图 7-14)：

$$\tau = a/b$$

式中，a 为正六面体的面心到截角正三角形的一边的距离；b 为正六面体的面心到该面顶角的距离。

如图 7-14 所示，正八面体 $\tau=0$，正六面体 $\tau=1$，六面体-八面体聚形的 τ 值为 0～1。截角截得越少，τ 值越趋近 1，晶体越接近立方体；截角截得越多，τ 值越趋近 0，晶体越接近八面体。

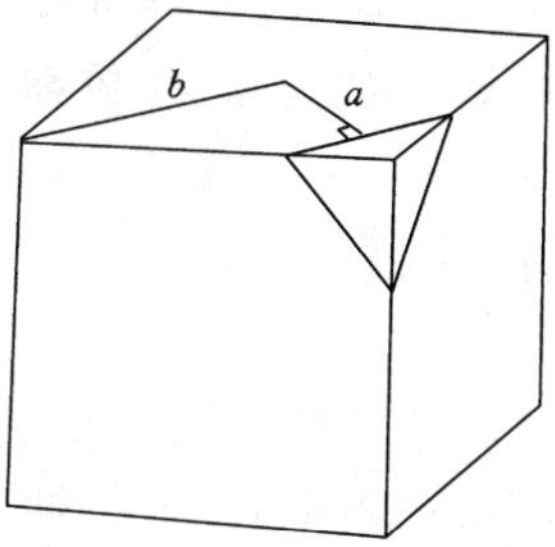

图 7-14　τ 值定义示意图

一般工业金刚石的晶形皆为六面体-八面体聚形，如图 7-15 所示。由图可见：聚形晶体的(100)面越大，越接近立方体，而(111) 面越大，越接近于八面体。立方体和八面体是两个极端情况，在实际产品中较少见。实际金刚石工业产品中，高品级金刚石是较规则的六面体-八面体聚形，晶形较接近八面体，其 τ 值小于 0.5，通常为 0.2～0.4。

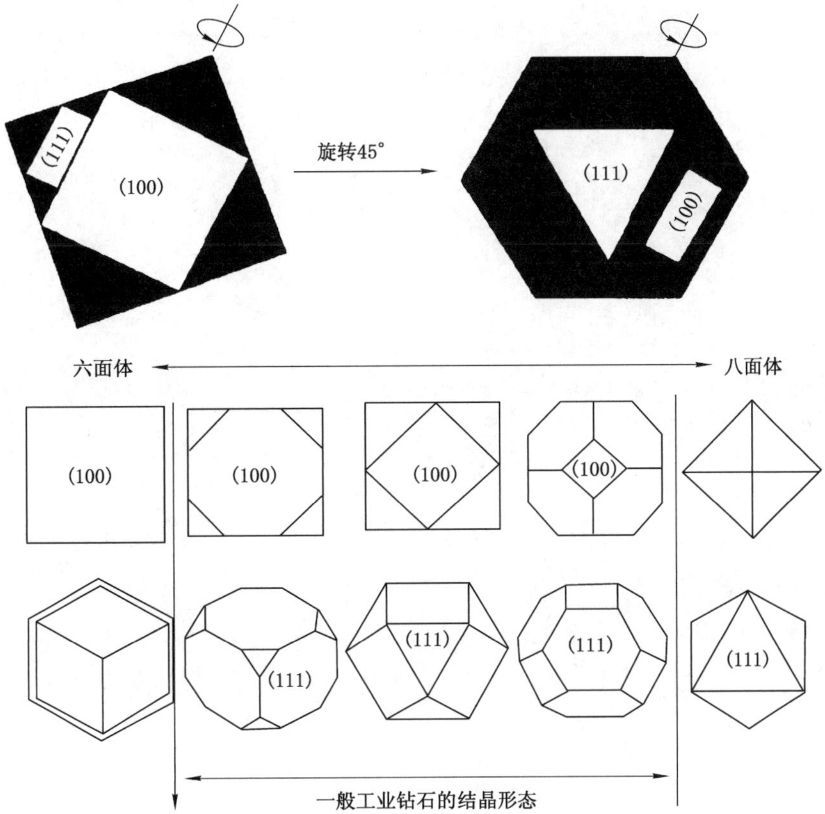

图 7-15　工业金刚石结晶形态示意图

7.3.4　立方氮化硼的质量检测

cBN 晶体结构可根据其特征谱线利用 X 射线衍射测定。

通常可用化学分析方法测定 cBN 的化学组成：NaOH 作为溶剂，加热使 cBN 分解，然后分别测定生成的氮和硼化物。用此方法可测得 cBN 中氮和硼的含量。

cBN 产品质量应符合《立方氮化硼技术条件》(GB/T 6408—2003)的规定。国内检查项目包括单颗粒抗压强度、粒度组成、颗粒杂质含量、冲击韧性等。与金刚石产品相比，立方氮化硼产品目前还比较细、结晶缺陷严重、晶形不规则、表面粗糙、强度较低。

练习题

1．金刚石提纯方法有哪两类？考虑到环保问题，在加强废酸、废气处理的同时，如何统筹安排金刚石提取各种方法的使用顺序？为什么？

2．金刚石提纯时用化学方法如何除掉石墨和金属触媒？

3．金刚石的分选有哪三种方法？金刚石质量指标 TI 和 TTI 代表什么？

第 8 章　超硬材料微粉制造

超硬材料由于具有优异的力学性能，因此在加工业中得到广泛应用，特别是粒度较细的超硬材料微粉，不但能够用于研磨，还能够黏结形成大块超硬材料聚晶，在制造业中发挥举足轻重的作用，甚至在某些方面能够代替价格高昂的大颗粒单晶超硬材料。本章将介绍超硬材料微粉的一些常识和主要的制造方法。

8.1　金刚石微粉概述

金刚石微粉泛指粒度细于或等于 54 μm 的金刚石颗粒粉。其主要获取方法有 3 种：第一种是目前国内外普遍使用的粉碎法，即采用机械粉碎的方式将较粗的天然金刚石或人造金刚石粉碎为微粉，再经过提取得到所需的不同粒度的微粉；第二种是爆炸法，通过瞬间的高温、高压，将石墨转变为细颗粒的金刚石微粉，主要用于制备精细颗粒，特别是纳米级颗粒；第三种是近年来受到重视的静压直接生长法，尚处于发展过程中。这三种方法中粉碎法是通过物理过程碎化颗粒，其他两种方式是通过化学过程合成微粉颗粒。在之后的小节中将对这几种方法进行详细介绍。本节主要介绍金刚石微粉的常用分类、质量检测及应用。

8.1.1　金刚石微粉的常用分类

金刚石微粉的常用分类方法有两种：按照晶体结构和颗粒大小。

金刚石微粉按照晶体结构可分为单晶微粉和多晶微粉，其中单晶微粉主要来源于粗颗粒的破碎，多晶微粉主要来源于爆炸法制备或金刚石聚晶破碎。

金刚石微粉按照粒度进行分类时，常用的单位为目数，目数与粒度的对应关系见表 8-1。

表 8-1　目数与粒度的对应关系表

目数/目	粒度/μm	目数/目	粒度/μm	目数/目	粒度/μm
5	3 900	120	124	900	15
10	2 000	140	104	1 100	13
16	1 190	170	89	1 300	11
20	840	200	74	1 600	10
25	710	230	61	1 800	8
30	590	270	53	2 000	6.5
35	500	325	44	2 500	5.5
40	420	400	37	3 000	5

表 8-1(续)

目数/目	粒度/μm	目数/目	粒度/μm	目数/目	粒度/μm
45	350	425	33	3 500	4.5
50	297	460	30	4 000	3.4
60	250	540	26	5 000	2.7
80	178	650	21	6 000	2.5
100	150	800	19	7 000	1.25

目数，物理学定义为物料的粒度或粗细度，其一般定义为筛网在 1 平方英寸(约 6.45 cm^2)内的孔数。目数越大，孔径越小。一般来说，目数×孔径(微米数)=15 000。比如，400 目的筛网的孔径约为 38 μm；500 目的筛网的孔径约为 30 μm。由于存在开孔率问题，即编织网时用的丝粗细不同，不同国家的标准不一样，目前存在美国标准、英国标准和日本标准三种，其中英国和美国的相近，日本的差别较大。我国使用的是美国标准。

由目数的定义可以看出目数决定了筛网孔径。而筛网孔径决定了所过筛粉体的最大颗粒 D_{max}。因此，经过筛分的某粒度微粉都是不同大小颗粒的集合体，只是主体颗粒的粗细不同。

目数前加正负号则表示能否漏过该目数的网孔。负数表示能漏过该目数的网孔，即颗粒尺寸小于网孔尺寸；正数表示不能漏过该目数的网孔，即颗粒尺寸大于网孔尺寸。筛网网孔从上到下依次减小，经过筛分后得到不同粒度区间的金刚石微粉。例如，颗粒为－100 目～200 目，表示这些颗粒能从 100 目的网孔漏过而不能从 200 目的网孔漏过，在筛选这种目数的颗粒时，应将目数大(200 目)的放在目数小(100 目)的筛网下面，在目数大(200 目)的筛网中留下的即－100～200 目的颗粒。振筛机如图 8-1 所示。

图 8-1 振筛机

8.1.2 金刚石微粉的检测

8.1.2.1 粒度测量方法

在生产实践中主要采用激光衍射法测量金刚石微粉颗粒直径，常用仪器有英国马尔文 Mastersizer 2000 激光粒度分析仪、美国 Microtrac 公司的 S3500 系列激光粒度分析仪和 X100 激光粒度分析仪等。

激光粒度分析仪器的原理：如图 8-2 所示，当光线照射到颗粒上时，散射和衍射就会发生，其散射和衍射光的强度均与粒子的大小有关，观察其光强度，可应用夫琅和费衍射理论及 Mie 散射理论求得颗粒直径分布。在测量时要注意粉体的分散问题，避免粉体颗粒团聚。

激光粒度分析仪器的优点是测量方便快捷、准确可靠，能很好地测出样品的粒度分布曲线和集中度；越是球状颗粒，测量越准确，在行业中普遍采用。其缺点是对不规则形状和长条状的颗粒测得不准确，数值偏低。这可能与其测量原理有关：软件在测量计算时，把不规

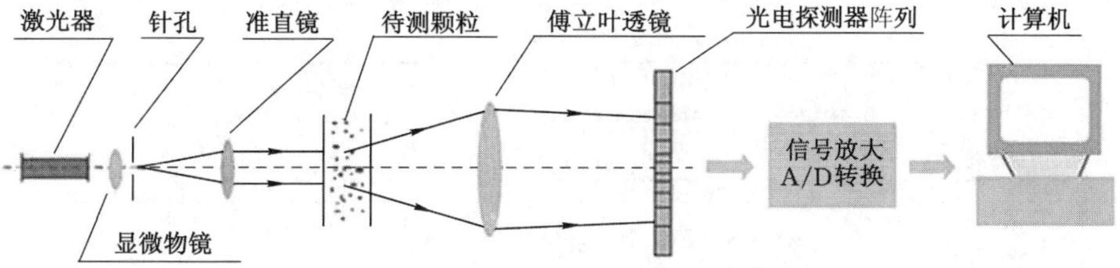

图 8-2　激光粒度仪器原理结构

则形状和长条状的颗粒折算成球形,然后计算出球体直径作为颗粒尺寸,所以测得值偏低。为了克服这个缺点,在生产实践中,国内主要微粉厂家均采用图像法和生物显微镜法进行检验,主要检查大颗粒和长条颗粒,采用激光粒度分析仪和显微镜相结合的双检法,保证了微粉的质量。

图 8-3 是 400 目金刚石微粉的激光粒度分析仪测试报告,报告中包含了粒度分布表和根据测量结果绘制的粒度分布图,可见该微粉粒度分布集中。

8.1.2.2　微粉检测方法

微粉的粒度分布对材料的切削效率和研磨粗糙度都有一定的影响。对精磨和抛光工艺来说,粗粒度尤其是大粒的控制特别重要,要求微粉中粗粒含量少,长条颗粒少。只要有一颗超尺寸的大粒,就会使研磨抛光表面产生划痕,导致加工前功尽弃。因此,基本粒度含量要高,要集中,粒度组成均匀。特别是用于电镀制品的微粉,要求微粉的等高性要好,粒度组成均匀,从而电镀时比较容易控制微粉的出刃高度,制品使用效果好。

此外,微粉中存在杂质,有 SiC、石英、蓝晶石和刚玉等,主要杂质为 SiC,SiC 比重小于金刚石,且多为片状。在粒度分级中,与金刚石尺寸相近的 SiC 颗粒下沉较慢,往往以大粒形式存在于金刚石微粉中,应用时极为有害。因此,使用前需要对金刚石微粉进行检测。

(1) 颗粒均匀性

有多种仪器可用来检测微粉的颗粒均匀性,例如,生物显微镜、投影显微镜、图像分析仪、投射式电子显微镜、扫描电子显微镜、库尔特粒度分析仪等。采用生物显微镜观察微粉时,应选择合适的放大倍数。观察 1.5 μm 以细的微粉,最好放大 1 500 倍或者 2 000 倍观察,效果比较好;生物显微镜观察最细微粉可达 0.25 μm,小于 0.25 μm 的微粉最好采用扫描电子显微镜观察。

图 8-4 是国内质量比较好的 0.5～1 μm 的金刚石微粉照片,粒度分布均匀。

(2) 微粉颗粒形状的检验

微粉的颗粒形状,抛光时以近似球形颗粒和等积形(各投影面面积相近)为好。在微粉标准中,针棒状颗粒是指长轴与短轴长度之比超过 3∶1。超过最大颗粒尺寸的针棒状颗粒,在微粉中不能有,但是针棒状颗粒的长轴尺寸在粉体主体最大尺寸和粉体的主体最大颗粒尺寸之间的针棒状颗粒,允许不超过 3%。

片状金刚石颗粒在显微镜下透光观察是透明的,其量(不包括小于 D_5 的颗粒)不超过 5%。

图 8-5 是针棒状较多的 1～3 μm 的金刚石微粉。

(3) 微粉杂质含量的检验

粒度分析报告

D10=21.437 μm　D50=32.942 μm　D90=56.549 μm　D3=18.002 μm　D97=78.844 μm

Dav=36.921 μm　S/V=0.195 m^2/cm^3　<1.000 μm=0.000%　<50.000 μm =84.899

测试状况

样品名称:9#	样品折射率:1.76- 0.05i	送样单位:
分散介质:水	介质折射率:1.33	测样日期:
分 散 剂:无	遮 光 比:1.14	测量范围:0.02- 1 200
超声时间:60 (s)	记 录 号:73	拟合系数:0.892

粒度分布图

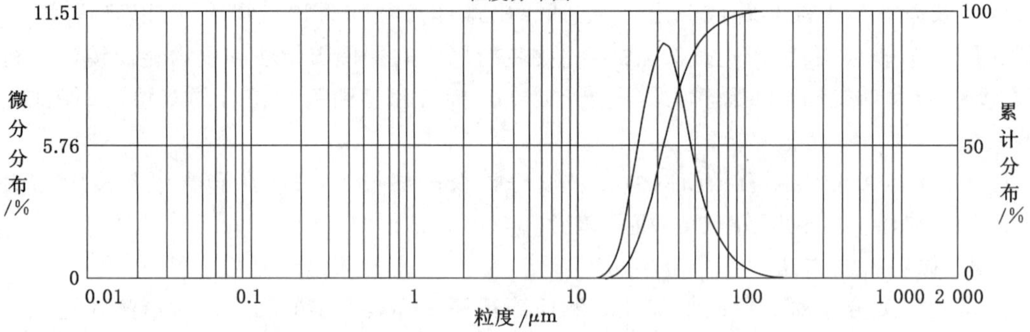

粒度分布表

粒度/μm	微分/%	累计/%	粒度/μm	微分/%	累计/%	粒度/μm	微分/%	累计/%	粒度/μm	微分/%	累计/%	粒度/μm	微分/%	累计/%
0.022	0.00	0.00	0.228	0.00	0.00	2.379	0.00	0.00	24.802	6.97	20.31	258.58	0.00	100.00
0.024	0.00	0.00	0.250	0.00	0.00	2.603	0.00	0.00	27.142	8.48	28.79	282.98	0.00	100.00
0.026	0.00	0.00	0.273	0.00	0.00	2.849	0.00	0.00	29.703	9.63	38.42	309.68	0.00	100.00
0.029	0.00	0.00	0.299	0.00	0.00	3.118	0.00	0.00	32.506	10.17	48.59	338.90	0.00	100.00
0.031	0.00	0.00	0.327	0.00	0.00	3.412	0.00	0.00	35.573	9.95	58.54	370.88	0.00	100.00
0.034	0.00	0.00	0.358	0.00	0.00	3.734	0.00	0.00	38.930	9.00	67.54	405.87	0.00	100.00
0.038	0.00	0.00	0.392	0.00	0.00	4.086	0.00	0.00	42.603	7.62	75.16	444.17	0.00	100.00
0.041	0.00	0.00	0.429	0.00	0.00	4.472	0.00	0.00	46.622	6.10	81.26	486.08	0.00	100.00
0.045	0.00	0.00	0.469	0.00	0.00	4.894	0.00	0.00	51.022	4.74	86.00	531.94	0.00	100.00
0.049	0.00	0.00	0.514	0.00	0.00	5.356	0.00	0.00	55.836	3.63	89.63	582.13	0.00	100.00
0.054	0.00	0.00	0.562	0.00	0.00	5.861	0.00	0.00	61.104	2.75	92.38	637.06	0.00	100.00
0.059	0.00	0.00	0.615	0.00	0.00	6.414	0.00	0.00	66.869	2.09	94.47	697.17	0.00	100.00
0.065	0.00	0.00	0.673	0.00	0.00	7.019	0.00	0.00	73.179	1.57	96.04	762.95	0.00	100.00
0.071	0.00	0.00	0.737	0.00	0.00	7.681	0.00	0.00	80.084	1.17	97.21	834.94	0.00	100.00
0.077	0.00	0.00	0.806	0.00	0.00	8.406	0.00	0.00	87.640	0.87	98.08	913.72	0.00	100.00
0.085	0.00	0.00	0.882	0.00	0.00	9.199	0.00	0.00	95.909	0.63	98.71	999.93	0.00	100.00
0.093	0.00	0.00	0.966	0.00	0.00	10.067	0.00	0.00	104.959	0.46	99.17	1 055.25	0.00	100.00
0.101	0.00	0.00	1.057	0.00	0.00	11.017	0.00	0.00	114.862	0.32	99.49	1 118.30	0.00	100.00
0.111	0.00	0.00	1.156	0.00	0.00	12.057	0.01	0.01	125.700	0.21	99.70	1 195.18	0.00	100.00
0.121	0.00	0.00	1.266	0.00	0.00	13.194	0.04	0.05	137.560	0.13	99.83	1 285.52	0.00	100.00
0.133	0.00	0.00	1.385	0.00	0.00	14.439	0.19	0.24	150.539	0.08	99.91	1 386.68	0.00	100.00
0.145	0.00	0.00	1.516	0.00	0.00	15.801	0.53	0.77	164.744	0.04	99.95	1 493.50	0.00	100.00
0.159	0.00	0.00	1.659	0.00	0.00	17.292	1.23	2.00	180.288	0.03	99.98	1 620.49	0.00	100.00
0.174	0.00	0.00	1.815	0.00	0.00	18.924	2.30	4.30	197.299	0.01	99.99	1 735.34	0.00	100.00
0.191	0.00	0.00	1.986	0.00	0.00	20.710	3.72	8.02	215.915	0.01	100.00	1 868.85	0.00	100.00
0.209	0.00	0.00	2.174	0.00	0.00	22.664	5.32	13.34	236.288	0.00	100.00	2 000.00	0.00	100.00

图 8-3　400 目金刚石微粉的激光粒度分析仪测试报告

金刚石微粉中的杂质包括金属杂质和非金属杂质，主要有 Si、Fe、Mn、Co、Ni、Ti、Ca、Mg、Na 等。可以采用燃烧失重法测定微粉中的杂质。从样品中称取 0.5 g 微粉，放入恒重的坩埚内，置于马弗炉中，在 1 000 ℃温度下灼烧至恒重，残留物质量即杂质质量，计算其质量分数。

8.1.3　金刚石微粉的应用

金刚石微粉主要有三个方面的应用：

① 直接被使用或制成研磨膏，产品如图 8-6 所示，进行自由研磨或抛光，用于加工由硬质合金、玻璃、陶瓷、宝石以及金刚石等材料制成的刀具、量具、光学仪器、电子器件等精密零件或异型工件，使被加工工件的表面达到镜面光洁度。

② 通过静高压处理，制成强度很高的大颗粒金刚石聚晶（图 8-7），具体内容将在第 9 章介绍。

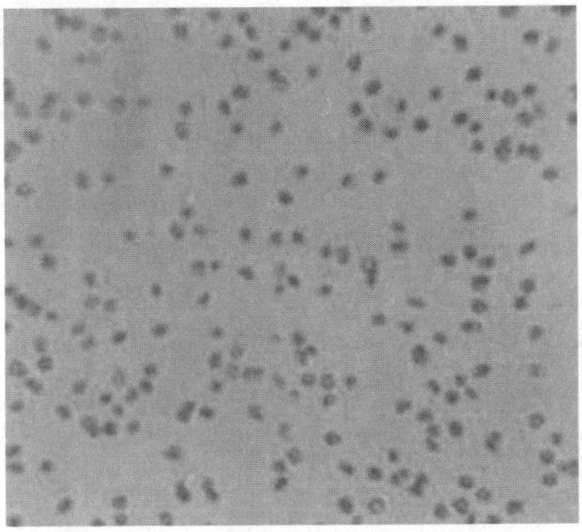

图 8-4　均匀性良好的金刚石微粉照片

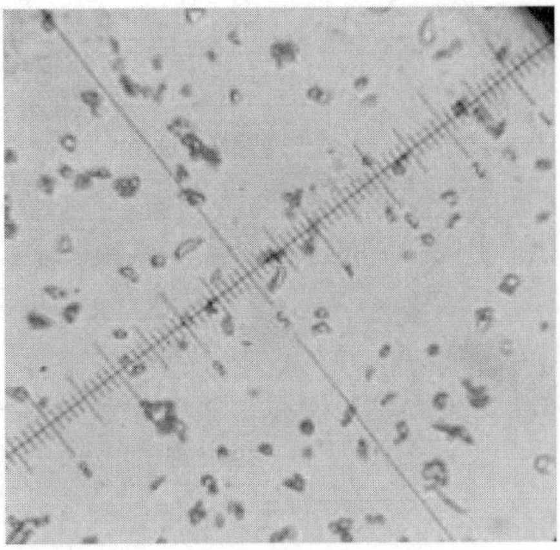

图 8-5　形状不佳的金刚石微粉照片

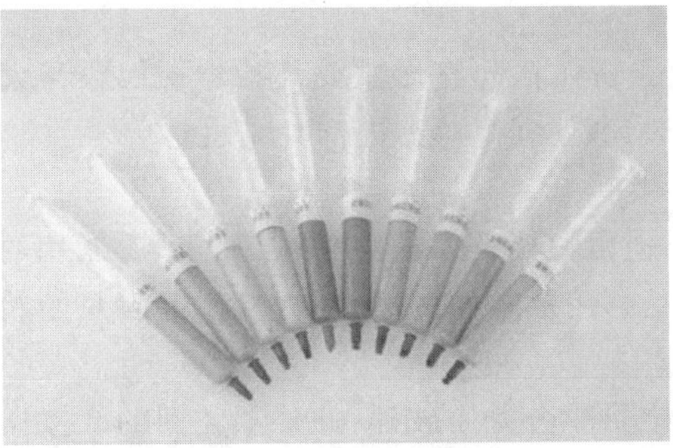

图 8-6　金刚石研磨膏

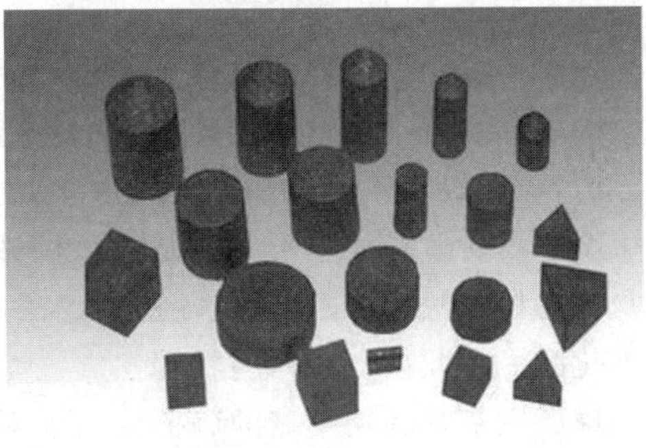

图 8-7　金刚石聚晶

③ 将微粉镀在某些工件表面以增强其耐磨性，例如在压模、机床导轨、轴承或其他钢质工件表面上镀一层金刚石微粉，可以提高其表面硬度，降低摩擦系数，使耐磨性成倍增强。此外，微粉有时也可用于制造研磨用的电镀磨具。

8.1.4　金刚石微粉的制造方法

金刚石微粉的人工制造方法一般有三种：粉碎法（也称为机械破碎法）、静压触媒直接生长法、爆炸法。采用爆炸法生产的产品多，种类齐全；机械破碎法是国内外最常用的生产方法；采用静压触媒直接生长法生产的产品优点多，逐渐受到重视且发展迅速。

8.2 粉碎法制造金刚石微粉

人造金刚石微粉的生产绝大部分(90%以上)是采用静压触媒法制造的粗粒度金刚石为原料,经过球磨破碎、粉碎等工序制成的,可称为静压合成-球磨粉碎法,简称粉碎法,国内外普遍使用该方法。微粉制造的粉碎法是利用物体之间的相互运动所产生的挤压和切应力使颗粒得以粉碎和磨细的方法,也称为研磨法,其生产过程主要包括原材料加工处理和分级处理。其具体工艺流程如图 8-8 所示。

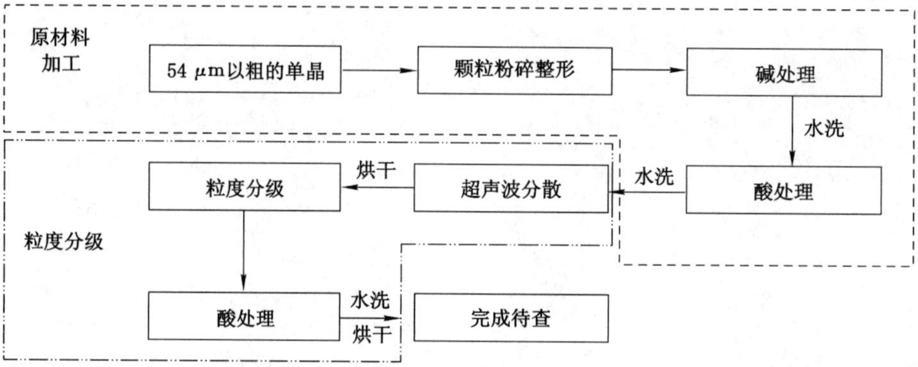

图 8-8 粉碎法工艺流程图

8.2.1 原材料加工处理

原材料加工处理包括粉体粉碎整形和净化。粉体粉碎整形主要是指将初始粒径大于 54 μm 的金刚石单晶颗粒粉碎。净化是指通过酸、碱处理等对其进行提纯处理。

(1) 粉体粉碎整形

金刚石粉体粉碎整形主要是通过机械加工,使粗颗粒破碎成粒度更细的微粉,常用的方法是球磨粉碎法,此外还有气流磨粉碎法等,都是利用颗粒间的摩擦、碰撞引起自身的破碎而细化的。在此仅介绍球磨粉碎法。

球磨主要是利用钢球的碰撞使球表面的颗粒受冲击力而破碎,此外颗粒间的摩擦作用也可以促进颗粒细化,采用的主要设备是球磨机。球磨机的转速决定了其粉碎能力。如图 8-9 所示,对于相同的筒体,转速越高,所产生的离心力越大。当转速高到钢球离心力过大而无法脱离筒体随其一起转动时,钢球间相对静止,无法实现对物料进行有效粉碎。反之,当球磨机转速过低时,钢球和物料只达到有限的提升高度就滑下来,冲击力过小,导致无法进行高效粉碎物料。

球磨法有干磨和湿磨。干磨的缺点是细粉易粘在筒壁上,粉碎效果变差。湿法无此问题,适用于制造细粒度微粉,但湿磨法粉碎晶形较差。

微粉的粒度和晶形取决于球磨设备和球磨工艺参数(时间、球料比、球的大小、滚筒转速等)。常用设备为小型的球磨机,如筒式的三辊四筒 XBM-70 型金刚石球磨机,转速为 70~100 r/min。滚筒有 200 mm×150 mm 和 150 mm×100 mm 两种。后一种装料量为:金刚石 1.0 kg,钢球 3.5 kg(其中 25~27.5 mm 的球 3.0 kg,15~17.5 mm 的球 0.5 kg)。球料

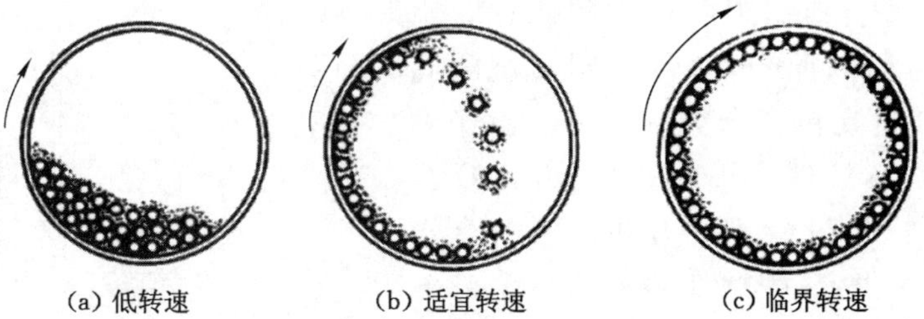

图 8-9　球磨筒内球和物料不同转速时的三种状态

比一般为 3.5∶1～4.0∶1。粉碎时间为 30～85 h,视原料粗细和微粉粒度要求而定。大规模生产时可使用更大规格滚筒。

除筒形球磨机外,还有球形球磨机,其整形效果更好。

(2) 酸、碱处理

酸、碱处理的目的是清除提纯工序中残留下来的叶蜡石、粉碎过程中引入的金属杂质和暴露出来的包裹体杂质。处理工艺可参照金刚石提纯工艺。也可先进行碱处理,再进行高氯酸处理,水洗至中性,烘干保存供分级使用。如果原料中无叶蜡石存在,可省去碱处理。

8.2.2　粒度分级

(1) 超声波分散处理

经烘干的料在保存期间可能结团,因此在分级之前需要用超声波进行分散处理,使之处于单颗粒分散状态。方法很简单:将微粉料盛入烧杯内,置于超声波设备中即可,时间为 0～10 min,甚至数小时,视微粉料黏结情况而定。

分散设备为超声波清洗机,结构如图 8-10 所示,主要由超声波发声器、换能器(振子)和清洗槽组成。输出功率根据槽底面积计算。清洗槽容积与功率呈直线关系。

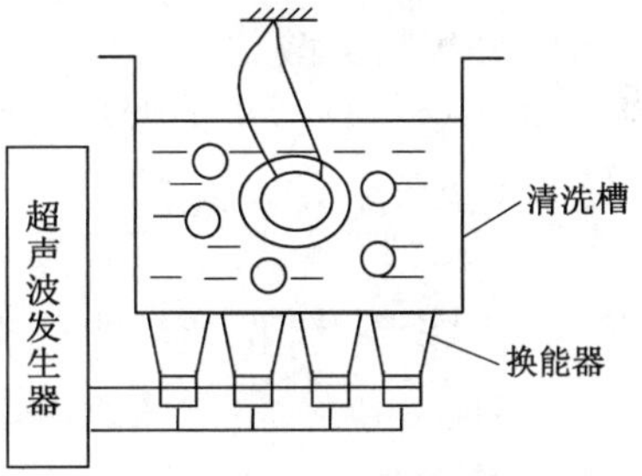

图 8-10　超声波清洗机简图

换能器的作用是将发生器产生的电能转换成声能,并导入槽内液体。国内目前有磁致伸缩和压电陶瓷换能器两种。后一种换能效率较高,达 40%～50%,但是不能浸入液体中,装在槽外。清洗槽内各处的空化强度分布不均,空化强烈层厚度约为 10 mm。使用时,物料在槽中应处于空化强烈层。相应的环境要求:温度为－10～＋40 ℃;相对湿度为 80%;通风良好,无腐蚀性气体。清洗槽材质为 $Cr_{18}Ni_{9}Ti$ 不锈钢板。

(2) 粒度分级

粒度分级是根据不同粒径颗粒在介质(通常采用空气和水)中受到不同大小的离心力、重力、惯性力等的作用,产生不同的运动轨迹,从而实现不同粒径颗粒的分离。粒度分级是金刚石微粉生产工艺中的重要环节,关系到微粉质量。常用的分选方法有自然沉降法、离心沉降法和筛分法等。实际使用中可以采用以上某种分级方法,也可以采用多种方法形成复合式分选工艺。

① 自然沉降法：根据不同比重的颗粒在水中的沉降速度不同的原理，通过控制其沉降高度和沉降时间来达到粒度分级的目的。由于颗粒沉积的速度与其粒度大小成正比，并且在沉降过程中增大到一定值，其重力和浮力的合力与阻力平衡，速度稳定，因此在溶液中从浅到深形成了粒度从小到大的分布。此时利用虹吸法将某深度处的液体抽出即可得到含有某粒度范围内的微粉溶液。自然沉降法示意图如图 8-11 所示，此方法具有设备简单、操作容易、质量稳定的优点，但是精细粉的分级周期较长，效率低。

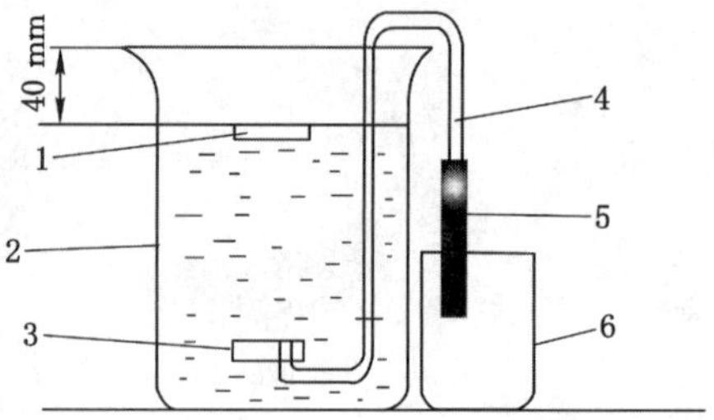

1—上标签；2—容器；3—下标签；
4—抽签；5—乳胶管；6—采料容器。
图 8-11　自然沉降法示意图

② 离心沉降法：利用离心力取代沉降法中的重力来实现微粉粒度分级的一种方法，尤其适合用于小粒径颗粒的分选。颗粒分散在离心机的悬浮液中，随着旋转产生的离心力使不同粒径的颗粒产生了不同的沉积状态。在离心力场中，离心力的作用比自然沉降法中重力的作用更明显，大大提高了微粉的最终速度，从而更快实现微粉的分级，在几分钟内实现采用自然沉降法几十个小时才能实现的精细微粉分级，极大提升了分级效率。

③ 筛分法：利用不同孔径的筛网对金刚石微粉进行分级，该方法操作简单，适用于较粗粒度的颗粒分级，用于精细微粉的分级时存在筛网昂贵和易损坏等缺点，需要和其他方法配合使用。

此外还有利用沉降速度差异的水析沉降法和利用风力的旋风法等。

(3) 分级后的酸处理

分选出的各种粒度的微粉，黏附有分散胶体和其他杂质，需要清水洗和盐酸洗，再水洗后烘干，完成整个分选步骤。

8.3　爆炸法制造金刚石微粉

爆炸法合成金刚石，需要的压力、温度条件与不用触媒的静压法相似（压力一般为 20 万倍大气压以上），但产生高压、高温的方法不同，静压法是依靠高压机产生高温、高压，而爆炸法是用利用炸药爆炸产生瞬时的高温、高压。利用三硝基甲苯（TNT）和黑索金（RDX）等烈性炸药爆炸后所产生的强冲击波作用于石墨，瞬间得到几十万倍大气压的压力和几千度高温，使石墨转变为金刚石。产生的金刚石颗粒为细小多晶体（一般为 5～20 nm），此类结晶缺陷严重、脆弱，目前主要用于研磨膏或者作为制造烧结体的原料。

爆炸法不需要贵重设备，单次产量高，但温度、压力不好控制且杂质含量多，提纯和回收步骤烦琐。

下面简单介绍爆炸法的主要装置、原材料和工艺流程。

8.3.1　爆炸法使用的装置

爆炸法常用装置有以下三种。

(1) 单飞片合成装置

平面波发生器使顶端的点爆源变成面爆源，产生平面波，引爆主炸药包。驱动飞片以每秒几千米的速度撞击石墨，使之转变成金刚石。所得产品占石墨的 3%～5%。假如碳源不用石墨而改用球墨铸铁或普通生铁，铁就能起触媒作用，促使其中的碳转变成金刚石。

如果用含有结晶石墨小包裹体的触媒金属块作为原料，由于金属比石墨难压缩，当压缩波通过时，没有像石墨那样热起来，造成了石墨包裹体的猝灭。这种猝灭作用使得在冲击压缩过程中形成的金刚石，在随后的卸压膨胀过程中得以保存下来，因而产量大大提高。

日本学者漱高信雄采用无定形碳素和改进过的单飞片装置，可以使转化率达到 65%（飞片速度为 3.6 km/s）。合成装置如图 8-12 所示。试料为糠醛树脂，经 500～600 ℃氮化处理 2 h。回收容器为不锈钢。

(2) 圆柱形合成装置

这种装置目前国内外使用较多，其结构如图 8-13 所示。当雷管起爆时，点燃外周侧的炸药，自上而下爆炸，通过一只金属薄壁筒（飞片）对芯柱的石墨施以冲击压力，完成金刚石的合成。整个装置通常置于泥土或水池中，以便爆炸后回收样品。目前，国外用于超硬材料合成的装置都很大，这样才能获得较高的经济效益。如近藤建一介绍的一种合成装置，其尺寸为 ϕ280×3 000 mm，是一种炸药当量值很大的爆炸装置，装药量数百千克。还有的大型爆炸合成装置更大，其直径为 1 m，装药量达 5 t 以上，置于废弃的矿井中爆炸合成，一次可获得数千克甚至数十千克的超硬材料。

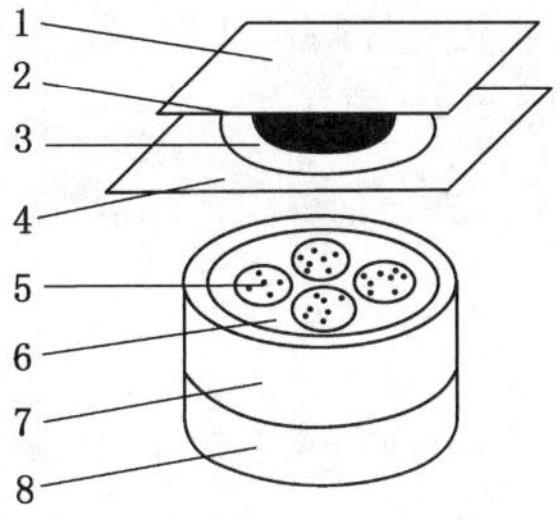

1—薄片炸药；2—主炸药；3—导管圆环；4—飞片；
5—试料；6—回收容器；7—软铁环；8—软铁原板。

图 8-12　爆炸回收装置

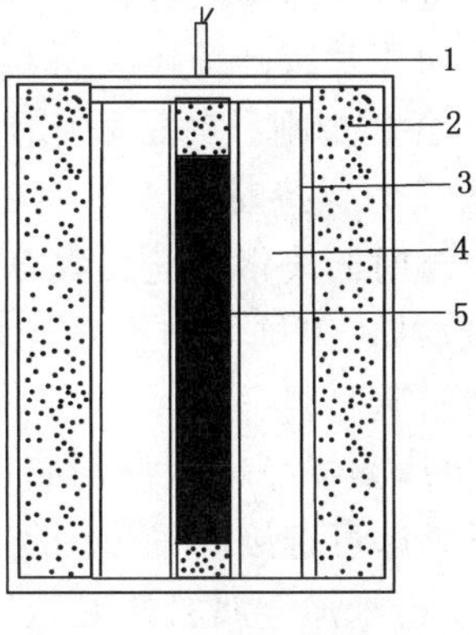

1—雷管；2—炸药；3—飞片；
4—空隙；5—样品。

图 8-13　圆柱形爆炸装置

(3) 爆炸容器装置

这是一种钢制的球形或圆筒形容器。将实验用的样品和炸药置于其中进行爆炸合成超硬材料的实验，已取得了良好的效果。由于爆炸在容器内进行，因而比较安全，同时具有噪声小、操作简便、样品可完全回收并且可以连续施爆等一系列优点，已被国外企业应用于超细金刚石微粉的生产。

8.3.2　爆炸法使用的原材料

爆炸合成金刚石用的原材料主要包括以下 3 种。

(1) 炸药

国内外用于合成超硬材料的炸药皆为烈性炸药，其具有较高的爆速和热量，其稳定性能较好，通常需要引爆药来激发爆炸。目前应用较多的炸药是三硝基甲苯(TNT)、黑索金(RDX)及其混合炸药(黑梯炸药)，此外还有奥克托今(HMX)、硝酸肼和水合肼等品种。

表 8-2 是国内外常用的几种高效烈性炸药及其参数比较。

表 8-2　合成超硬材料的几种常用高效烈性炸药及其性能

名称	三硝基甲苯(TNT)	黑索金(RDX)	黑梯炸药(TNT/RDX，质量比为 40:60)	HMX/TNT(质量比为 75:25)	硝酸肼/水合肼(质量比为 60:40)
密度/(g/cm^3)	1.59	1.59	1.68	1.81	1.4
爆速/(kg/s)	6.8	8.1	7.9	8.48	8.4
爆热/(×10^6 J/kg)	4.186	4.605	4.94	5.861	5.442

爆炸合成金刚石时所需的冲击压强值和 R-H 温升值(即物质在受到动态冲击压时由于原子间相互剧烈摩擦而产生的温升，记作 $T_{(R\text{-}H)}$)，主要取决于所用炸药的性能和用量以及爆炸装置的正确安置方式。由 TNT/RDX 组合的混合型熔铸炸药，如质量比例为 40/60 或 50/50 的炸药，具有高爆速、安全、价廉和高效等优点，因而得到广泛应用。

(2) 平面飞片或圆筒飞管材料

在爆炸合成金刚石时常采用金属飞片或薄壁金属筒来轰击样品，以取得较高的冲击压力和一定的压力保持时间。飞片冲击试样的压强值可比原来作用于飞片上炸药的压强值大 3 倍。通常选用低碳钢板(如 Q195)来制作飞片或飞管，其具有强度高、塑性好、熔点高、$T_{(R-H)}$值低、冲击阻抗大和价廉等一系列优点。

(3) 初始碳材料

① 石墨压缩样品——将石墨制成密度较大的块状样品(如石墨棒等)，其密度为理论值的 75%～85%，可直接安置于圆柱形爆炸合成装置中。

② 石墨粉末加金属粉的混合压制品——作为冷却剂的金属粉要求高熔沸点、高冲击阻抗、高导热性、低 $T_{(R-H)}$ 温升和低成本。因此，用得较多的是还原铁粉和钢屑，实验研究也采用铜粉和铝粉。

③ 金属-石墨复合材料——浇铸的金属基复合材料含石墨，样品致密、均匀，是一种较好的合成用试样。它能迅速冷却已转变的金刚石，防止高温残留温度导致的逆变。因此，产品的转化率较高。由于样品致密，定向爆炸时样品不易飞散，回收率较高。如果在熔融的铝液中加入石墨粉，可形成一种相互接触好的复合材料。或者直接采用工业牌号的灰口铸铁、球墨铸铁等来直接合成金刚石。

8.3.3　爆炸法工艺流程

以炸药为动力源的爆炸法合成金刚石的工艺流程如图 8-14 所示。下面就合成工艺流程中的一些主要工序进行简单介绍。

8.3.3.1　样品的制作工艺

(1) 石墨和铁粉混合样品的制作

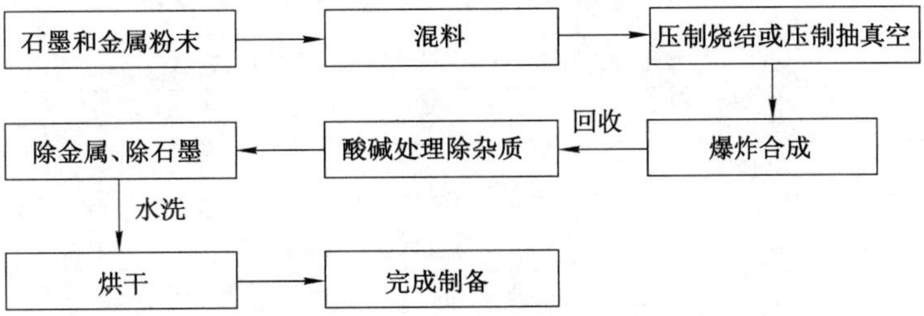

图 8-14　爆炸法合成金刚石的工艺流程

国内外的样品配料一般为 5%～22%石墨，78%～95%铁粉。对于管柱状样品，用于圆柱形爆炸装置，因埋于土中爆轰，样品回收率高，可取石墨含量高限；对于圆饼状样品，多用于飞片定向爆炸装置，爆炸后样品易飞散，应取石墨含量低限。此外，石墨颗粒宜选择小于 100 目(150 μm)的细粒，以便更好地与铁粉混合。

按配比称量好后，将石墨与铁粉置于混料筒内混料 1 h。然后在 423 K 温度下烘干除去水分，置于预制钢模中进行压制成块。压制后的密度为理论值的 70%～90%，加压的同时将柱塞焊牢，并将预制的铜管抽真空，再用氧乙炔焰封口。另外，也可采用粉末冶金烧结试样的方法。

如果用灰口铸铁、球墨铸铁或可锻铸铁直接合成金刚石，原则上应保证石墨含量大于 3%，以便获得更多的金刚石。

(2) 炸药柱的制造

制作步骤：使用铜制蒸汽加热反应釜。首先将称量好的 TNT 置于反应釜中，通入蒸汽后加热铜锅夹层，使釜内的 TNT 融化，然后徐徐加入 RDX 粉末，边加边用铜棒(或铝棒)搅拌均匀，随即浇铸入模。模具可用铜或铝合金制造，也可用硬纸板制成简易模子。有条件时可采用压铸法，以免药柱中心部位形成缩孔。

8.3.3.2　合成产物的净化处理

一般方法：先用强酸及其混合酸除去金属，再用氢氟酸或碱熔法除去 SiO_2 等非金属杂质，然后用各种氧化性酸液除去石墨。国内企业常利用高氯酸、高氯酸和硫酸的混合酸、硫酸和硝酸的混合酸等除去石墨。

采用固体材料氧化石墨，具有操作简便、氧化完全、成本低等优点。用得最多的是氧化铅法。PbO、PbO_2、Pb_2O_3 和 Pb_3O_4 均可按比例同含金刚石的石墨粉混合均匀后，置于 653～798 K 的马弗炉(或其他箱式炉)中发生氧化反应。每隔 1～2 h 用不锈钢棒(或玻璃棒)搅拌 1 次，以使底层石墨快速氧化。反应时，氧化铅既可以被石墨还原，又可以在氧的作用下再生，因而具有催化剂的特征，可循环使用。

8.3.4　主要产品

从 1966 年开始，美国杜邦公司用爆炸法生产人造金刚石微粉(表 8-3)，随后西德肯普顿电冶厂和日本昭和电工都相继推出了他们的产品。近年来，国内外企业又用爆炸法合成纳米级超细微粉，并在市场上销售。

表 8-3 杜邦公司用爆炸法合成的金刚石微粉

供应粒度	尺寸范围/μm	每克拉颗粒数	相当于英制筛号
0.25	0～0.5		
0.5	0～1		
1	0～2	62 000 000 000	14 000
1.5	1～2		
2	1～3	2 000 000 000	8 000
3	2～4		
5	3～7		
6	4～8	260 000 000	3 000
9	6～12	78 000 000	1 800
15	12～22	17 000 000	1 200
30	22～36	2 000 000	600
45	36～45	600 000	325

近年来，国内一些学者采用爆炸法成功地合成了金刚石超细微粉，用 1 600 倍的生物显微镜观测，其颗粒形状不规则，颜色呈灰色。通过观察透射电镜的照片，可以进一步证实这种微粉颗粒形状无规则。在高放大倍数下可以清晰看到微粉颗粒是由大小均匀的亚晶构成的聚晶体。在透射电子显微镜下进一步观察发现在冲击下合成的金刚石中大量存在一种具有定向排列的纳米级织构组织，其晶粒厚度为 5～10 nm，长度为 20～50 nm，常同时含有立方和六方金刚石而形成一种共生晶体。电子衍射斑点表明颗粒中的亚晶是单晶体。

由透射电子显微镜观察和电子衍射斑点表明冲击合成的金刚石晶体内存在大量的位错、点坑和微裂纹等缺陷。加上织构组织的大量存在，使得此类金刚石颗粒在外力作用下容易进行超细化的破碎处理，使纳米级超细微粉的工业生产得以实现。

纳米级超细微粉作为研磨材料，具有优异的切削性能，可广泛用于各种超精研磨和抛光加工中，也是工件表面涂覆的理想耐磨材料。

8.4 生长法制造金刚石微粉

除了上述物理粉碎和动高压合成以外，还有一种静高压合成方法。利用粉状的石墨和触媒原料在静态超高压高温条件下直接生长成为金刚石微粉，称为静压直接生长法，简称生长法。该方法可以直接生成颗粒尺寸在微粉范围内的金刚石产品，而且石墨转化率很高，近年来国内外受到重视。上述三种方法各有其特点（表 8-4）。

表 8-4 金刚石微粉生产的三种方法对比表

生产方法	粉碎法	生长法	爆炸法
设备特点	两面顶、六面顶静态高压、高温设备，可长期重复使用	两面顶、六面顶静态高压、高温设备，可长期重复使用	爆炸装置，一次性使用

表 8-4(续)

生产方法		粉碎法	生长法	爆炸法
工艺特点		首先生产出粗粒度金刚石,然后机械破碎和粉碎。转化率较低(20%左右),生产效率低,产品粒度可以控制,提纯较方便	直接生产出金刚石微粉,转化率高(90%以上),生产效率高,产品粒度可以控制,提纯较困难	直接生产出一定粒度范围的产品,产品粒度难以控制,转化率不高。提纯处理很困难
产品特点	晶形	晶形较差,针片形颗粒难以消除。晶形主要取决于粉碎工艺	晶形好,自然生成等积形和完整晶形,针片形颗粒少。晶形主要取决于合成工艺	细颗粒连晶多。晶形取决于爆炸工艺
	粒度	0.5～50 μm	0.5～50 μm	10^{-1}～10^{-9} μm

爆炸法产品的粒度不在常用微粉粒度范围内,颗粒非常细小,为亚微米至纳米级。爆炸产品的回收处理和提纯分选特别困难。

粉碎法与生长法均可生产常用粒度的微粉产品,所用设备基本相同。对二者进行比较,静压直接生长法的主要优点:

① 石墨转化率高。采用生长法时石墨转化成金刚石的比例在 60%以上,甚至高达 90%～95%,是各种方法中转化率最高的。而使用片状触媒静压合成法的石墨转化率只有 20%左右;爆炸法转化率更低,约 5%。

② 生产效率高。生长法高压、高温合成时间短,合成周期短于传统工艺的$\frac{1}{3}$,此外还省去了传统工艺所必不可少的长时间球磨破碎和粉碎过程。

③ 产品晶形好。生长法在高压、高温条件下生成的产品绝大部分为符合要求的等积形颗粒,等积形占 95%～98%,完整晶形占 30%,不会像传统方法那样由于球磨破碎而形成大量针片状颗粒。

8.4.1　原料选择、加工与组装

8.4.1.1　石墨和触媒原料选择

(1) 石墨的选择

静压直接生长金刚石微粉不宜采用传统的片状石墨和触媒,而采用粉状原料,使用专用的石墨粉和触媒粉。

石墨粉可以采用吉林省、河南省产出的天然鳞片状石墨,加工成符合要求的一定粒度的石墨粉。在这种天然鳞片状石墨中,3R 型结构(斜方六面体结构)的晶体所占比例较大,容易直接转化成金刚石,有利于获得高转化率。

石墨粉也可以采用专门生产的人造石墨加工而成。其主要技术指标为:石墨化度应在 90%以上(93%～95%);水分应小于 0.5%;粒度峰值一般为 200～300 目,欲生产微粉的粒度越细,所用石墨粉的粒度也应越细;石墨粉的杂质含量影响金刚石的纯度和颜色,应对其杂质含量进行控制,目前通常采用氮气、二氯氟甲烷去除杂质。

(2) 触媒的选择

触媒成分可以是镍基合金,例如镍铁合金、镍锰合金、镍锰钴合金,也可以是铁基合金,根据金刚石产品质量和产量的要求进行选择。镍基触媒有利于生产晶形好的金刚石;而铁基触媒有利于提高金刚石产量,而且成本较低。触媒粉的粒度和颗粒形状应与石墨粉互相匹配,从有利于触媒粉与石墨粉混合均匀的角度考虑。应减小触媒粉的堆积密度,使之与石墨粉的密度接近,因此最好不使用球形粉末,而使用比表面积大的触媒粉,例如鳞片状、多角状、树枝状颗粒的粉末。

目前工业上所用触媒金属粉末的制取方法主要是雾化法。雾化法制的粉末颗粒一般近似球形,密度较大,如果将其加工成鳞片状粉末,则有利于与石墨粉混合均匀。

国内采用刨削或车削的碎屑经破碎、粉碎及进一步加工制成的镍锰钴触媒粉末,一般为不规则的多角形鳞片状颗粒,但粒度偏粗,一般大于 100 目。生产细粒度金刚石微粉时,触媒粉粒度应更细。

8.4.1.2 粉状原料加工

经过选择的粉末触媒和石墨原料,需预先压制成圆柱体(俗称合成棒),然后装入叶蜡石立方块中,以备高压、高温合成使用。

粉状原料加工工艺流程如图 8-15 所示。

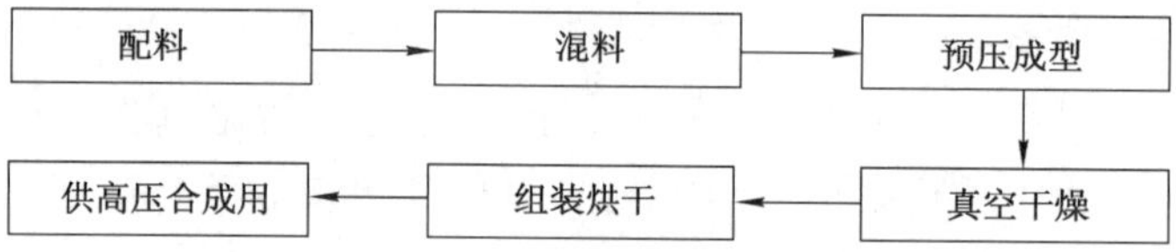

图 8-15　粉状原料加工工艺流程

主要工序的工艺要点说明如下:

(1) 配料粉状触媒与石墨的配料比,应根据金刚石产品的要求而定。当生产粗粒度金刚石时,粉状触媒与石墨的配比与片状的配比相近,质量比大致为 1∶1。为了生产晶形完整和耐热性好的粗粒度高强度金刚石,石墨所占比例适当大一些,可达 60%以上。当以生产细粒度和微粉级金刚石为目的时,粉料配比与上述情形有所不同,甚至相反,触媒的用量要大一些,超过石墨的用量,即触媒与石墨的质量比大于 1∶1。提供足够数量的触媒,有利于石墨与触媒充分接触,促进石墨在短时间内能够充分反应,从而提高石墨转变为金刚石的转化率。转化率越高,生产的金刚石粒度越细,触媒所占比例越要提高,但也有个限度,并非越高越好。有的厂家所用触媒与石墨质量比高达 4∶1,这个比例显得过高。这是因为石墨太少时,虽然转化率高,但单产并不高,同时高压、高温合成时的加热电流也需要提高,这是明显的不利因素。

(2) 混料。触媒与石墨密度相差较大,不易混匀,需要采取多种措施来实现二者的均匀混合。主要可在以下几个方面采取措施:

① 尽可能使用颗粒形状较复杂、比表面积较大、堆积密度较小的触媒粉末,使触媒与石墨的堆积密度差别减小,以利于二者均匀混合。

② 为了混料均匀和便于压制成型,在混料时需要添加适量的润湿剂,起成型剂或临时黏结剂的作用。润湿剂可以用水,也可以选用适当的有机润湿剂,但需注意,不允许引入对金刚石生长有害的杂质。

③ 选择最佳的混料时间。当两种不同密度的粉料互相混合时,在一定混料方式条件

下，有一个最佳的混料时间，如果时间过长，已经混匀的粉料会再分开。

(3) 预压成型

混合后的粉料极易因吸潮、氧化等而被污染或变质，故不宜长久存放，应当尽快预压成型，压制成形状和尺寸符合要求的圆柱体(合成棒)。压制成型所需压强约为 1 MPa，成型密度约为 4 g/cm^3，具体数值随原料成分及粒度的不同而有所不同，密度一般为 3.9～4.1 g/cm^3。

粉料经预压成型后，抗吸潮及氧化的性能虽然稍有改善，但仍然不宜长时间存放，应及时烘干，并及时组装成合成块，尽早供合成使用。

8.4.1.3　合成块的组装

(1) 合成块的结构形式

在总结国内六面顶压机用片状原料合成块组装经验和吸取国外两面顶压机用合成块组装方式优点的基础上，晶鑫磊公司等单位设计出了经过改进的适用于六面顶压机的粉状原料合成块的组装图如图 8-16 所示。

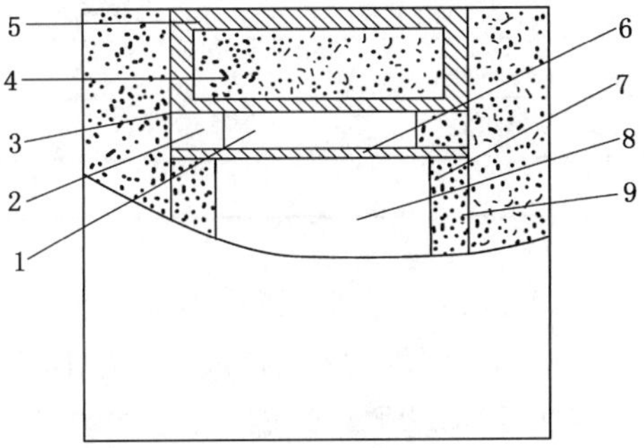

1—加热片；2—密封环；3—导电片；
4—填芯；5—钢帽；6—金属片 7—金属带；
8—石墨柱；9—白云石管。

图 8-16　粉状原料合成块组装图

(2) 组装形式的改进

图 8-16 组装形式与国内传统的合成块相比有多处改进，简单说明如下。

① 堵头钢帽和填芯——使用了较大的钢帽，钢帽与顶锤的接触面积增大，从而增大了顶锤的受热面积以及导电和传热面积，因而有利于减轻顶锤因局部受热和机械作用而引起的应力集中的危害。

在钢帽内充填了经过预压成型的叶蜡石填芯，从而可以保证填芯达到足够的成型密度，使之能够起到较好的传压和隔热作用。

② 导电片和加热片——增加了导电片，改善了导电性，可以防止钢帽因直接接触石墨片受热渗碳使电阻变大而引起的钢帽烧融现象的发生。

位于密封环内的加热片是专用的粉压高电阻石墨片，其电阻可根据工艺要求进行设计和调节。

③ 白云石套管——粉末合成棒外面增加了白云石套管，不但避免了原来直接接触合成棒的那部分叶蜡石因为受热发生高温相变使体积缩小而引起的合成腔压强下降，而且利用白云石的高温膨胀特性可以在一定程度上弥补高压、高温合成金刚石过程中必然发生的合成腔内的压强下降。

④ 金属片和金属带——位于合成棒两端的金属片和合成棒外围的金属带，可以起隔离作用，有效防止合成棒外部叶蜡石、白云石等有害物质对合成棒中触媒和石墨原料的污染。

8.4.1.4　烘干

粉状原料合成块的烘干工艺与片状原料合成块的烘干工艺基本相同，但是烘干时间更长一些，以保证充分排除粉末原料中所含的水分。经过电热真空干燥箱烘干处理后的合成棒，组装成合成块后，在 130～150 ℃温度下烘干 24 h。未经预先真空干燥处理的合成棒，组装后需要在 120 ℃温度下烘干 36～48 h，甚至更长时间。

8.4.2 合成工艺参数的选择

合成工艺参数(压强、温度、时间)的选择与控制,采用粉状原料与采用片状原料时基本原则相同,但具体参数的数值有所不同。

实际生产中都是通过改变加热功率来调节温度。合成温度主要取决于所使用的触媒材料。例如,使用镍铁合金触媒比镍锰合金触媒所需合成温度要高一些。要生产晶形好、颜色浅的产品,合成温度也应适当高一些。表 8-5 反映了温度与晶形之间的关系。表中数据是在 DS-029B 型六面顶压机上的合成结果。金刚石粒度在 38～63 μm 范围内。

表 8-5 加热电压对金刚石晶形的影响

加热电压/V	完整晶形/%	等积形/%	针片形及连晶/%
126	22	90	10
132	29	93	7
139	18	88	12

压强与温度应当匹配,当温度较高时压强也应相应提高。

无论是使用片状原料或者粉状原料,上述关于压强和温度的基本原则都是相同的。

对于用粉状原料合成团粒结构的自锐性金刚石磨料或金刚石微粉而言,如果要求高产和高转化率,可以采用一次升压或类似于一次升压方式;如果同时还要求晶形好,则应采用二次升压及一次暂停方式。暂停压力应选在石墨稳定区,接近石墨-金刚石平衡线而不越过平衡线,其主要目的是使合成棒预热,使之温度均匀,并且是触媒与石墨在反应前互相渗透,充分接触,以利于在压强提升至合成压强后全面迅速发生催化反应,促使石墨大量转变为金刚石。

在加热功率一定条件下,提高合成压强是提高产量的一个有效手段。例如,在 DS6×800A 型六面顶压机上,使用 Ni-Mn-Co 触媒,当合成表压从 88 MPa 提高到 92 MPa 时,石墨转变为金刚石的转化率从 70%提高到 90%。又如,在 DS-029B 型六面顶压机上,使用 Ni-Mn-Co 触媒,也得到了类似的合成结果,如表 8-6 所示,随着压强升高,产量相应增加。表 8-6 同时还表明,随着压强升高,在产量增加的同时,金刚石晶形变坏,完整晶形减少和等积形有所下降。表中金刚石的粒度为 100 μm 以细的细粒度金刚石和微粉级金刚石。

表 8-6 合成压强对产量和晶形的影响

合成表压/MPa	123	126	129	132
产量/g	2.2	5.7	6.0	7.7
等积形/%	97	87	81	75

8.4.3 提纯与分选

细粒度及微粉级金刚石合成后的提纯和分选,较磨料级的金刚石颗粒困难得多,需要采用一些不同于磨料级金刚石颗粒的提纯和分选,目前主要有以下三种方法:

(1) 酸处理法

此方法类似于目前工业生产中常用的粗粒度金刚石提纯方法,主要步骤如图 8-17 所示。

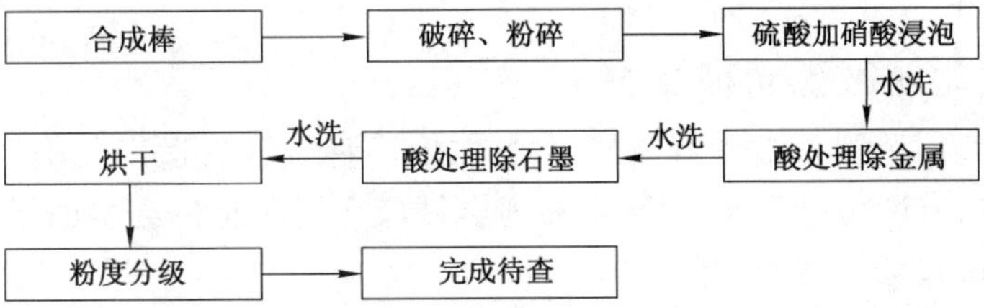

图 8-17　酸处理法提纯细粒度金刚石的主要步骤

（2）重液分选法

合成棒料充分粉碎后，用重液分选法除去大部分石墨，然后酸处理除去剩余的石墨和触媒金属，经提纯后用沉降法进行粒度分级。所用重液要求色浅、透明、廉价、易回收。

（3）特性吸附分选法

合成棒经过粉碎后，采用含有适当添加剂的溶液，将金刚石与石墨、金属等其他物质分离开。在此方法中，借助于专用添加剂的吸附作用，与待分离的混合料中的各种不同物料间发生不同的表面作用，使之充分悬浮或者加速沉降，大大提高分离速度，缩短时间。特性吸附分选法是微粉快速提纯的一种新的有效途径。

8.5　立方氮化硼微粉制造

8.5.1　立方氮化硼微粉制造方法

立方氮化硼微粉的生产过程与人造金刚石微粉大同小异，生产的原理也相同。立方氮化硼微粉制备方法的发展不如金刚石微粉，其微粉制造主要采用破碎法，而爆炸法和直接生长法鲜有使用。

8.5.2　立方氮化硼微粉的分级及检测

cBN 微粉在分级过程中，待沉降高度确定后，可根据分选时的水温由表 8-7 查出各粒度的沉降速度，计算各粒度的沉降时间。其操作方法与金刚石微粉的生产基本相同。

表 8-7　不同温度下各粒度 CBN 微粉在水中的沉降速度　　单位：cm/min

水温/K	粒径/μm							
	40	28	20	14	10	7	5	3.5
283	9.98	4.89	2.49	1.22	0.62	0.307	0.156	0.076
288	11.38	5.57	2.84	1.39	0.71	0.350	0.178	0.087
293	12.93	6.33	3.23	1.58	0.81	0.397	0.202	0.099
298	14.59	7.14	3.64	1.78	0.91	0.448	0.228	0.111
303	16.27	7.96	4.06	1.99	1.01	0.500	0.254	0.124

cBN 原料以及微粉成品的酸处理可参照第 7 章立方氮化硼的提纯处理方法。

立方氮化硼微粉的检测方法同前述金刚石微粉的检测方法，可利用光学显微镜和激光粒度仪等进行检测。

8.5.3 立方氮化硼微粉品种及应用

cBN 微粉的适用范围与金刚石微粉不同,二者品种及各自适用范围见表 8-8。从表 8-8 中两种微粉的适用范围可以看出 cBN 微粉适合铁族金属和有色金属的研磨和抛光,而金刚石微粉则不适用这些金属类的加工。

表 8-8 微粉品种及其适应范围 单位:μm

品种系列	品种代号	适用范围			
		粒度			用途
		主系列	补充系列		
金刚石 (立方氮化硼)	M-SD (M-CBN)		0～0.5		金刚石微粉主要用于硬、脆金属和非金属(如光学玻璃、陶瓷和宝石等)材料的精磨、研磨和抛光。一般为 0～0.5 μm 至 6～12 μm 用于抛光;5～10 μm 至 12～22 μm 用于研磨;20～30 μm 以粗者用于精磨(cBN 微粉主要用于硬、韧的铁族金属和有色金属的研磨和抛光)
		0～1	0.5～1		
			0.5～1.5		
		0～2			
			1.5～3		
		2～4			
				2.5～5	
			3～6		
		4～8			
			6～12		
		8～12			
				10～12	
		12～22			
				20～30	
		22～36			
		36～54			

注:本表节选自《人造金刚石微粉和立方氮化硼微粉品种》(GB/T 6966.1—1986)。

练习题

1. 名词解释:金刚石微粉、粉碎法、生长法、爆炸法。
2. 金刚石微粉的应用有哪些?
3. 金刚石微粉制造的三种方法是什么?与粉碎法相比,生长法的主要优点是什么?

第 9 章　超硬材料聚晶与复合片制备

超硬材料拥有众多优良的物理性能、化学性能，使其应用前景广阔。超硬材料大单晶合成困难且成本高，尤其是大颗粒天然金刚石，数量有限、价格昂贵，主要用在装饰方面。人工合成超硬材料产品虽然价格便宜，但粒度太小，主要适合于制造孕镶工具。这一切使超硬材料聚晶以及复合片的应用具有很大的空间，并且在刀具制造上发挥了重大作用，被广泛应用到汽车、航空、航天、电子、宝石加工、建筑等行业，其应用范围仍然在不断扩大。

9.1　金刚石聚晶概述

9.1.1　金刚石聚晶的历史

人类对聚晶金刚石（polycrystalline diamond，简称 PCD）的研究始于天然聚晶金刚石。自然界中存在两种聚晶金刚石（图 9-1），一种称为卡博纳多（carbonado，黑金刚石），由许多细粒金刚石与少量杂质聚结成的块状多晶体，晶粒无序排列，无解理面，性能各向同性；另一种称为巴拉斯（ballas，玫红尖晶石），呈球形或橄榄形，坚固的外壳由辐射状金刚石构成。

(a) 卡博纳多　　　　(b) 巴拉斯

图 9-1　天然金刚石聚晶

天然聚晶金刚石的优点是坚硬耐磨，但这同时致使其不易制作成需要的规格，限制了它的应用范围。天然金刚石聚晶具有和天然金刚石一样的先天劣势——非可再生资源，客观上无法满足日益蓬勃的工业化使用需求。另外，早期由于在天然或人造金刚石晶体的加工过程中产生了大量的金刚石粉末。由于细颗粒金刚石应用较单一，价值较低，所以这种供大于求导致细颗粒金刚石大量剩余，迫使国内外学者寻求其他方法来增大细颗粒金刚石的利用率，创造更大的价值。科学家们受天然聚晶金刚石的架构启发，致力于开拓一个新的方向——人工合成金刚石聚晶。

自 20 世纪 50 年代人造金刚石问世以来，人们就试图在超高温、高压条件下创造出性能及结构与天然金刚石聚晶相似的金刚石聚晶（PCD）[图 9-2(a)]，并出于工业应用考虑制造一种自带硬质合金衬底的金刚石聚晶复合材料——金刚石聚晶复合片[图 9-2(b)]，以方便将金刚石聚晶焊接在工件上。

(a) 金刚石聚晶　　(b) 金刚石聚晶复合片

图 9-2　金刚石聚晶和金刚石聚晶复合片

9.1.2　金刚石聚晶的特性

金刚石单晶具有固定的晶向，因此金刚石大单晶存在解理面，在受到冲击时容易碎裂。而金刚石聚晶的多晶结构使其在宏观上表现出各向同性，如图 9-3 所示，因此其具有优异的力学性能，因此在抗冲击方面的表现比金刚石单晶更优秀。

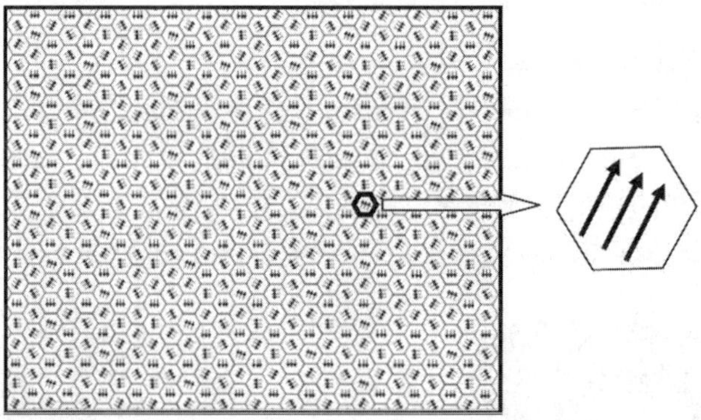

图 9-3　聚晶结构与颗粒解理面示意图

传统金刚石聚晶的硬度(维氏硬度可达 70 GPa)虽然低于金刚石单晶的(维氏硬度达 100 GPa)，但是较其他超硬材料仍存在明显优势。此外近些年涌现出的无添加纳米纯金刚石聚晶和新型生长型金刚石聚晶的硬度已经达到了金刚石单晶的硬度指数。

人工合成金刚石聚晶在实际生产和应用方面较金刚石大单晶和天然金刚石聚晶具有以下优势：

① 天然金刚石聚晶是在自然界演化过程中形成的，数量有限，原始尺寸和形状固定；金刚石大单晶的价格和尺寸呈指数关系，其高昂的材料价格无法实现大规模的工业使用；人工金刚石聚晶价格低廉，可以根据实际需要进行合成，合成过程是可重复的，可以源源不断地供给以满足工业化需求。

② 人工合成金刚石聚晶可以根据需求设计烧结腔体，可以在很大程度上满足人们对金刚石聚晶规格上的不同需求。

③ 可以根据需求在金刚石聚晶合成过程中掺杂，制备不同属性的材料，例如通过掺杂可使绝缘性良好的金刚石显示出极为优越的半导体性能。

④ 利用以往实用价值非常低的金刚石微粉，经过压力和温度的作用制成聚晶，其价值提高几十倍，创造了巨大的附加价值。

9.1.3　金刚石聚晶的分类

不同类型的金刚石聚晶具有不同的特性和应用方向。金刚石聚晶可按照黏结机理分为两类：直接结合型(D-D 键合)和中介结合型(D-M-D 键合)。

图 9-4 是人工合成金刚石聚晶的类型构造图，其中，通过 ABCD 方法制备的金刚石聚晶都属于 D-D 直接结合型，通过 E 方法制备的金刚石聚晶属于 D-M-D 中介结合型。

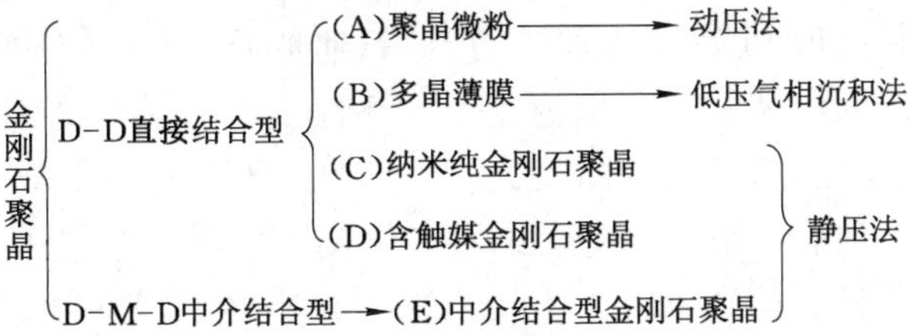

图 10-4　人工合成金刚石聚晶的类型构造图

① 聚晶微粉：通过爆炸法合成的金刚石聚晶微粉是通过不饱和键将爆炸产生的直径为 3～10 nm 的纳米晶粒结合成微米和亚微米聚晶微粉，这种微粉各向同性，无解理面，具有很高的韧性。这些结构特点不但使金刚石聚晶微粉具有较高的化学稳定性和导热性，而且具有纳米材料超常的高强度和高韧性，双重优点使其成为优质的磨具和研磨剂原料，不易划伤工件表面。

② 多晶薄膜：金刚石多晶薄膜是采用低压或常压化学气相沉积方法在固相基片上沉积形成的大面积薄膜状金刚石，具有良好的导热性和接近金刚石单晶的硬度，同时由于存在过渡族金属，热稳定性较好。此类多晶薄膜主要用作光学及电子领域的功能材料，在超高速电子计算机用的大规模集成电路基片和其他高新科技方面具有卓越的功能。

③ 纳米纯金刚石聚晶：在高温、高压条件下，由初始纳米级碳原料直接转化成 D-D 结合的纳米纯金刚石聚晶材料，此种材料具有优于金刚石单晶的硬度，此外由于成分单一和热稳定性良好，在地质钻探、高速切削和精密加工等领域具有广阔的应用前景。

④ 含触媒金刚石聚晶：通过添加金属触媒，在低于纳米纯金刚石聚晶的合成条件下，使金刚石颗粒间形成 D-D 成键，形成具有网状结构的高硬度金刚石聚晶。此类金刚石聚晶具有较高的冲击韧性和自锐性，是优良的刀具材料。通过添加触媒金属制备的金刚石聚晶存在的主要问题是热稳定性较差，原因是聚晶内残存的金属熔点较低，而且是石墨-金刚石转变的双向催化剂，在钎焊过程中或工作过程中产生高温，高温使金刚石颗粒表面石墨化，使其强度降低。常用的提高热稳定性的方法是通过酸处理使金属析出，可以使 PCD 的热稳定温度由 700 ℃升高到 1 200～1 300 ℃。

⑤ 中介结合型金刚石聚晶：将金刚石微粉与适量的结合剂混合均匀，在高压、高温下烧结成金刚石聚晶。其中结合剂分为金属结合剂和陶瓷结合剂，作为中介将金刚石颗粒聚结在一起，即形成 D-M-D 键。

金属结合剂：采用与金刚石有亲和性的过渡族金属粉，如 W、Ti、Zr、Mo 等，与金刚石微粉混合均匀，也可以在金刚石微粉表面镀附金属膜，以利于金属与金刚石之间充分结合，在高温、高压下烧结，形成 D-M-D 键结合的金刚石聚晶。金属结合的 PCD 具有较高的强度和韧性以及不易破碎、断裂等优点，但由于金属结合剂刚性差、硬度低且易被氧化，使硬度和耐磨性降低，极大限制了金属结合剂的使用范围。

陶瓷结合剂：在与陶瓷结合的金刚石聚晶中，最常用的是富硅系列的结合剂，即采用硅粉或富硅的合金作为黏结剂。因为 SiC 和金刚石以共价键结合，所以非常牢固，其本身具有较高的耐热性和硬度，而且热膨胀系数与金刚石相差不多，这样在金刚石聚晶中基本没有因热膨胀系数差异而引起的残余应力，所以 SiC 结合的 PCD 的热稳定性能很好，热稳定温度可达 1 300 ℃。因此这种 PCD 在机加工刀具、石油地质钻头、流体喷嘴、电气散热片及耐磨器件等领域有着广泛的应用前景。国内生产的聚晶金刚石以此类为主。但是由于 SiC 的脆性，使 PCD 强度低、韧性差，易脆性断裂。在重负荷、高频率冲击情况下，出现崩角、掉边及整体脆性断裂，限制了它的使用。PCD 的冲击断裂和磨损破坏的主要断口形貌为晶界断裂以及微刃破碎。因此材料的磨损抗力主要取决于材料的断裂抗力，为了提高 PCD 的磨损抗力，就要提高 SiC 结合剂的断裂抗力，即提高其韧性。

9.1.4 金刚石聚晶制备方法

如图 9-4 所示，金刚石聚晶的制备方法有动高压法、化学气相沉积法、静高压法。

(1) 动高压法

动高压法又称为爆炸法。通过爆炸法合成的金刚石聚晶微粉是通过不饱和键将爆炸产生的直径为 3～10 nm 的纳米晶粒结合成微米和亚微米聚晶微粉，这种微粉各向同性，无解理面，具有很高的韧性。这些特点不但使金刚石聚晶微粉具有化学稳定性和导热性，而且具有纳米材料超常的高强度和高韧性，双重优点使其成为优质的磨具和研磨剂原料，不易划伤工件表面。1961 年，美国率先采用爆炸法合成了 Carbonado 型金刚石聚晶微粉。我国从 20 世纪 70 年代开始致力于此项研究，合成了类似的团球状产品。

(2) 化学气相沉积法

化学气相沉积法是在高温和低于标准大气压的压力下激发分解含碳气体和氧气的混合物，形成活性金刚石碳原子，并在基体上沉积交互生长成聚晶金刚石，如图 9-5 所示。1952 年美国联合碳化物公司首先揭示了低压下化学气相沉积金刚石薄膜的可能性，他们在约 1 000 ℃使甲烷分解，在天然金刚石晶体的表面沉积了纳米级的金刚石。

到了 20 世纪 70 年代，实现了在非金刚石基底上沉积结晶良好的金刚石颗粒和膜；到 80 年代初，发现了提升金刚石膜沉积速率的方法，在非金刚石基体上获得高于 20 μm/h 的金刚石生长速率；2005 年，美国阿波罗实验室成功沉积了性能优良的大尺寸金刚石厚膜(厚 2 μm，直径大于 100 mm)，并申请了专利。

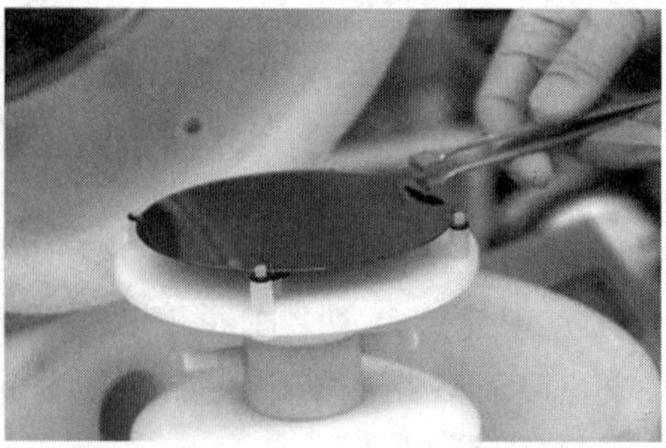

图 9-5 金刚石薄膜

我国自 20 世纪 90 年代开展该方面的研究以来，金曾孙教授采用此方法于 1987 年成功制备了国内首例金刚石薄膜；姜宏伟、彭鸿雁等于 2010 年成功制备了纳米金刚石薄膜。

由于可以通过化学气相沉积法向生成的金刚石薄膜中注入杂质，从而改变金刚石薄膜的特性，所以目前世界各国都投入大量的人力和物力研究此项技术。

(3) 静高压法

静高压法是在利用静态压缩方法获得高压极端条件下完成金刚石聚晶的制备。由于早期高压设备的压力、温度达不到使碳材料直接转变为金刚石聚晶的条件，所以在20世纪60年代初国内外学者提出了加入添加剂来降低生长型金刚石聚晶的合成条件，并对此进行了深入的研究。1964年，美国G. E. 公司首次用金属添加剂使金刚石颗粒结合，并申请了专利；1966年，De Beers公司申请了专利，用亲和性金属黏结金刚石聚晶。自此，利用亲和性金属（铁、钴、镍等）黏结金刚石聚晶的技术逐步成熟。

进入新世纪，随着高压设备的发展，科研人员在金刚石聚晶方面的研究突飞猛进。国内外研究人员在极端的高温、高压条件下（高于13 GPa和2 000 ℃），在无添加剂的情况下将多种碳材料（石墨、碳60、碳纳米管、高能球磨石墨等）直接转变成纯金刚石聚晶，此类D-D成键结成的纯金刚石聚晶在硬度、弹性模量、热稳定性和抗冲击韧性方面比金刚石单晶的性能更好，具有广阔的应用前景。日本爱媛大学更是于2012年合成了透明度极高的纳米纯金刚石聚晶。中国四川大学在压力16 GPa和温度2 100～2 500 ℃条件下，将高能球磨石墨和高结晶石墨直接转变为D-D成键的纯金刚石聚晶。

9.1.5 金刚石聚晶的用途

自人造金刚石聚晶投产以来，已在下列工业领域广泛应用。

(1) 切削工具

PCD首先被成功地用于制造各种刀具（图9-6），包括车刀、铣刀和镗刀等，用来加工铜、铝等非铁金属及其合金，硬质合金以及碳、石墨、塑料、橡胶、陶瓷、玻璃钢等非金属材料。目前应用较广泛的是用PCD刀具加工极其耐磨的过共晶硅铝合金汽缸活塞，切削速度最高达100～150 m/min，最大切深达3～10 mm，刀具的耐用度为硬质合金的100倍或天然金刚石的2～5倍，并能断续切削加工。另外，用PCD车刀车削加工钛合金（Ti-6Al-4V）时，PCD刀具的耐用度为硬质合金刀具的1 850倍。

(2) 拉丝模

PCD拉丝模的应用始于1974年。由于PCD是多晶结构，磨损无方向性，加上晶粒间存在间隙或晶粒间的黏结物被磨损后出现间隙，这些间隙在拉丝过程中为储存润滑油正好创造了良好条件，致使拉丝模的使用寿命比天然单晶金刚石模的使用寿命高。另外，由于天然金刚石硬度各向异性，(111)面和(100)面磨损不同，因此，单晶金刚石拉丝模在使用过程中因变形而过早报废，使用寿命低于PCD的（图9-7）。PCD模在拉制硬丝、半硬丝及软丝时，其使用寿命分别为天然单晶金刚石模的2倍、3倍、5倍，为硬质合金模的数百倍。

(3) 修整工具

PCD也常用于制作修整块、修整笔等，如图9-8所示。用PCD替代天然金刚石作为砂轮的修整工具，使用寿命与天然单晶金刚石修整工具的大致相当。

(4) 石油地质钻头

PCD地质取芯钻头的开发实验始于1969年，于1972年成功应用于地质钻头、扩孔器及钻头的保径。用$\phi 1.8$～2.5 mm的PCD制造的取芯钻头，在4～8级灰岩、大理石岩层中钻进，进尺可达116～600 m/只，时效为2 m/h；在7～9级矽化灰岩中钻进，进尺为30 m/只，时效为2 m/h；在8～9级粗晶花岗岩中，进尺为5 m/只，时效为1 m/h；在细砂

图 9-6　金刚石聚晶刀具

图 9-7　金刚石聚晶拉丝模

岩、菱黄铁矿结核岩中钻进，用 PCD 钻头，进尺为 10 m/只，时效为 1 m/h；而表面镶天然单晶金刚石钻头在相同岩层中钻进，进尺为 7 m/只，时效为 1 m/h。

由 PCD 制成的地质钻探用的扩孔器(图 9-9)，在砂岩中钻进，使用寿命为天然金刚石的 4 倍。PCD 石油钻头的开发实验始于 1974 年。1975 年制成的喷射式三刮刀 PCD 石油钻头，单只钻头可穿透 3 组地层，进尺为 2 400 m/只以上，时效为 60 m/h。在推广应用过程中，于 1978 年又创进尺 3 135 m/只记录。PCD 产品 stratapax 于 1976 年正式推出，金刚石复合片以西瓜皮条纹或螺旋刃的分布方式镶装在钻头胎体中，刃口垂直于加工方向，对岩石起剪切作用，适用于在软至中硬岩层中钻进，进尺可达 350～1 400 m/只，时效为 13～21 m/h。如在页岩、砂岩、灰岩、白垩岩中钻进，进尺为 1 357.6 m/只，时效为 2.8 m/h。

图 9-8　修整笔和修整块

图 9-9　地质钻探用的扩孔器

1982 年推出的 Geoset 为不带衬底的三角形或多角形 PCD，能在抗压强度较高的砂岩及软花岗岩中钻进；在 Nugget 砂岩(抗压强度为 117 MPa)中钻进时，进尺可达 73 m/只，时效为 18 m/h。

(5) 麻花钻头

20 世纪 80 年代以后，PCD 的开发应用扩展到钻孔工序。一种是麻花钻，钻头刃口镶装屋顶式或山墙式的夹心 PCD，用于在石材、混凝土等非金属材料或合金上钻孔；另一种镶 PCD 头的圆珠笔式简易结构的钻头，用于印刷电路板的钻孔。印刷电路板是用多层石英-聚酰乙酰胺或碳纤维-聚酰乙酰胺制成的，要在高密度的印刷电路板上钻上万个孔，由于一般的钻头磨损快，寿命短，不能保证精度，因此只有 PCD 钻头才能完成，现已在电子工业中得到广泛应用。

(6) 木材加工工具

20世纪70年代末,PCD刀具的应用扩展到木材领域。由于合成木材多数是用木材碎屑加上树脂或无机胶和矿物材料合成的,很耐磨。另外,合成的碎纸胶合板、塑料贴面板都有一定的磨蚀性,因此用合金钢或硬质合金刀具加工十分困难,加之木材工业中的加工自动线及数控机床日益增多,迫切需要一种耐磨性高、生产效率高的刀具。PCD刀具的出现,不仅可以代替硬质合金刀具,还可以使切削速度提高到2 000～3 000 m/min,切深可达15 mm,刀具寿命延长数百倍,从而提高生产效率,降低成本,同时又改善了加工质量。

(7) 耐磨器件

由于PCD具有极高耐磨性和低摩擦系数,可以用于制作耐磨器件,如精密轴承和精密导轨的镶衬耐磨层,量具的测爪和测头,印刷工业中的摩擦送纸轮,纺织工业中的导轮,各种模具、喷嘴和挤头等。总之,对器件的摩擦部分或接触面要求高寿命、高精度的场合都可以使用PCD。如意大利的马波斯量仪公司,在20世纪80年代就试用人造PCD代替天然单晶金刚石制作自动量仪的测爪和测头,获得良好效果。用PCD制作耐磨器件的用途广阔,尤其是金刚石薄膜。

(8) 其他用途

用于制作硬度计的压头、金刚石对顶砧的压砧等。

9.1.6 金刚石聚晶的选择

金刚石聚晶具有众多优异的性能,但是根据应用需要应考虑下列因素:

(1) 金刚石颗粒粒度

颗粒大小对聚晶的性能具有明显的影响。作为刀具材料使用的金刚石聚晶,颗粒大时具有磨削深、进刀快的优势,颗粒小时则具有表面平整度高的优势,因此设计用于精加工或超精加工的刀具时,应选用细晶粒的PCD刀具,粗加工选用粗晶粒PCD刀具。

在《金刚石或立方氮化硼与硬质合金复合片品种、尺寸》(JB/T 10041—1999)中,代号PDC-C(金刚石颗粒尺寸范围为5～40 μm)的金刚石与硬质合金复合片,主要用于有色金属、非金属等切削加工;代号PDC-D(金刚石颗粒尺寸范围为5～100 μm)的,主要用于制作石油、地质钻头等。

(2) 形状

根据不同的使用需求可以将金刚石聚晶加工成圆形(R)、半圆形(RL)、扇形(RT)、三角形(T)、长条形(L)等。根据《金刚石或立方氮化硼与硬质合金复合片品种、尺寸》(JB/T 10041—1999)、《钻探用人造金刚石烧结体》(JB/T 3233—1999)、《拉丝模用人造金刚石烧结体》(JB/T 3234—1999),钻探用人造金刚石聚晶主要用于石油、冶金、地质、煤田地质钻头及扩孔器等工具,品种有圆柱形平头聚晶(代号JRS-Z-A)、圆柱形尖头聚晶(JRS-Z-B)、三角形金刚石聚晶(代号为DDP-T);拉丝模用圆柱形(代号JRS-S)等各种不同规格的金刚石拉丝模芯。

(3) 添加剂种类

常规添加剂有金属触媒添加剂、中介金属添加剂和陶瓷类添加剂。三类添加剂制备的金刚石聚晶各有特点。使用金属触媒添加剂,则金刚石聚晶依靠颗粒间的D-D成键连接,聚晶强度高,磨削效率高,但热稳定性受限,尤其不适合加工具有金刚石触媒作用的金属。

使用中介金属添加剂，则金刚石聚晶强度低，韧性强。使用陶瓷类添加剂，金刚石聚晶热稳定性强。

9.2 静高压法制备金刚石聚晶过程分析

静高压法制备的金刚石聚晶包括纳米纯金刚石聚晶、含触媒金刚石聚晶和中介结合型金刚石聚晶。本节将针对这三类金刚石聚晶的静高压制备过程进行分析。

9.2.1 金刚石聚晶烧结过程中的基本物理、化学变化

将金刚石微粉烧结成整体，则高压下粉体内部会发生以下几种现象：

① 高压压碎现象：堆积的金刚石颗粒在高压作用下会发生压碎现象，破碎的细碎微粒填充在大颗粒间隙处。通过对受压粉体的粒度测量(表 9-1)可以发现颗粒受压破碎有如下规律：压力越高颗粒破碎程度越高，颗粒初始粒度越大破碎程度越高。

表 9-1 微粉粒度变化表

400 目金刚石微粉			1 600 目金刚石微粉		
压力/GPa	平均粒度/μm	平均粒度/原始平均粒度	压力/GPa	平均粒度/μm	平均粒度/原始平均粒度
0	33.4	100%	0	7.0	100%
2	24.3	72.8%	2	6.6	94.3%
4	21.2	63.5%	4	6.3	90.0%
5.6	21.6	64.7%	5.6	5.9	84.3%

② 成键现象：如图 9-10 和图 9-11 所示，经过高温、高压作用，初始的金刚石颗粒与周围金刚石颗粒或黏结剂形成了高强度的连接，依靠 D-D 或 D-M-D 成键形成整体高强度的材料。

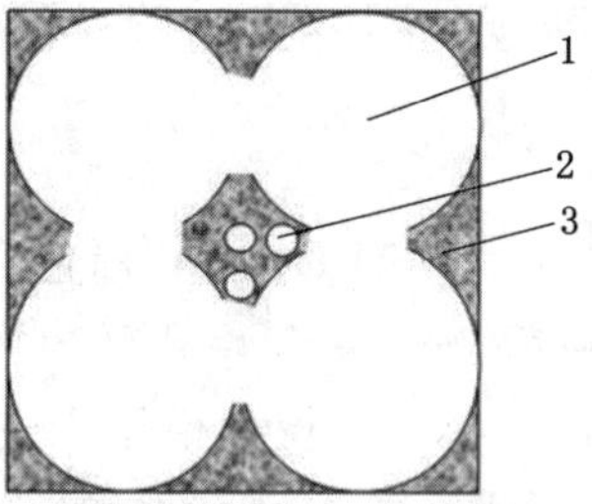

1—粗粒金刚石；2—细粒金刚石；3—黏结剂。

图 9-10 直接键合烧结模型

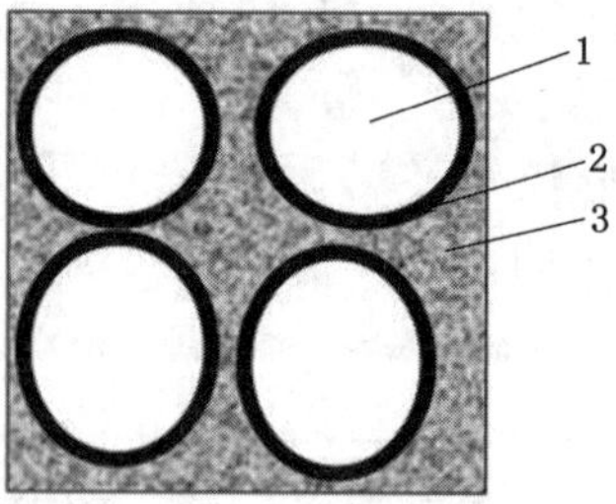

1—粗粒金刚石；2—中间物相；3—黏结剂。

图 9-11 中介结合烧结模型

此外，金刚石加黏结剂制取的金刚石聚晶的显微结构(物相组成)一般都包含三个组成部分：金刚石、黏结剂以及二者之间的新生金刚石或过渡相(中间物相)。需指出的是，烧结后剩余的黏结剂不一定仍然是原来的物相，往往是高温、高压条件下发生了某些反应之后形成的新的物相。

石墨化现象：在高压、高温条件下，由于初期金刚石颗粒表面形变困难，不可避免会存在表面镂空现象，造成镂空表面处于低压、高温的石墨相稳定区，因此在金刚石表面先要经历表面石墨化阶段。因此，要严格控制亚稳区出现的时间，否则生成过多的非金刚石形态的碳，会出现类似碳化硅砂轮的“黑心”现象，使金刚石聚晶质量变差。

此外，在有添加剂的金刚石聚晶烧结过程中可能出现以下现象：① 熔融：高温下黏结剂熔融为液相，填充金刚石颗粒的空隙，扩大与金刚石的接触面面积，以利于浸润、填充和发生反应。② 浸润：液相润湿金刚石表面，排除表面吸附的氧等杂质，使金刚石表面处于活化状态。

9.2.2　黏结剂加入方式及用量

采用黏结剂合成金刚石聚晶，金刚石颗粒间添加黏结剂的方式有两种：① 黏结剂粉末和金刚石微粉直接混合方式[图 9-12(a)]；② 片状或层状黏结剂熔化渗透方式[图 9-12(b)]。两种添加方式的不同在于以下几点：

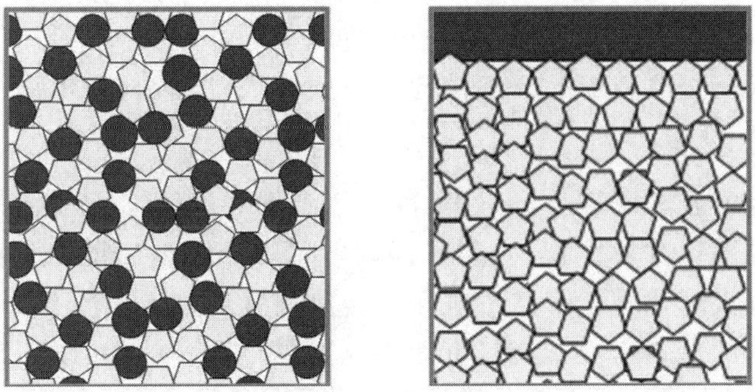

(a) 粉末直接混合方式　　(b) 熔化渗透方式

图 9-12　黏结剂添加方式

(1) 添加方式

粉末直接混合法是在高压实验前，将黏结剂和金刚石两种微粉混合均匀后填装在组装块内样品腔中。由于黏结剂为粉体，所以比表面积大，和金刚石微粉混合时间短则分布不均匀，长时间则容易氧化和吸附杂质，并且黏结剂分布受黏结剂颗粒大小、混合时间等因素的影响，影响黏结剂的均匀分布。

分层熔化渗透法是将黏结剂和金刚石分层放置，可以选择片状黏结剂，也可以选择黏结剂粉压片。这种方式中黏结剂不容易氧化，减少了杂质的吸附，而且最重要的是，高温、高压下黏结剂可以均匀填充金刚石颗粒之间的空隙。

(2) 金属添加量

合理的金属添加量取决于金刚石层的孔隙率。黏结剂含量过多则增大了金刚石颗粒间距，不利于颗粒间的黏结；黏结剂含量过少则部分孔隙中没有黏结剂或黏结剂没有充分填充孔隙，造成孔隙低压或黏结剂溶液低压，出现石墨化而影响颗粒间的黏结。

粉末混合法中黏结剂含量人为确定，不易达到最优比例。且合成条件的变化会影响金刚石层的孔隙率和黏结剂的添加量，所以不同合成条件需要不同的黏结剂添加量，这样造成实际添加量不是最优比例，从而影响了合成质量。相关文献提到粉末混合法中黏结剂含量为 20%，低于该比例则样品欠烧，高于该比例则样品强度降低。

分层熔化渗透法是黏结剂熔化后渗透到金刚石层的孔隙中，金刚石层中的黏结剂含量是由金刚石层的孔隙率决定的，只要黏结剂总量略大于孔隙总体积，当金刚石层中的黏结剂填满孔隙时，多余的黏结剂将不会进入金刚石层，不会影响金刚石层中的黏结剂含量。

(3) 金刚石层致密度

金刚石层的致密度是由金刚石颗粒在聚晶层中的堆积密度决定的。相同粒度的金刚石微粉在高压下的堆积密度取决于初始体系中黏结剂的添加方式。

粉末混合法中，黏结剂粉末在金刚石颗粒间占据了一定的空间，在外加压力作用下，黏结剂粉末被挤压变形，填充了金刚石颗粒间的孔隙，导致金刚石层收缩，但在黏结剂熔化前固体黏结剂颗粒起到了承压作用，减小了金刚石颗粒之间接触点的受力，减弱了接触点的受压破碎。

分层熔化渗透法中金刚石层中金刚石颗粒间直接接触，在黏结剂熔化前，颗粒接触点在高压作用下发生破碎，产生的小颗粒填充到原孔隙中，使金刚石层具有相对较大的堆积率，由此合成的金刚石聚晶也相应具有较高的致密度。

此外，国外还采用金刚石颗粒表面镀覆的方式加入黏结剂，分布得更均匀。

9.2.3 粉体密度配比

一般来讲，粉体的堆积密度会影响 PCD 的致密性和耐磨性，因此采用混合粒度，可以提高堆积密度，减小孔隙尺寸及体积，有利于提高 PCD 的致密度和耐磨性。为了计算最紧密堆积密度，以理想等大球体替代形状不规则的金刚石颗粒。

单一、等大球体的最紧密堆积是具有面心立方晶格排列的，如图 9-13 所示，在等大球体堆积中，球体间还存在孔隙，理论上孔隙占整个空间的 25.95%。根据孔隙周围球体分布的形状，孔隙分为两种类型——四面体孔隙(图 9-14)和八面体孔隙(图 9-15)。为了达到最紧密堆积，必须用等大球体来填充四面体和八面体孔隙。

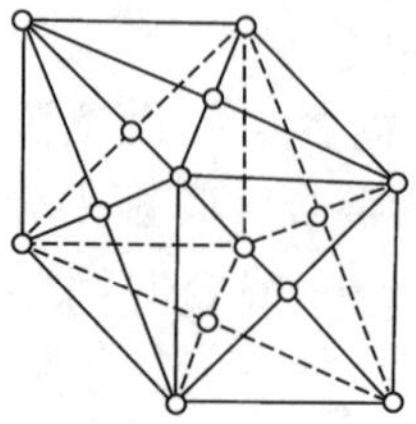

图 9-13　面心立方

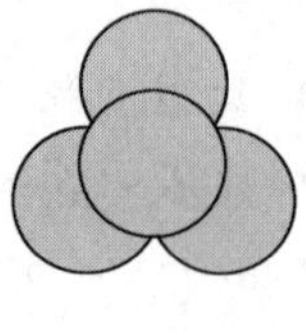

图 9-14　四面体

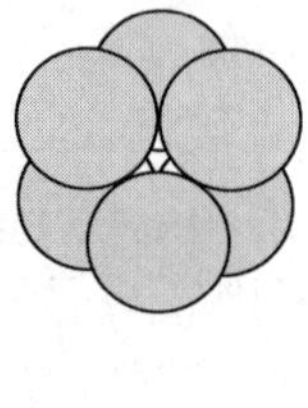

图 9-15　八面体

图中⊙表示相同半径的 A 球体，坐标如下：

$$A_1(\frac{1}{2},0,\frac{1}{2}),A_2(\frac{1}{2},\frac{1}{2},0),A_3(0,\frac{1}{2},\frac{1}{2}),A_4(0,0,0)$$

$$A_5(1,1,1),A_6(\frac{1}{2},1,\frac{1}{2}),A_7(0,\frac{1}{2},1),A_8(1,\frac{1}{2},\frac{1}{2})$$

设 A 离子半径为 R_A，则有：

$$R_A=\frac{\sqrt{(\frac{1}{2}-\frac{1}{2})^2+(0-\frac{1}{2})^2+(\frac{1}{2}-0)^2}}{2}=\frac{\sqrt{2}}{4}=0.3536$$

为了使上述孔隙尽量被填满，在上述 A_1、A_2、A_3、A_4 粒子孔隙处填入 B 粒子，并与 4 个粒子相切，填充四面体空间，设参与填充粒子半径为 R_B，空间坐标为(X_B, Y_B, Z_B)，则有下列方程：

$$\sqrt{X_B^2+Y_B^2+Z_B^2}=R_A+R_B$$

$$\sqrt{(X_B-\frac{1}{2})^2+(Y_B-\frac{1}{2})^2+Z_B^2}=R_A+R_B$$

$$\sqrt{(X_B-\frac{1}{2})^2+(Y_B-\frac{1}{2})^2+(Z_B^2-\frac{1}{2})^2}=R_A+R_B$$

$$\sqrt{(X_B-\frac{1}{2})^2+Y_B^2+(Z_B-\frac{1}{2})^2}=R_A+R_B$$

解方程组可得：

$$X_B=Y_B=Z_B=\frac{1}{4}$$

$$R_B=\frac{\sqrt{3}-\sqrt{2}}{4}=0.079\ 5$$

在图 9-16 中，由 1、2、3、6、7、8 构成一个八面体，其空间用 C 粒子来填充，并与 6 个粒子相切。设 C 粒子半径为 R_C，空间坐标为(X_C, Y_C, Z_C)，则有下列方程：

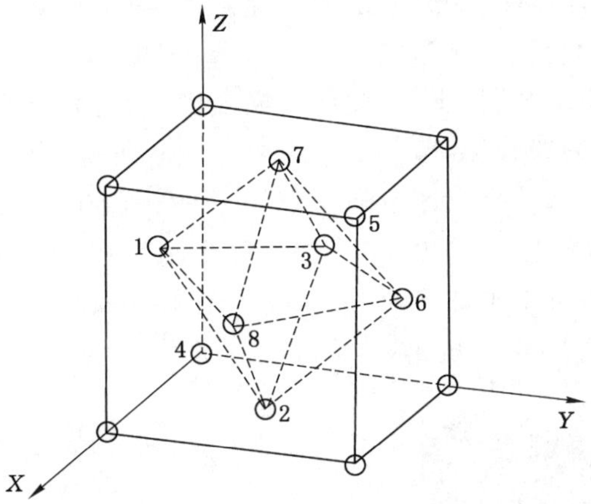

图 9-16　三维模型

$$\sqrt{(X_C-\frac{1}{2})^2+(Y_C-\frac{1}{2})^2+Z_C^2}=R_A-R_C$$

$$\sqrt{X_C^2+(Y_C-\frac{1}{2})^2+(Z_C-\frac{1}{2})^2}=R_A+R_C$$

$$\sqrt{(X_C-\frac{1}{2})^2+Y_C^2+(Z_C-\frac{1}{2})^2}=R_A+R_C$$

$$\sqrt{(X_C-1)^2+(Y_C-\frac{1}{2})^2+(Z_C-\frac{1}{2})^2}=R_A+R_C$$

解方程组可得：

$$X_C = Y_C = Z_C = \frac{1}{4}$$

$$R_C = \frac{2-\sqrt{2}}{4} = 0.1416$$

当采用三种粒度的金刚石微粉配料时，有三种粒度半径比：

$$R_A : R_B : R_C = 1 : 0.2248 : 0.4005$$

三种粒度质量比：

$$m_A : m_B : m_C = \frac{4}{3}\pi R_A^3 n\rho_A : \frac{4}{3}\pi R_B^3 n\rho_B : \frac{4}{3}\pi R_C^3 n\rho_C \quad (n\ 为颗粒数量)$$

假定三种粒度的金刚石密度相等，则有：

$$m_A : m_B : m_C = 1 : 0.0227 : 0.071$$

单一、等大球堆积后的孔隙率为 25.95%，但经过 3 次球的填充后，其孔隙率约下降到 19%，颗粒间的孔隙得到有效减小。

9.2.4 合成区域

如图 9-17 所示，根据石墨直接转化为金刚石所需条件的理论计算，该合成区域为图中（HPHT synthesis）区域，但由于金刚石颗粒接触点存在点接触高压，使纳米纯金刚石颗粒间直接成键的宏观压力、温度条件可以低于此区域，具体的合成区域仍处于摸索阶段。

含触媒金刚石聚晶的合成区域为图中（catalytic HPHT synthesis）区域，由于金刚石表面在金属触媒作用下发生溶解、析出，因此该区域温度、压力状态点在金属和碳的共晶线左侧，在石墨和金刚石相平衡线右侧。

中介结合型金刚石聚晶的合成区域如图 9-18 所示。图中曲线 1 为石墨-金刚石热力学相平衡线；曲线 2 为石墨-金刚石动力学稳定线，即金刚石在动力学上处于稳态或亚稳态的实际界限。曲线 2 的位置可以稍右移动，这取决于金刚石颗粒的大小、纯度、表面特性以及黏结剂性能。热力学平衡线与时间无关，而动力学稳定线与时间有关。保温时间越长，线

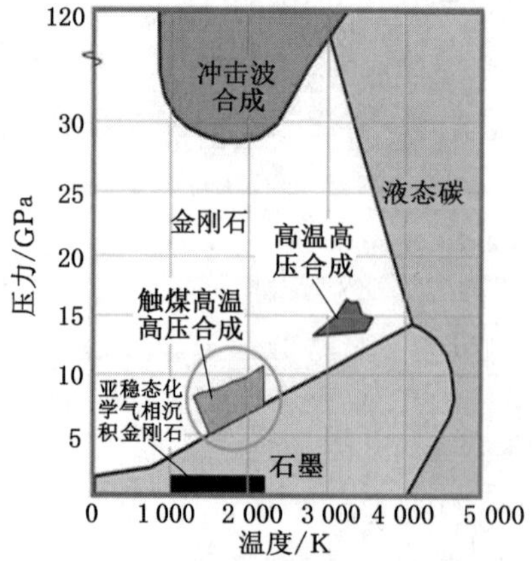

图 9-17　D-D 结合型金刚石聚晶的合成区间示意图

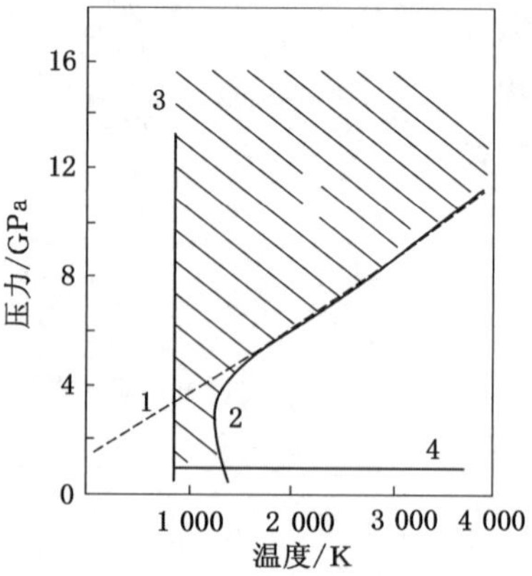

图 9-18　中介结合型金刚石聚晶的合成区间示意图

2 越向左移，亚稳区面积就越小；保温时间越短，亚稳区面积越大。线 3 为制取金刚石聚晶的温度下限。对于所需烧结温度、压力条件最低的 Ti-Cu 黏结剂而言，烧结温度下限大约为 900 ℃，压力约 1 GPa。实际的最低温度受金刚石和黏结剂的影响而会有所变动。由图可见，合成中介结合型金刚石聚晶不一定要在热力学稳定区域内进行，可以在压力较低的亚稳区内进行。这与其他类型聚晶及单晶制造有所不同。

高温、高压烧结是金刚石聚晶制造过程中至关重要的一环。高压、高温下，伴随烧结的主要变化是颗粒间接触界面由初始接触界面逐渐转变为成键晶界，随着颗粒表面原子的重新排列，成键晶界增大，整体材料致密度和强度增大，成为具有一定性能和几何外形的整体。金刚石烧结过程是一个复杂的多相的物理与化学变化过程。

9.3　中介结合型金刚石聚晶制造工艺

下面将对中介结合型金刚石聚晶的制造原理和工艺进行介绍。

9.3.1　黏结机理

9.3.1.1　烧结过程的四个阶段

① 初始状态：烧结前固体颗粒为自由堆积，颗粒间为点接触，有的则相互分开，保留较多的孔隙。

② 添加剂熔化前：随着外部压力的升高金刚石颗粒破碎，整体体积收缩。且随着温度的升高，添加剂软化填充孔隙，在外压作用下整体金刚石层体积进一步收缩，孔隙减小。

③ 添加剂融化后：当添加剂的量足以填充所有金刚石颗粒间的孔隙时，添加剂溶液发挥了液体均一传压的功能，金刚石颗粒被添加剂包裹，温度达到金刚石与添加剂的反应温度时二者反应成键。当添加剂量不足以充满所有金刚石颗粒的孔隙时，由于此时颗粒间的孔隙连通，因此添加剂溶液存在于金刚石颗粒间的零压孔隙中，部分金刚石无法接触添加剂溶液。

④ 烧结结束降温阶段：添加剂溶液冷却凝固，得到金刚石和添加剂的复合材料块体。

9.3.1.2　粉体烧结动力

由于烧结的致密化过程是依靠物质传递和迁移实现的，因此必须存在某种化学位梯度才能推动物质的迁移。

粉体颗粒尺寸很小，比表面积大，具有较高的表面能，即使在加压状态下，颗粒间接触面面积也很小，总表面积很大而处于高能量状态。根据最小能量原理，表面能将自发地向最低能量状态变化，并伴随系统的表面能减少。可见，烧结是一个自发的不可逆过程，系统表面能降低是推动烧结进行的基本动力。但是，作为烧结动力的表面张力可以通过流动、扩散和液相或气相传递等方式推动物质的迁移。由于固体具有巨大的内聚力，这在很大程度上限制烧结的进行，只有当固体质点具有明显可动性时，烧结才能以可度量的速度进行，故温度对烧结速度有本质的影响。一般当温度接近烧结温度（0.5～0.8 倍熔点）时，烧结速度就明显提高。

9.3.1.3　粉体的烧结机理

既然烧结是基于颗粒间的接触和键合，以及在表面张力推动下经物质的传递完成的，那么颗粒间是怎样键合的？物质是通过什么途径传递的？这涉及烧结机理中颗粒的黏附作用和物质的传递。

(1) 颗粒的黏附作用

黏附是固体表面的普遍性质,起因于固体表面力。当两个表面接近表面力场作用范围时,发生黏附。黏附力的大小取决于物质的表面能和接触面积,故粉状物质间的黏附作用特别显著。

(2) 物质的传递

在烧结过程中,物质的传递途径有多种,相应的机理各不相同,但如上所述,它们都是以表面张力作为动力的。

物质的传递方式简介如下:

① 流动传质——在表面张力作用下通过变形、流动引起物质迁移,有黏性流动和塑性流动两种。

众所周知,实际晶体总是有缺陷的,即不同的温度下晶体中总存在一定数量的平衡空位浓度。随着温度升高,空位浓度增大,质点热振动增强,并可能依序向相邻位置移动。表面张力作用时,质点(或空位)就会优先沿此表面张力作用的方向移动,并呈现相应的物质流,其迁移量与表面张力大小成比例,并服从黏性流动的关系:

$$\frac{F}{S}=\eta\frac{\partial v}{\partial \chi} \tag{9-1}$$

式中,F/S 为剪切应力;$\frac{\partial v}{\partial \chi}$ 为流动速度梯度;η 为黏度系数。

如果表面张力因晶体产生位错而产生,这时质点通过整排原子的运动或晶面的滑移来实现物质传递,该过程称为塑性流动。可见塑性流动是位错运动的结果,与黏性流动不同,塑性流动只有当作用力超过固体屈服点才能产生,其流动服从宾汉姆(Bingham)型物体的流动规律,即

$$\frac{F}{S}-\tau=\eta\frac{\partial v}{\partial \chi} \tag{9-2}$$

式中,τ 为极限剪切力。

② 扩散传质——质点(或空位)借助浓度梯度而迁移的传递。

③ 溶解-沉淀——在有液相参与的烧结中,液相能润湿和溶解固相。由于小颗粒的表面能较大,其溶解度也就比大颗粒的大。

$$\ln\frac{C}{C_0}=\frac{\alpha M\sigma_{SL}}{\rho RTr} \tag{9-3}$$

式中,C、C_0 为小颗粒和普通颗粒的溶解度;r 为小颗粒半径;σ_{SL} 为固-液相界面张力;M 为普通颗粒的质量;α 为比例系数;ρ 为金刚石密度;R 为普通颗粒的半径。

由式(9-3)可见,溶解度随着颗粒半径减小而增大,故小颗粒优先溶解,并通过液相不断向周围扩散,使液相中该物质的浓度随之增大,当达到较大颗粒的饱和浓度时,就会在其表面沉淀析出。这就使得晶粒的表面界线不断推移,大小颗粒间孔隙逐渐被填充,从而烧结和致密化。这就是通过液相传质的溶解-沉淀作用。

9.3.1.4 理论计算

根据热力学原理进行的计算结果表明,Si 作为黏结剂时,金刚石与硅形成 β-SiC 的生成

自由能($-\Delta G$)远大于金刚石的生成自由能,因此金刚石与硅能够生成 β-SiC。在 6.5 GPa 压力下,计算公式如下。

金刚石的生成自由能可利用雷彭斯基(O·M·Леппунски)导出的公式计算:

$$\Delta G = 1\ 880 + 1.16(T - 400) + 0.1[T\ln T/1\ 400 - (T - 1\ 400)] + p\Delta V \quad (9\text{-}4)$$

碳化硅的生成自由能可利用下式计算:

$$\Delta G = -20\ 410 - 8.33T + p\Delta V \quad (9\text{-}5)$$

从 X 射线测得晶格常数来看,高压与常压下的 β-SiC 均相同,故可以认为其摩尔体积也相同,ΔV 可以忽略不计。如果 ΔV 忽略不计,则式(9-5)可以写成:

$$\Delta G = -20\ 410 - 8.33T \quad (9\text{-}6)$$

利用以上公式计算得到金刚石与 β-SiC 的 ΔG,见表 9-2。

表 9-2　金刚石与 β-SiC 的生成自由能(p=6.5 GPa)

温度/K	生成自由能(ΔG)/(J/mol)	
	金刚石	β-SiC
1 500	−884	−32 900
2 000	260	−35 410

9.3.1.5　物相变化

(1) 通过 X 射线分析表明:金刚石-硅-镍金刚石聚晶中,除金刚石外还有 β-SiC、Ni_5Si_2 物相,有时还有少量的硅和碳。这说明在高温、高压条件下,金刚石表面的 C 原子与 Si 形成了 β-SiC。

(2) 通过岩相分析也证明了 SiC 物相的存在,并且分布在结合剂与金刚石周围的界面上,金刚石与 β-SiC 形成连续相。其余空间被 Ni-Si 合金所填充。镍具有提高湿润能力的作用。过渡相的数量与金刚石聚晶的抗压强度 σ 之间有如下关系式:

$$\sigma = 3\ 000 + 28\ 600X \quad (9\text{-}7)$$

式中,

$$X = \frac{m'}{m} \times 100\% \quad (9\text{-}8)$$

式中,m' 为 SiC 中 Si 的质量;m 为 Si 的总质量;X 为 Si 的转化率。

9.3.2　烧结技术

9.3.2.1　工艺流程

金刚石聚晶烧结工艺流程如图 9-19 所示。

9.3.2.2　原材料选择和处理

(1) 金刚石

可按照需要选取不同粒度的金刚石粉或对金刚石粉进行配比,并进行净化处理。

(2) 黏结剂种类

烧结金刚石用的黏结剂种类有很多,大体上可分为三类:

① 过渡金属及其合金,如 V、Nb、Ti、Zr、Hf、Co、Cr、Mo、W、Co-Ti 等。它们能够对金刚石起到表面活化作用,促进浸润和黏结。

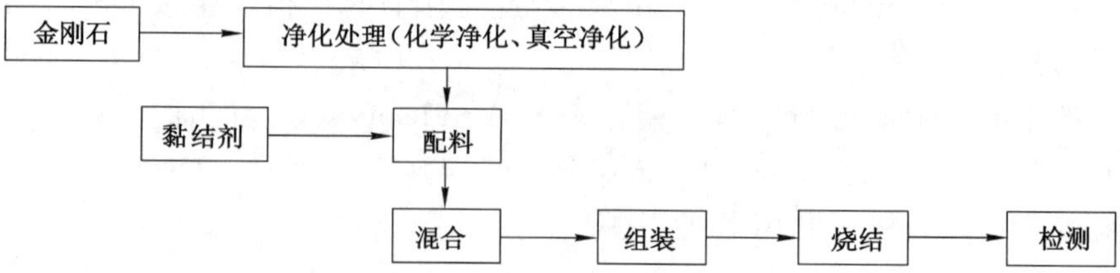

图 9-19　金刚石聚晶烧结工艺流程

② ⅢA、ⅣA、ⅤA 族元素,如 B、Al、Si、N 等。

③ 前两类元素互相结合生成的化合物,如硼化钛、硼化硅、碳化硅、碳化钨、氮化硅等。这些化合物大多数是高熔点、高硬度,采用这一类硬磨料作为结合剂,需要较高的温度和压力条件。如果采用间接方法,将前两类黏结剂混合使用,在烧结过程中生成该类化合物,则可以降低烧结条件。

9.3.2.3　金刚石表面净化处理

烧结金刚石原料必须经过仔细净化,才能制成有足够强度的金刚石聚晶。

金刚石表层原子有 1 个未成对的价电子,很容易与氧或其他杂质发生化学吸附。这种表面吸附层严重阻碍金刚石颗粒之间的相互聚结,尤其是不加黏结剂时。

工业应用的表面净化方法有化学净化法、真空加热净化法、真空阳离子轰击净化法三种。

(1) 化学净化法

该方法与单晶提纯方法基本相同。金刚石在烧结前用 NaOH、HCl、王水或 $HClO_4$ 加热煮沸,并用蒸馏水洗至中性即可。

碱处理方法与金刚石单晶提纯工艺相似,将金刚石与 NaOH(固体)按质量比 1∶3 混合,加入少量水,放入银坩埚,置于 500～600 ℃马弗炉内,待碱液呈深红色,持续十几分钟,取出冷却,水洗,盐酸中和。

酸处理时,王水可以除去各种金属杂质。

(2) 真空加热净化法

首先将原料经过化学净化处理;其次抽真空或充 H_2,真空度达 1.33×10^{-4} Pa,或充以纯净的 H_2,充 H_2 后压强也不得高于 1.33×10 Pa;再次加热至 600～900 ℃,保温 30～60 min。在此过程中维持连续泵出系统及时排出脱附的气体杂质。

(3) 真空阳离子轰击净化法

如图 9-20 所示,该方法可使金刚石表面吸附杂质得到清除,甚至可以使金刚石表面剥离一层。方法:首先抽成 6.7×10^{-4} Pa 的真空,通入惰性气体,压力为$(1.3\sim2.0)\times10^4$ Pa;其次在阴、阳极之间产生 1 000～2 000 V 的电压差,最好为 1 500～1 800 V,气体放电电流足以使阴极受到高能量的离子轰击;阴极

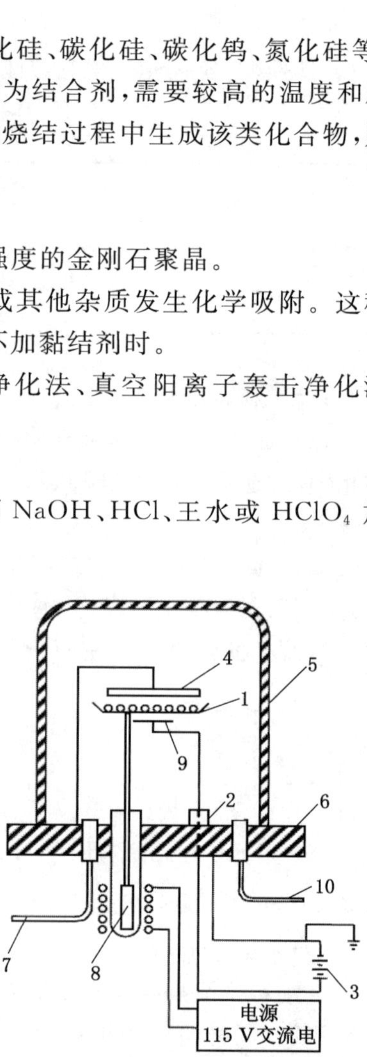

1—阴极圆盘;2—Al_2O_3;3—电源;4—阳极;5—钟罩;6—底板;7—抽气管;8—电振动器;9—电加热器;10—进气管。

图 9-20　金刚石表面真空净化

盘振动，使金刚石颗粒不停滚动。在此过程中维持连续泵出系统及时排出脱附的气体杂质，避免新的吸附。

通过以上步骤，可以使吸附或包裹在金刚石表面的气体粒子或固体杂质剥离。

小角度 X 射线衍射测试分析表明，经轰击的金刚石表面具有一薄层无定形碳结构，表面不稳定的高能状态有利于推进烧结过程，提高金刚石聚晶的结合强度。

对于掺杂黏结剂的烧结，可以只用化学净化法，但如果在此基础上加以真空净化，将会明显提高聚晶质量。对于自体结合型，严格的真空净化则是必不可少的。

9.3.2.4　混料方式

为了得到以 D—M—D 键合的并具有热稳定性的 PCD，原料中除了金刚石粉外，还需能与金刚石形成化学键键合的中间过渡物相添加剂 M。M 一般为碳化物（如 β-SiC、TiC 等），添加剂的加入量与添加方式有关。

添加剂的加入量应随着应用对象不同而不同。例如，以粉状添加剂与金刚石混合，加入的添加剂所占的比例较大，一般为总体积的 1/3～1/6；如果采用金属化合物的水溶液（$CoCl_2 \cdot 6H_2O$），经浸泡、干燥、还原处理，添加剂的加入量质量分数可控制在 1%～10%。如果采用溅射镀膜法使金刚石粉表面有一薄层添加剂时，可为总量的 0.1%～1%。另外，还可以采用含添加剂成分的容器盛装金刚石粉，在高温、高压下通过渗透与金刚石粉烧结。

添加剂量对相对耐磨性有影响，如果结合强度相同时，其金刚石相所占比例越大，则 PCD 的相对耐磨性就越强，而韧性会有所下降。

9.3.2.5　组装方式

在六面顶压机上开展静高压合成的几种组装示意图，如图 9-21 所示。

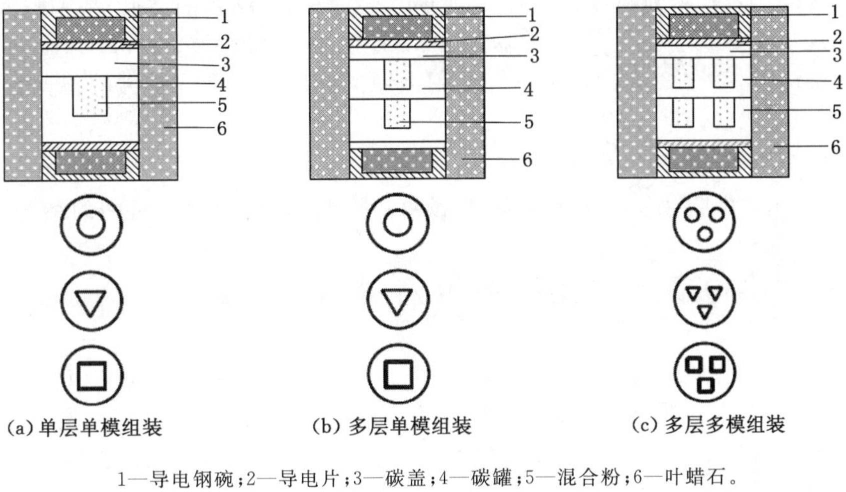

1—导电钢碗；2—导电片；3—碳盖；4—碳罐；5—混合粉；6—叶蜡石。

图 9-21　聚晶组装示意图

9.3.2.6　烧结温度和压力范围

如图 9-22 所示，聚晶的烧结范围除包括金刚石稳定区（添加剂与碳的共晶温度与金刚石-石墨平衡线之间的区域），还延伸到金刚石-石墨相平衡曲线以外的金刚石的亚稳区。

9.3.2.7　主要类型的金刚石聚晶制造方法

（1）金刚石＋Si-Ni 系黏结剂的烧结

Si-Ni 黏结剂，后来发展了 Si-Ti、Ti-B 以及 Si-Ni-Ti-B 等。

以 Si-Ni 为例，设备为六面顶压机，高压烧结工艺如下：

① 原料配比：金刚石 230/270 以细混合粒度占 85%，经高温碱处理；Si 粉(280 目以细)占 12%，纯度为 99.9% 以上；Ni 粉(280 目以细)占 3%，纯度为 99.5%以上。

② 配料：原料及黏结剂按比例称量，在玛瑙研钵中混匀。

③ 装料：将配好的料分多次装入碳杯，每次捣实，然后将碳杯装入叶蜡石块中。如果采用多粒组装方式，可参照图 9-21(c)所示排布。碳杯内孔尺寸(即金刚石聚晶尺寸)根据产品规格而定。

④ 烧结条件：压力约为 6.5 GPa，温度为 1 600～1 800 ℃，时间约为 60 s。

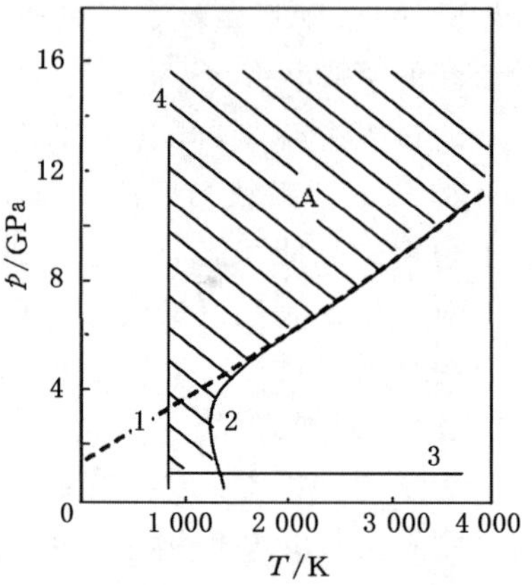

1—金刚石-石墨热力学平衡线；
2—金刚石-石墨动力学稳定线；
3—烧结最低压力；4—烧结最低温度；
A—金刚石聚晶实际烧结区。

图 9-22　金刚石聚晶烧结区

⑤ 质量检查：金刚石聚晶的质量要求主要是：高硬度，耐磨性好；高强度，不易脆裂；耐热性好，高温下不易氧化。国内现行标准规定用磨耗比作为金刚石聚晶的质量指标，使用 JS71-A 型磨耗比测定仪进行检测。

(2) 金刚石＋Ti-Cu 合金的烧结

金刚石＋Ti-Cu 合金制成的金刚石聚晶是利用钛与铜的中间化合作用将金刚石微粉黏结成块体。这些化合物熔点低于 1 000 ℃，因此烧结温度可以大幅降低，压力也相应降低到 1～2 GPa。烧结参数比金刚石热力学稳定区的压力、温度低得多，使得压机中硬质合金高压构件的寿命可以延长许多倍，甚至可以使用钢制的高压腔。允许扩大腔体，制造大尺寸的金刚石聚晶。

这种产品金刚石含量为 65%～95%，过渡相为高硬度的 TiC 薄膜，其显微硬度为 30 GPa。这种产品主要用作要求高强度、高硬度、高耐磨性的仪表和机械的结构材料。

9.4　含触媒金刚石聚晶的制造工艺

含触媒金刚石聚晶是利用金属的触媒作用，金属溶液中溶解的金刚石在金刚石颗粒间析出，将相邻金刚石颗粒黏结为一体，此类聚晶在自锐性和抗冲击韧性方面具有较大优势。下面以金属触媒的分层熔渗方式组装烧结为主，对此类制造原理和工艺进行介绍，并介绍两种金属触媒添加方式(粉末混合方式和分层熔渗方式)的差异。

9.4.1　黏结机理

9.4.1.1　烧结过程阶段分析

由于金刚石微粉的不规则性(图 9-23)，致使堆积后颗粒间都是小面积接触，产生了很多的孔隙，独特的结构决定了高压、高温下颗粒内部和外部孔隙中的压力和温度状态是不一样的，下面按照合成过程中压力、温度的变化过程，对熔渗过程中样品腔内的 p-T 状态进行动态分析。图 9-24 为合成过程中压力和温度设定曲线示意图。

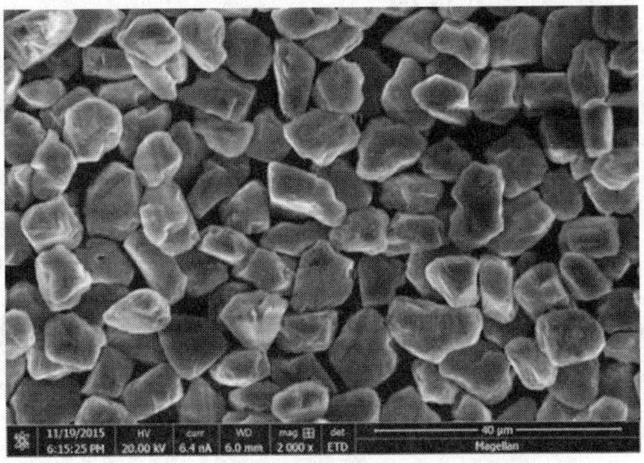

图 9-23　400 目金刚石微粉的 SEM 照片

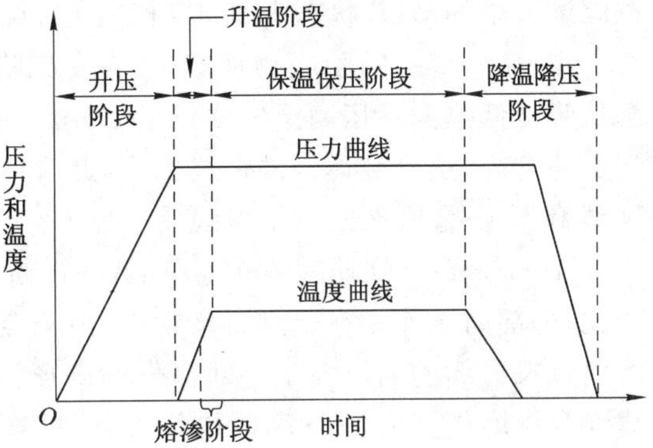

图 9-24　合成过程中压力和温度设定曲线示意图

合成过程可分为四个阶段，按照时间先后顺序依次是升压阶段、升温阶段、保温保压阶段和降温降压阶段。在升温阶段后期，当温度达到金属熔化温度时，发生了金属熔渗过程，此过程保持的时间长短与温度、微粉粒度、金刚石层厚度、金属黏性等有关。

合成过程中金刚石层中的 p-T 状态是一个动态过程，如图 9-25 所示。

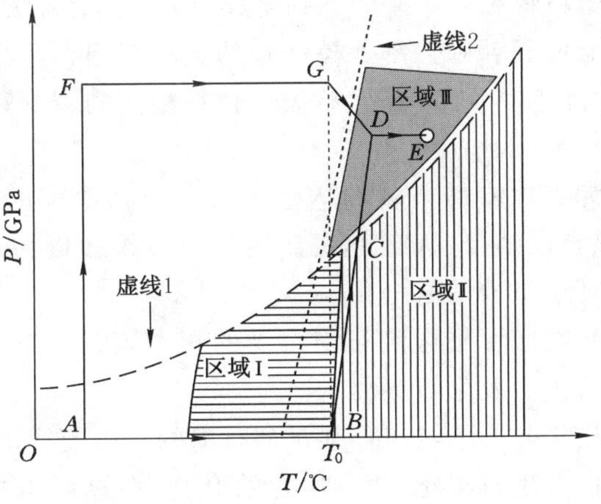

图 9-25　合成过程中金刚石层中的 p-T 状态动态分析图

图 9-25 中虚线 1 代表溶剂中金刚石-石墨相平衡线，虚线 2 代表金刚石-金属溶剂共晶线；区域Ⅰ表示空气环境下金刚石表面石墨化区域；区域Ⅱ表示金属溶液中金刚石表面石墨化区域；区域Ⅲ表示金刚石相生长的 V 形区。$A \to B \to C \to D$ 表示熔渗结束前金刚石层中孔隙处的 p-T 状态变化，$A \to F \to G \to D$ 表示熔渗结束前金刚石颗粒内部的 p-T 状态变化。D 点表示熔渗结束时腔体内的 p-T 状态。B、G 点表示温度达到金属熔化的瞬间，颗粒内外的 p-T 状态点。

$D \to E$ 表示金属熔渗结束后该处温度未到最终温度，仍存在升高的阶段，此阶段在图上的长度由 D、E 两点间的温度差决定，即熔渗结束时升温幅度越小，$D \to E$ 段越短。如果熔渗结束前腔体内达到最终温度，即 D 和 E 重合，则之后的熔渗过程中温度不变而压力改变，颗粒内压力垂直降低到最终压力，在图上会表现为此时颗粒内 p-T 状态由 G 点到 D 点垂直上方后，垂直降低到 D；而颗粒间的孔隙中压力垂直升高到最终压力，在图上会表现为颗

粒间溶液中的 p-T 状态由 B 点到 D 点垂直下方后，垂直升高到 D。

$A \to B \to C \to D$ 阶段物理意义：$A \to B$ 阶段表示在熔渗前的升温阶段中，孔隙中某点状态从零压低温向零压高温转变；$B \to C \to D$ 阶段表示金属熔渗填充到孔隙中时，该点压力得到迅速升高，达到腔体内的最终压力，此阶段温度按照设定增长，此过程中的 C 点表示 $B \to D$ 线和石墨-金刚石的相平衡线的交点。

$A \to F \to G \to D$ 阶段物理意义：$A \to F$ 阶段代表升压过程中金刚石颗粒内部的承受压力变化，外部高压作用在金刚石微粉上，由于金刚石层中有孔隙，造成金刚石层受力面积减小，所以颗粒内部的高压大于外部提供的高压；$F \to G$ 阶段代表金刚石颗粒内部随着温度升高达到金属熔化温度；$G \to D$ 阶段代表金属熔化渗透进入孔隙中，增大了承受外部高压的受力面，所以颗粒内部的压力下降，达到与金属压力平衡。

以上过程各阶段发生的物理、化学变化依次是：

(1) 金刚石颗粒内部。

① $A \to F$：此阶段对应升压阶段，金刚石微粉颗粒随着外部压力的增大发生碎化现象，产生破碎小颗粒填充到原颗粒孔隙中，颗粒的粒度分布发生重排，金刚石层的致密度得到提高。

② $F \to G$：金刚石微粉颗粒内部接触不到金属，由于承受高压，所以在此 p-T 条件下处于金刚石稳定区间内，金刚石颗粒内部保持稳定的金刚石相。

③ $G \to D \to E$：金刚石颗粒内部 p-T 状态保持在稳定的金刚石相稳定区。

(2) 孔隙中。

① $A \to B$：此阶段为熔化渗透金属到达金刚石层中某深度的孔隙前，孔隙处于零压状态，随着温度的升高，该点的 p-T 状态进入金刚石向石墨缓慢转变的区域 A 中，由于时间短，金刚石颗粒表面出现了极少的石墨化。

② $B \to C$：此阶段所在区域在金刚石与石墨的相平衡线以下，为石墨相的稳定区，所以在金属的参与下，金刚石表面发生石墨化。

③ $C \to D$：由于在此状态下已经在金刚石与石墨的相平衡线以上，进入金刚石相的稳定区间，金刚石表面不会再发生石墨化，随着压力的升高，在过剩压力驱动下石墨溶解在金属溶液中以金刚石相析出。

④ $D \to E$：此阶段表示熔化渗透过程已经结束，金刚石孔隙中已经达到了设定的最终压力，保持不变，温度升高直至设定的最终温度，由于此阶段处于金刚石合成的 V 形区，会发生碳素向金刚石相转变。

认识了合成过程中各阶段的压力、温度动态变化，可以对整个合成过程中发生的物理过程和成分变化进行分析。

此外，粉末混合组装方式的烧结过程可以归纳为下列四个阶段：

① 初始状态：烧结前固体颗粒为自由堆积，颗粒间有的以点接触，有的相互分开，保留着较多的孔隙。

② 添加剂熔化前：随着外部压力的升高，金刚石颗粒发生破碎，整体体积收缩；随着温度的升高，金属软化填充孔隙，在外压作用下整体金刚石层体积进一步收缩，孔隙减小。

③ 添加剂融化后：当金属的量足以填满所有金刚石颗粒的孔隙时，金属溶液发挥了液体均一传压的功效，金刚石颗粒被金属包裹，金刚石颗粒在金属触媒的作用下，表面原子发

生重排，在此过程中实现了金刚石颗粒间的 D—D 成键；当添加剂量不足以充满所有金刚石颗粒的孔隙时，由于此时颗粒间的孔隙连通，因此添加剂溶液存在于金刚石颗粒间的零压孔隙中，此时低压、高温状态的金属触媒会与接触的金刚石颗粒表面发生反应，使其石墨化。

④ 烧结结束降温阶段：添加剂溶液冷却凝固，得到金刚石和添加剂的复合材料块体。

9.4.1.2　生长动力

根据溶剂理论，高温、高压下金刚石的生长通常有两种方法——膜生长法和温度梯度法，膜生长法是以腔体中的过剩压力为驱动力，温度梯度法是以温度梯度为驱动力。这两种驱动力已经被证实是存在于溶剂法合成金刚石过程中的，其实质都是造成金刚石形式的碳在金属溶剂中过饱和，从而以金刚石形式析出。

此外，在合成的聚晶内部存在第三种驱动力——降低系统表面自由能的表面自由能差驱动力，该驱动力在本质上也是由不同区域溶解能力的差异造成的。

根据热力学关系，颗粒粉碎所造成的比表面积增大，意味着外界对颗粒所做的机械功转变为系统表面自由能，表面自由能差与表面形貌有直接关系，比表面积越大的区域表面自由能越大。

在合成腔体中可以通过金属溶解单晶金刚石引起的形貌变化，来比较不同表面自由能差对金刚石表面的影响。图 9-26 为金刚石单晶的溶解形貌图。

图 9-26(a)为单晶颗粒的微观形貌。从图中可以看出单晶颗粒的棱角都是很分明的，晶面平整。将其埋在大量的金属粉中，经过极短时间的高压、高温处理，得到图 9-26(b)所示金刚石晶体颗粒。经过极短时间的溶解，颗粒的棱角已经变得圆润，有向球形发展的趋势。分析此现象的原因是棱角处比表面积大，表面自由能大，溶解能力强，比晶面中心区域的溶解快，所以造成了棱角圆润，形状趋向于球形。故可得出结论：在金属溶体中，不同表面的自由能差对金刚石表面形貌有显著的影响。

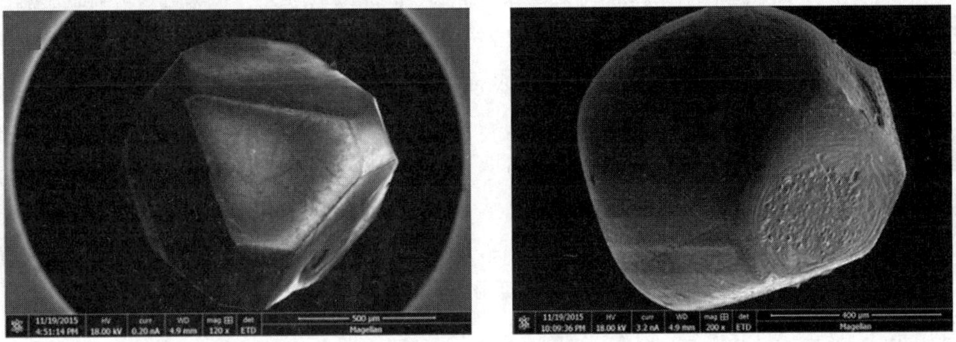

(a) 溶解前　　(b) 溶解后

图 9-26　单晶溶解形貌图的棱角变化

相对于形貌规则单晶，金刚石粉体是由很多表面不规则的颗粒构成的，所以每个金刚石颗粒上边界和表面中心的表面自由能差都大于等体积的规则颗粒，所以金刚石微粉颗粒上的表面能对形貌的影响比对大单晶的影响更大。

在高压作用下，金刚石颗粒破碎，增加了更多的表面和表面自由能的同时，颗粒的密实堆积造成了表面自由能更低的颗粒接触面夹角，由此整个金刚石层都在每个颗粒周围形成了比单晶表面更大的表面自由能梯度差，表面自由能差在金刚石微粉中将表现得更显著。

溶液中的碳源在溶解能力高的高表面自由能区域溶解，在表面自由能最低的地方析出，这符合能量最小化原理。因此，表面自由能差成为金刚石聚晶生长过程中金刚石从高表面自由能区域向低表面自由能区域移动的驱动力。

9.4.1.3 粉体的烧结机理

(1) 过剩压力驱动力

对于生长型金刚石聚晶来说，金属在高温、高压下熔融，渗入金刚石层中，在金属熔化渗透结束前，金刚石表面会产生石墨化。在金属溶剂存在的条件下，金刚石在溶剂中的溶解度比石墨小，当体系处于金刚石的稳定区时，过饱和的金刚石在溶剂中析出。由溶剂理论可知，金刚石析出的驱动力来源于石墨和金刚石在金属溶液中的溶解度差。根据公式：

$$\Delta X / X_{\mathrm{d}} = (\Delta v / RT)(p - p_{\mathrm{el}}) \tag{9-9}$$

其驱动力与过剩压力($p-p_{\mathrm{el}}$)成正比，与合成温度成反比。当过剩压力比较大时，金刚石析出的速度快。

(2) 温度梯度驱动力

在熔化渗透法合成生长型金刚石聚晶的体系中，存在的主要物质为金刚石。当熔化渗透过程结束，金刚石微粉会在金属溶液中溶解，由于合成腔体中轴向和径向总是存在一定的温度梯度，温度梯度会驱动溶液中的碳从高温处向低温处移动，在合适的温度下以金刚石形式析出。根据溶剂理论，金属溶液中金刚石在高、低温处的溶解度差为驱动力来源，与温度差 ΔT 成正比。

(3) 表面自由能差

在其他条件不变的情况下饱和溶液溶解度是不变的，溶液中的溶质是无法增加的，下面来分析表面自由能差是如何使饱和溶液发生溶解和析出的。

饱和状态是个动态的平衡，当溶解量等于析出量时，溶液达到饱和。在其他条件不变的前提下，金属溶液为饱和溶液，其中的溶解量就不会发生改变。对于单个金刚石颗粒来说，不同的表面区域具有的表面能不一样。在表面粒子能量高的区域，粒子挣脱表面束缚的能力强于从溶液中俘获粒子的能力，此区域就表现为溶解量大于析出量，继续溶解；在表面粒子能量低的区域，粒子挣脱表面束缚的能力弱于表面从溶液中俘获粒子的能力，此区域就表现为颗粒表面粒子的溶解量小于析出量，继续析出金刚石。在不同的表面自由能的驱动下，表面自由能高的区域不断溶解进入饱和溶液，同时表面自由能低的区域不断析出等量的溶质，保持溶液中溶解量固定的同时，使总体系的能量降低。按照能量最小化原理，此过程在表面自由能差的驱动下自发进行。

9.4.2 含触媒金刚石聚晶烧结技术

9.4.2.1 工艺流程

图 9-27 为分层熔化渗透方式组装的金刚石聚晶烧结工艺流程图，图 9-28 为粉末混合方式组装的金刚石聚晶烧结工艺流程图。

9.4.2.2 原材料选择

(1) 金刚石

根据需要选取不同粒度的金刚石粉并进行净化处理，可根据需要确定金刚石微粉的粒度配比情况。

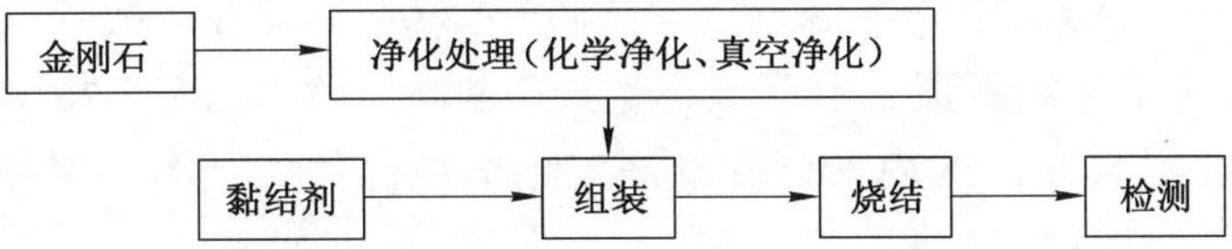

图 9-27　分层熔化渗透方式组装的金刚石聚晶烧结工艺流程图

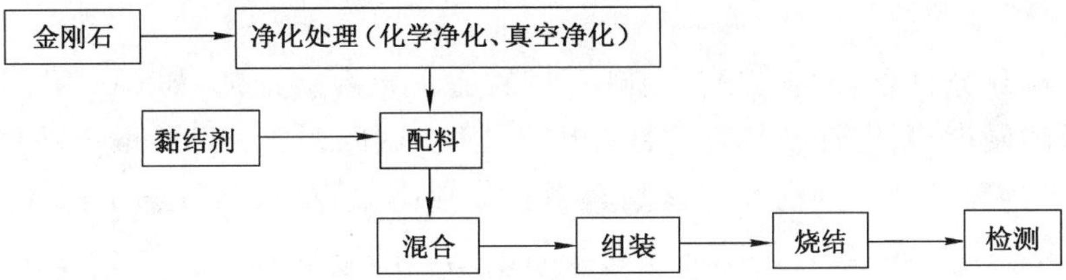

图 9-28　粉末混合方式组装的金刚石聚晶烧结工艺流程图

(2) 触媒种类

金刚石聚晶用的金属触媒种类很多,主要是具有触媒作用的金属及其合金,如 Fe、Ni、Co、Mn 等,它们能够对金刚石起到触媒作用。

9.4.2.3　金属添加方式

根据需要采用分层添加方式或粉末混合方式。

9.4.2.4　组装方式

在六面顶压机上粉末混合方式的各种组装示意图如图 9-29 所示,分层添加方式的组装中绝缘腔内金刚石和金属触媒粉分层放置。

由于分层添加方式中金属集中放置,在高温、高压下必然会和石墨在加热腔内发生反应,影响整体加热效果,因此需要在石墨加热腔与样品间设置一绝缘腔,将原有直热式组装改为旁热式组装,此举可以确保整个合成过程中腔体具有更加稳定的温度场。

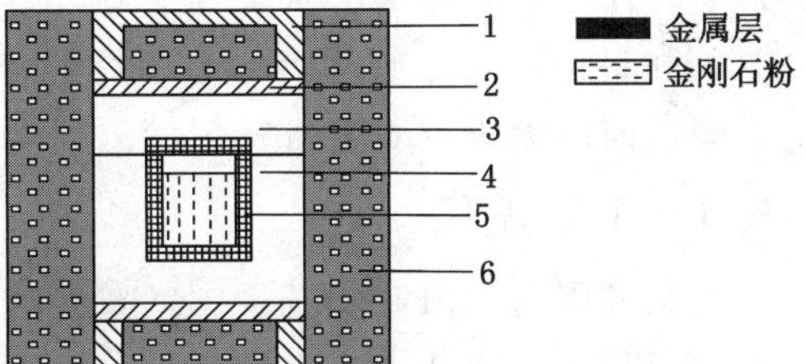

1—导电钢碗;2—导电片;3—碳盖;
4—碳罐;5—绝缘腔;6—叶腊石。

图 9-29　聚晶组装示意图

9.4.2.5　烧结温度、压力范围

聚晶需在金刚石稳定区(添加剂与碳的共晶温度与金刚石-石墨平衡线之间的区域)进行烧结,才能实现金刚石的生长。

9.4.2.6　主要类型的金刚石聚晶制造方法

金刚石+金属触媒黏结剂的分层熔化渗透组装的烧结以镍锰钴黏结剂为例，设备为六面顶压机,高压烧结工艺如下:

① 原料处理:金刚石 400 目以细混合粒度占 85%,经高温碱处理;镍锰钴触媒片净化表面。

② 装料:组装件如图 9-29 所示。将配好的料分多次装入绝缘腔,每次捣实,然后按照组装图装入叶蜡石块中即可。如采用多粒组装方式,可参照图 9-29 所示排布。碳杯内孔尺寸(即金刚石聚晶尺寸)根据产品规格而定。

③ 烧结条件:压力约 5.6 GPa,温度为 1 300～1 500 ℃,时间约 300 s。

④ 质量检查:对于金刚石聚晶质量要求,主要是高硬度,耐磨性好;高强度,不易脆裂;耐热性好,高温下不易氧化。国内现行标准规定用磨耗比作为金刚石聚晶的质量指标,使用 JS71-A 型磨耗比测定仪进行检测。

9.5 直接转化型金刚石聚晶制造

在高温、高压条件下烧结的聚晶金刚石材料通常含有黏结剂,如 Co、Ni、SiC 等,这会影响 PCD 材料的硬度、耐磨性和热稳定性。因此,人们试图合成出晶粒取向随机,力学性能和热学性能优异的无黏结剂的高纯度聚晶金刚石。在高温、高压条件下不用任何触媒而将石墨直接转变成金刚石,被视为合成高纯度聚晶金刚石的有效方法。为了实现石墨向金刚石的直接转变,合成高纯度聚晶金刚石,人们已经尝试了很多方法,如爆轰法、金刚石压砧常温或激光加热合成法、静高压瞬间高温法以及在静高压下直接加热法等。这些方法虽然在约 10 GPa、2 500 ℃条件下观察到了金刚石的形成,但是由于高温持续时间太短,石墨只是部分转变成金刚石。此外,人们还尝试了高压固相烧结金刚石粉体法和化学气相沉积法等,这些方法制备的聚晶金刚石通常存在残留的石墨碳或晶粒取向不均匀等问题。

近年来,日本爱媛大学地球动力学研究中心(GRC)成功地在高达 15 GPa 的静高压、2 300 ℃的条件下合成了高纯度、透明的纳米聚晶金刚石(NPD)块体材料。这种纳米聚晶金刚石物相单一,晶粒均匀,晶粒大小只有几十纳米,硬度与天然的金刚石单晶相当,甚至更高,热稳定性也明显优于金刚石单晶,测试的切削使用寿命是普通 PCD 的几倍。到目前为止,他们已经可以合成出直径和高度均在 10 mm 以上的 NPD 圆柱。与日本爱媛大学地球动力学研究中心合作的一家公司已经宣布将在最近投入生产。由此可见,纳米聚晶金刚石(NPD)材料是一种很有潜力的超硬材料。

国内四川大学也对此进行了深入研究,下面进行简单介绍。

9.5.1 工艺流程

实验采用自行研制的基于国产铰链式六面顶压机的二级 6-8 型大腔体静高压装置,利用 14/8 和 12/6 组装来产生超高压和高温。两种组装均采用钼管加热,半烧结的氧化锆作为绝热层,钽箔作为样品的包裹材料。在加热管与样品包裹之间用氧化镁填充。整体组装结构如图 9-30 所示。腔体压力的标定在室温下进行,通过原位监测相变来进行标压。腔体温度用双铂铑热电偶测量。高于 1 800 ℃时,采用腔体温度与加热功率、腔体电阻的关系进行估计,温度误差约为±100 ℃。

9.5.2 实验过程

将高纯长石墨[99.999 5%,阿法埃莎(天津)化学有限公司生产]预压成圆柱状(直径为 2 mm,$h=2$ mm),用钽箔包裹放入组装,程序控制均匀升压 5～8 h 至 17～18 GPa。再通过加热系统,以 250 ℃/min 的速度均匀升温至 2 300～2 500 ℃。保温 3～5 min 后,以 100 ℃/min 的降温速度缓慢均匀降至室温。然后经 18 h 缓慢均匀卸压至常压。取出样品,进行光学显微镜观测。样品抛光后进行 X 射线衍射分析、扫描电子显微镜观察以及用压痕法测样品的维氏硬度。

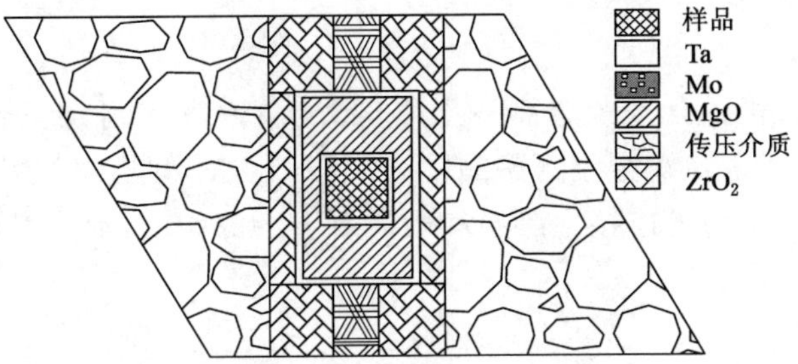

图 9-30　组装结构示意图

通过对样品的检测，证明实现了在静高压下石墨向金刚石的直接转变，合成出了纳米聚晶金刚石块体样品。X 射线衍射分析表明，石墨转变成了立方相的金刚石。扫描电子显微镜及 X 射线全谱拟合分析显示，合成的金刚石晶粒尺寸约为 16 nm。压痕法测得的维氏硬度为 100 GPa 以上，表明这种纳米聚晶金刚石的硬度与天然单晶金刚石相当甚至更高。纳米聚晶金刚石材料具有优良的力学性能，有望今后的应用更加广泛。

9.6　金刚石复合片的制备

金刚石复合片(图 9-31)是采用金刚石微粉与硬质合金基片在超高压、高温条件下烧结而成的，是金刚石聚晶和硬质合金基片的结合，其既具有金刚石的高硬度、高耐磨性与导热性，又具有硬质合金的强度与抗冲击韧性，是制造切削刀具、钻井钻头及其他耐磨工具的理想材料。

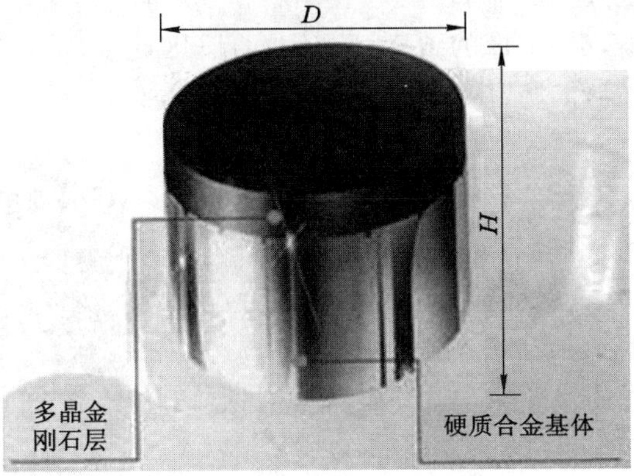

图 9-31　金刚石复合片

9.6.1　黏结机理

金刚石聚晶复合片制备过程中金刚石聚晶层的黏结机理按照金刚石层中添加剂的来源分为无添加剂和有添加剂两类。

(1) 有添加剂

在高温、高压下，添加剂促使聚晶层形成，在前面章节中已经介绍。常用硬质合金片中含有一定量的钴，在高温、高压下钴熔化后会进入金刚石层中，或与金刚石层中的添加剂融合，形成聚晶层和硬质合金片间的连接，此外钴的进入也起到了金属触媒作用，促进金刚石颗粒间的生长。

(2) 无添加剂

高温、高压下,钴熔化后会进入金刚石层中,起金属触媒作用,促进金刚石颗粒间的生长,具体黏结机理可参考含触媒金刚石聚晶中分层添加方式组装中的黏结机理。聚晶层中的钴和硬质合金中的钴起到了连接聚晶层和硬质合金层的作用,形成了金刚石聚晶复合片。

9.6.2 烧结技术

9.6.2.1 工艺流程

金刚石聚晶复合片烧结工艺流程图如图 9-32 所示。如需要在金刚石微粉中添加黏结剂,则需按照图中虚线框内步骤提前完成两种粉末的混合。

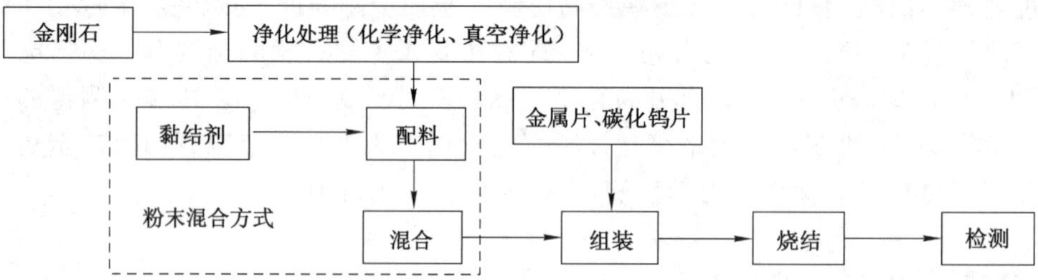

图 9-32　金刚石聚晶复合片烧结工艺流程图

9.6.2.2 原材料选择

(1) 金刚石

根据不同的烧结工艺选取不同粒度的金刚石粉,并进行净化处理。

粉体的堆积密度会影响 PCD 的致密性和耐磨性,因此采用混合粒度,可提高堆积密度,减小孔隙尺寸及体积,有利于提高 PCD 的致密度和耐磨性。

(2) 硬质合金基片

硬质合金是以高硬度难熔金属的碳化物(WC、TiC)微米级粉末为主要成分,以钴(Co)、镍(Ni)、钼(Mo)为黏结剂,在真空炉或氢气还原炉中烧结而成的粉末冶金制品。金刚石聚晶复合片常用的是钨、钴类硬质合金,主要成分是碳化钨(WC)和黏结剂钴(Co)。其牌号是由"YG"(硬、钴两字汉语拼音首字母)和平均含钴量的百分数组成。例如,YG8 表示平均 $w_{Co}=8\%$,其余为碳化钨的钨钴类硬质合金。

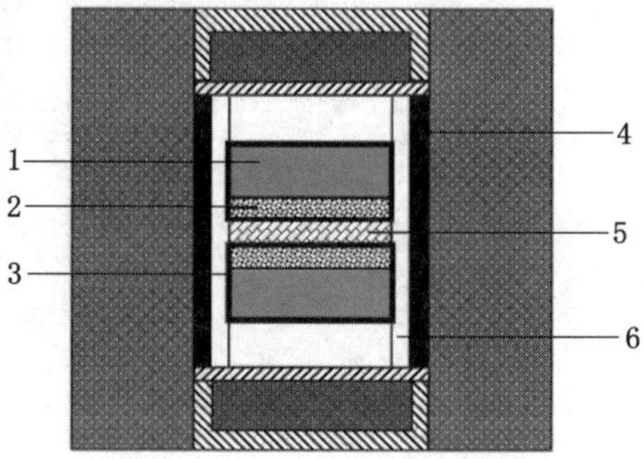

1—WC+Co;2—金刚石粉层;
3—屏蔽材料;4—石墨加热管;
5—NaCl 片;6—绝缘材料。

图 9-33　金刚石聚晶复合片组装示意图

(3) 屏蔽材料

为了保证样品腔不受污染,需要将样片用熔点高、延展性好的屏蔽材料包裹,通常采用的屏蔽材料为 Ta 杯、Mo 杯或 Zr 杯。

(4) 黏结剂种类

根据前面两节中介绍的黏结剂作用确定黏结剂或不选黏结剂。

9.6.2.3　组装方式

六面顶压机上金刚石聚晶复合片组装示意图如图 9-33 所示。金刚石分层可根据需要混合黏结剂，或任选一侧(上或下)放置添加剂片。

9.6.2.4　烧结温度、压力范围

如图 9-34 所示，无添加剂或使用金属触媒添加剂制备复合片，其烧结范围为金刚石稳定区(添加剂与碳的共晶温度与金刚石-石墨平衡线之间的区域)。

如图 9-35 所示，采用中介结合型金刚石聚晶的黏结剂，则复合片的合成区间延伸到金刚石-石墨相平衡曲线以外的金刚石的亚稳区进行烧结。图中 1 为金刚石-石墨热力学平衡线，2 为金刚石-石墨动力学稳定线，3 为烧结最低压力，4 为烧结最低温度，阴影区域 A 为中介结合型金刚石复合片的实际烧结区。

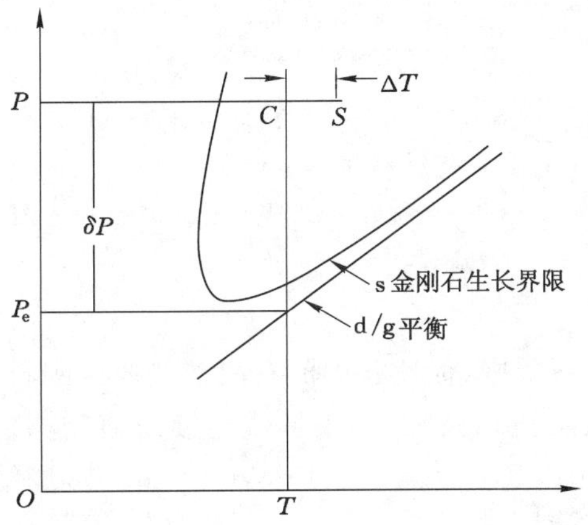

图 9-34　金属触媒作用复合片烧结区域示意图

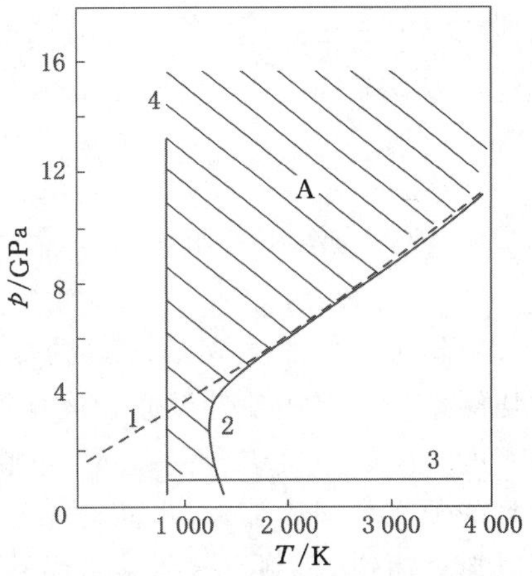

图 9-35　中介结合型复合片烧结区域示意图

9.6.2.5　主要类型的金刚石聚晶制造方法

(1) 金刚石+Co/WC+Co 的烧结

GE 公司的 Compax、DeBeers 公司的 Syndite 金刚石聚晶复合片，均属此类。

特点：在硬质合金衬底上烧结一层金刚石层，韧性强的硬质合金衬底支撑着金刚石聚晶锋利的切削刃，便于开刃、修磨和装卡，价格较低，被广泛用于制作刀具、拉丝模、钻头及修整工具，其产品形状如图 9-36 和图 9-37 所示。

烧结条件为：压力 5.5 GPa，温度约为 1 400 ℃。烧结容器如图 9-38 所示。在此条件下，金刚石表面出现石墨化，由于钴的存在，溶解石墨，然后析出金刚石。形成的金刚石聚晶质量相当好，金刚石烧结层中钴含量少时烧结不好，钴多时组织不均匀。钴含量为 8.9%(体积分数)时金刚石聚晶硬度最高。如果金刚石层不加钴，由于金刚石层与硬质合金的热膨胀系数相差 3 倍，烧结后容易从衬底上剥离，两层之间结合不牢。金刚石加入钴之后解决了这个问题。这是因为钴与金刚石和 WC 都能亲和，并且在二者之间构成多条“结合桥”，同时相当含量的钴还有使二者的热膨胀系数相接近的作用。

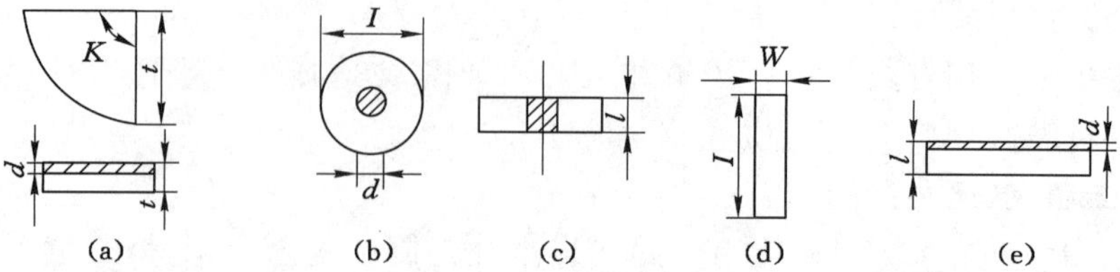

图 9-36 Compax金刚石聚晶复合片

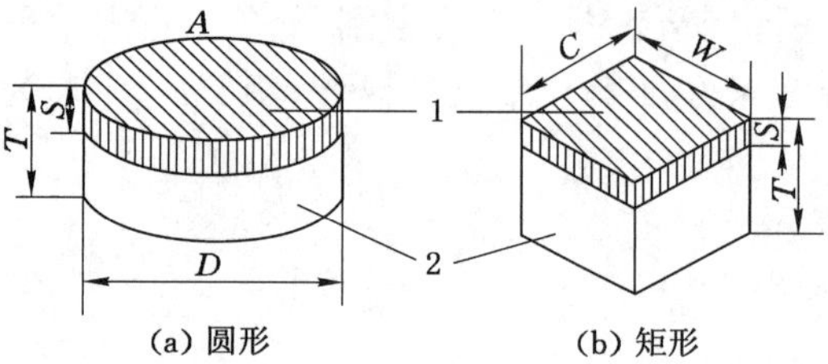

1—金刚石层；2—硬质合金基体。

图 9-37 Syndite金刚石聚晶复合片

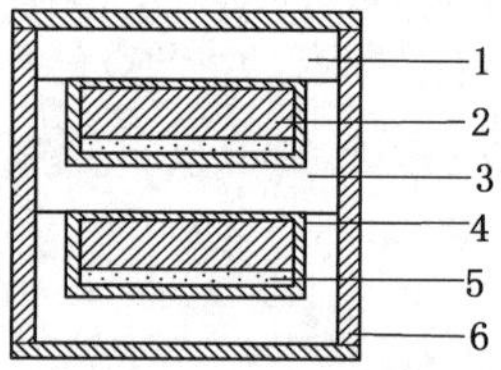

1—碳盖；2—WC+Co层；3—碳杯；4—Mo箔；5—金刚石+Co；6—传压介质。

图 9-38 金刚石+Co/WC+Co的烧结容器

(2) 金刚石+石墨/WC+Co的烧结

烧结条件与上述条件类似。液相钴渗入金刚石层中，促使其中的石墨转变成金刚石，并与原有的金刚石直接结合在一起。残留的钴相只填充在孔隙中，不形成连续通道结构。这种产品的硬度和强度都较高，而纯金刚石/WC+Co型或金刚石+Co/WC+Co型，烧结后钴可以形成通道，金刚石聚晶通常沿钴通道发生断裂。

9.6.3 提高界面结合力的途径

由于金刚石和硬质合金的膨胀系数和弹性模量的差异，在高温下烧结而成的复合片，冷却时容易在界面出现很大的残余应力，致使复合片的强度降低，尤其在承受较强外力或温度变化较大时，切向力造成金刚石层脱落。

为了增强基底和金刚石层的可承受力，可以依靠增强结合力和改善结合面结构两种方式。

(1) 增强结合力

在界面处增加多镀层，缓冲金刚石层和基底的性能差异，提高结合强度。如图 9-39 所示，在金刚石层和基底之间加一层钨片，采用真空气相沉积方式在钨片上沉积一层碳，其中钨片的厚度为 250 μm，碳膜的厚度为 30～300 nm。

(2) 改善结合面结构

采用多样的基底几何形状，一方面通过增大接触面面积来提高结合力，另一方面可以将切向力由结合力承受转变为由结合力与沟槽侧面支撑力共同承受。图 9-40 为沟槽界面复合片的基体示意图。图 9-41 为圆角过渡界面的复合片剖面图。图 9-42 为界面圆滑过渡的复合片示意图。图 9-43 为锯齿过渡界面的复合片示意图。图 9-44 为不规则过渡界面的复合片示意图。

此外按照距结合面远近，改变金刚石层的颗粒粒度，如图 9-45 所示，发挥粗颗粒抗冲击

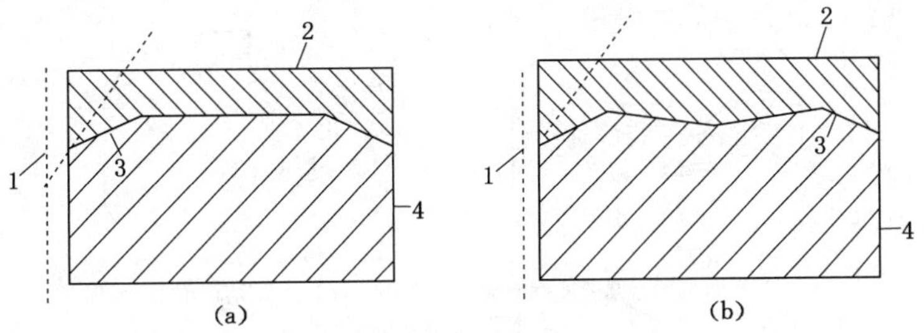

1—钼模；2—金刚石层；3—钨片；4—基体。

图 9-39　金刚石层和基体之间添加一层钨片的 PDC

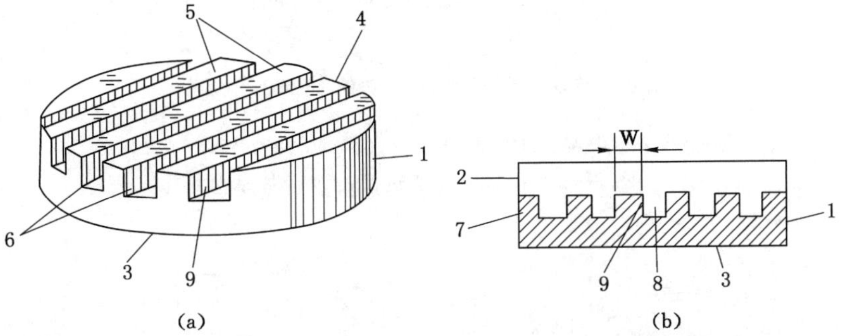

1—基体外侧表面；2—金刚石层；3—基体下表面；4—基体与金刚石层连接的界面；5—基体的脊；6—基体的槽；7—沟槽的侧面；8—金刚石的脊；9—金刚石的槽。

图 9-40　沟槽界面复合片的基体示意图

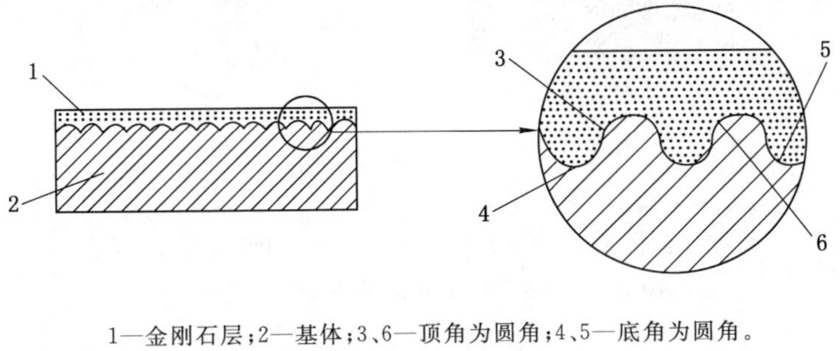

1—金刚石层；2—基体；3、6—顶角为圆角；4、5—底角为圆角。

图 9-41　圆角过渡界面的复合片剖面图

性好和细颗粒耐磨性好的特点。

徐国平等研究认为：硬质合金基体与金刚石层的结合面为沟槽状或锯齿状的金刚石复合片，虽然提高了基体与金刚石层的结合力和抗冲击强度，但由于结合面的锯齿或沟槽是直线形的，其抗冲击的能力与应力方向有关，如果应力的方向与锯齿或沟槽的方向平行，复合片的抗冲击能力就会低。此外，由于金刚石与硬质合金的热膨胀系数存在差异，沟槽或锯齿部分易出现应力集中而产生裂纹。因此，将界面结构改为如图 9-46 所示，硬质合金基体与金刚石层的结合面上有一与之同体同轴的凸台，凸台上设有均匀分布的突起，凸起的形状为半球形、锥形、锥球形的一种或它们的组合，凸台侧面与基底垂直面成一定角度，凸台和凸起与邻面由圆弧过渡连接。

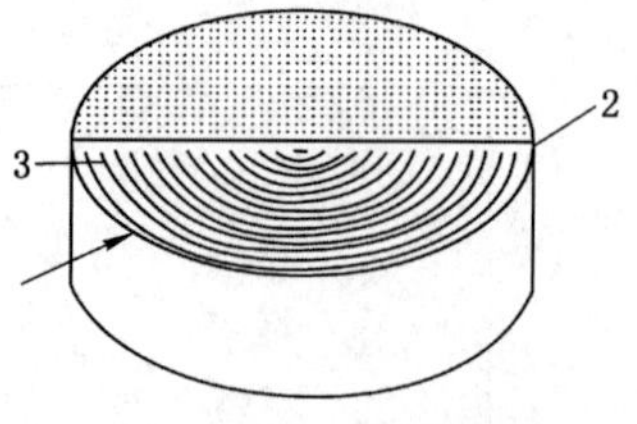

(a) 界面为同心圆弧或螺旋形

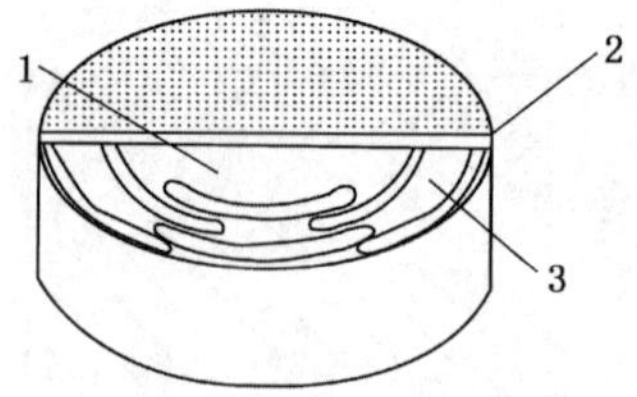

(b) 界面为间断的圆弧形

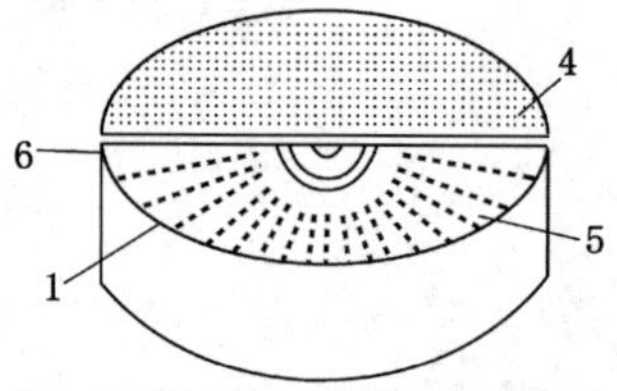

(c) 界面为呈放射状排列的凹陷或凸起

1—基体表面；2—沟槽；3—脊；4—金刚石层；5—凸起；6—界面。

图 9-42　界面为圆滑过渡的复合片示意图

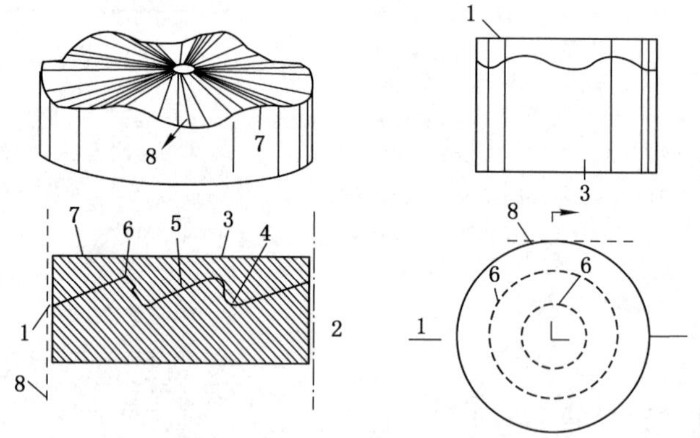

(a)　(b)

1—复合片；2—基体；3—金刚石层；4—锯齿的底端；5—向外呈下降趋势的斜坡；
6—锯齿的顶端；7—复合片的工作面；8—复合片的工作面外缘。

图 9-43　锯齿过渡界面的复合片示意图

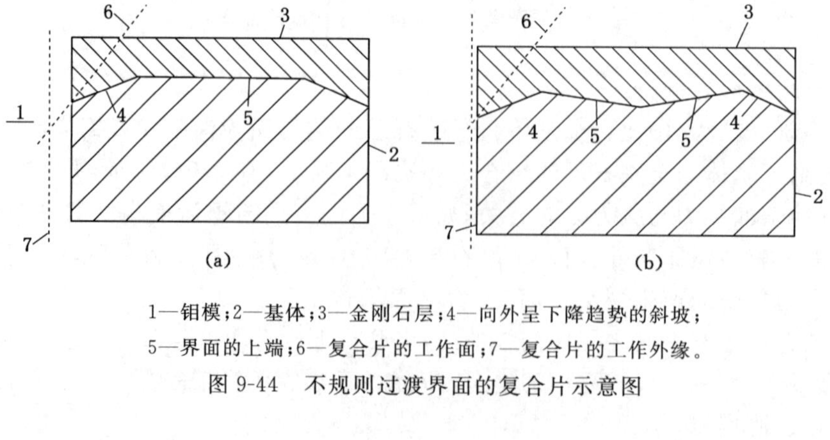

(a)　(b)

1—钼模；2—基体；3—金刚石层；4—向外呈下降趋势的斜坡；
5—界面的上端；6—复合片的工作面；7—复合片的工作外缘。

图 9-44　不规则过渡界面的复合片示意图

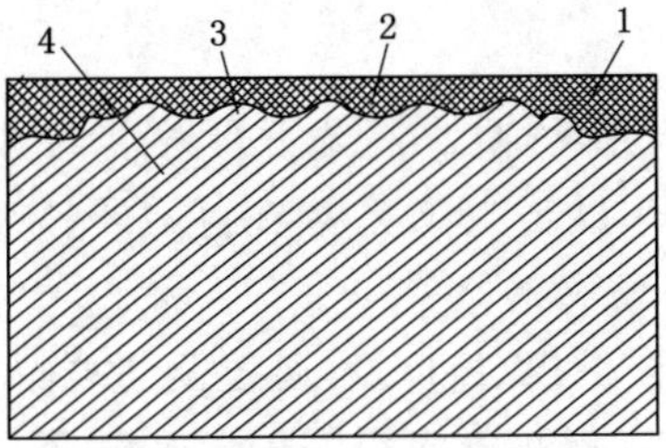

1—小颗粒的金刚石；2—粗颗粒的金刚石；
3—界面；4—基体。

图 9-45　黏结剂和金刚石粒度层次分布的复合片示意图

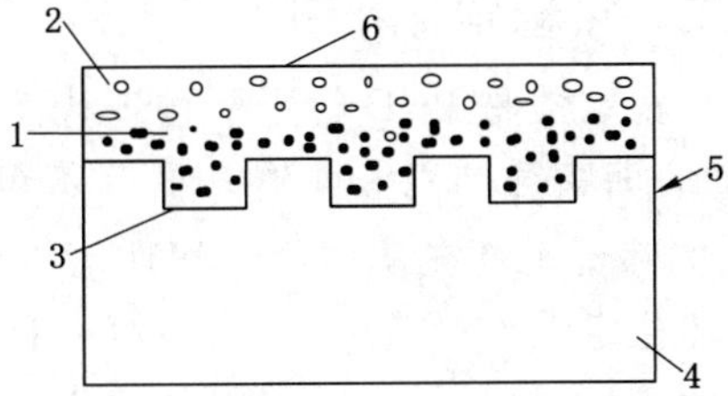

1—凸台；2—金刚石层；
3—半球形凸起；4—基体；
5—整体复合片；6—复合片的工作面。

图 9-46　徐国平等设计的金刚石界面结构

9.7　金刚石聚晶质量检测

实践证明，不同用途的金刚石聚晶，对其物理性能的要求是不相同的，因此必须制定金刚石聚晶的检查方法和质量标准。

9.7.1　相对耐磨性检测

由于被测工件的加工对象和条件不同，测试数据也不同，因此只是相对耐磨性的对比。下面介绍几种相对耐磨性的测试方法。

① 将 PCD 制成车刀，车削含硅的橡胶轮，以车刀后面磨损一定长度所需时间来表示 PCD 的相对耐磨性。

② 将 PCD 制成车刀车削 ϕ254 mm 的 Barre 花岗岩，设定转速为 150 r/min、切深为 1 mm，测量在岗岩和车刀的损耗体积比。

③ 用 PCD 的边棱与 TL80# $Z_2\phi100\times16\times20$ mm 陶瓷结合剂砂轮进行对磨，如图 10-47 所示，实验测定砂轮与 PCD 质量损失的比值，简称磨耗比，用 Q 表示。所用的检测仪器是标准规定的磨耗比测定仪。

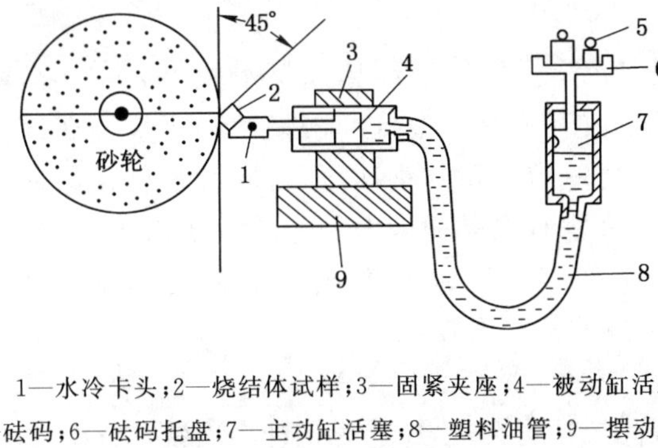

1—水冷卡头；2—烧结体试样；3—固紧夹座；4—被动缸活塞；
5—砝码；6—砝码托盘；7—主动缸活塞；8—塑料油管；9—摆动工作台。

图 9-47　磨耗比测定原理图

9.7.2 热稳定性检测

热稳定性是PCD的重要物理特性之一。不同类型PCD在高温下可发生不同程度的氧化,即表面腐蚀和机械性能降低等不可逆变化,而PCD工具又多数在高温下工作。因此,PCD的热稳定性在使用价值和理论研究方面都是有意义的。

热稳定性检测有两种方式:第一种是使用差热分析仪(DTA),通过测量样品在升温过程中的质量损失,来反映材料的热稳定性;第二种是在保护气氛(或还原气氛)下,考察经不同的温度处理后PCD的相对耐磨性变化,用引起磨耗比值明显下降时的温度来表示该PCD的热稳定性。

9.7.3 抗冲击性检测

抗冲击性是一个衡量动态下PCD强度的物理量。在实际使用中,由于PCD受到冲击力和磨耗两种作用,质量检测必须模仿损耗的两种形式。

抗冲击性测定的方法有:

① 旋转撞击法:如图9-48所示,将PCD制成车刀,车削带沟槽的Barre花岗岩,测花岗岩与PCD的损耗体积比,并观察有无崩裂和脱层。

② 落锤冲击法:如图9-49所示,7.72 kg的落锤由50 mm高处落下砸在PCD上,测定使PCD产生破碎时的冲击次数。

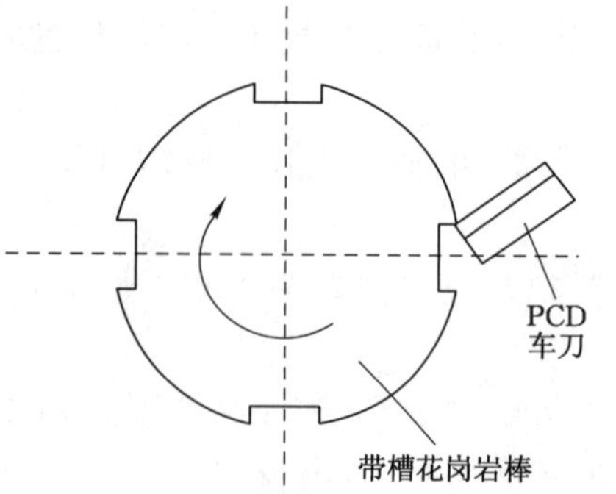

图9-48 旋转撞击法原理示意图

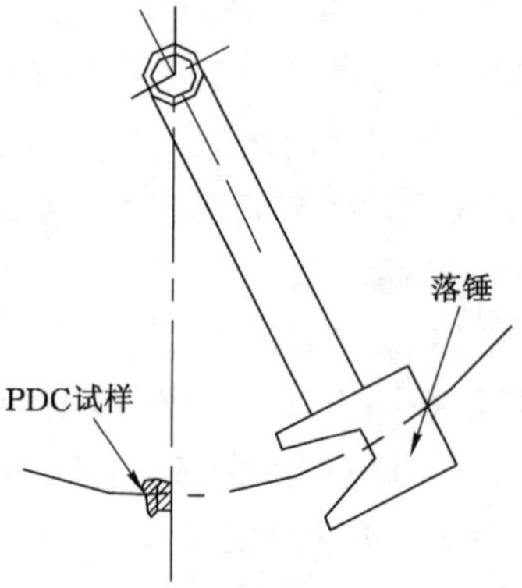

图9-49 落锤冲击法原理示意图

③ 根据《钻探工具用三角形金刚石烧结体》(JB/T 6084—2007)附录A,钻探用三角形金刚石聚晶抗冲击韧性测定使用KR-1型抗冲击韧性测定仪。在该仪器中,将三角形金刚石聚晶固定在仪器底座上,将一定重量的钢球落下,冲击金刚石聚晶。观察金刚石聚晶被冲击的现象,当破碎的三角形金刚石聚晶中最大的一块等于或小于原三角形金刚石聚晶质量的2/3,则此粒金刚石聚晶破裂。记录每粒金刚石聚晶破裂的冲击次数,乘以冲击功0.2 J/次,即该粒金刚石聚晶的抗冲击韧性。

$$I=NE$$

式中,I为三角形金刚石聚晶抗冲击韧性,J;N为抗冲击次数,次;E为冲击功,0.2 J/次。

9.7.4 PCD界面结合情况的超声波检测

PCD中金刚石层与硬质合金衬底界面的结合情况直接影响PCD的使用性能。使用超声波探伤检测金刚石-硬质合金复合片结合界面烧结质量是一种无损探伤方法。对于一个结合界面质量高的复合片来说，超声波通过硬质合金、结合界面、多晶金刚石后反射回到探头，结合界面与底面的反射波之间不存在其他反射波。底波与界面波的峰值之比越大，界面质量越高。

9.8　立方氮化硼聚晶复合片制备

立方氮化硼(cBN)是加工铁族金属及合金的性能优异的刀具材料。但是由于 cBN 的合成是在高压、高温条件下实现的，受高压腔体和合成技术的限制，要想得到高质量大颗粒 cBN 单晶非常困难。通常 cBN 单晶的尺寸普遍在 0.5 mm 以下。使用温度梯度法合成的氮化硼单晶尺寸也仅 3 mm 左右，且制备困难，成本高。在这种情况下，cBN 聚晶复合片(尤其是带衬底的)应运而生。氮化硼聚晶，一是解决了 cBN 尺寸问题(现在已经能制造出尺寸为 3～50 mm 的 cBN 块体材料)；二是由于这些材料属于多晶组织，各向同性，不存在解理问题，使 cBN 材料的韧性得到大幅度提高。因此 cBN 聚晶得到了迅速发展。一般利用高温、高压方法，在有黏结剂的条件下，将 cBN 细颗粒单晶体合成大颗粒多晶聚集体。

9.8.1　cBN 聚晶黏结剂

用于 cBN 聚晶黏结剂的材料十分广泛，大致可以分为以下三种类型：

① 金属或合金黏结剂，如 Ni、Co、Ti、Al、Cr、Fe、Cu 等及其合金。

② 由金属、合金与陶瓷组成的金属陶瓷黏结剂。如碳化物金属陶瓷：碳化钛、碳化锆、碳化硼、碳化硅系列等；氮化物金属陶瓷：氮化钛、氮化铝、氮化硅、氮化铬系列等；硼化物金属陶瓷：硼化钛、硼化铬、硼化硅、硼化锆系列等；硅化物金属陶瓷：硅化钛、硅化铝、硅化锆、硅化硼、硅化铬系列等。

③ 非金属及硼、氮化物，如 Si、$Me_3B_2N_4$(Me 为碱土金属)等。

黏结剂材料主要是要将 cBN 单晶粒子牢固地聚集在一起，同时还要考虑生成物相的物理、化学性能，这就要求黏结剂材料必须与 BN 形成相容性组分，并且所形成物相具有耐热和耐磨的特点。如 BN 和 Al 在高温、高压下可形成 AlN，该物相具有耐热、耐磨特点。再比如 BN 中过量的 N 和 Si 同样可形成 SiN，这种材料也具有上述性质。因为在合成过程中总会有氧的存在，在高温、高压下氧对多晶的形成有损害作用。当加入 Al、Si、Zr 后，均可与氧发生反应生成 Al_2O_3、SiO_2、ZrO_2 等新的化合物，这些化合物不仅耐热、耐磨，而且本身又是 BN 的黏结材料，对形成坚硬的 cBN 聚晶具有重要的作用。

9.8.2　cBN 聚晶制备

① cBN 聚晶的制备工艺流程，如图 9-50 所示。

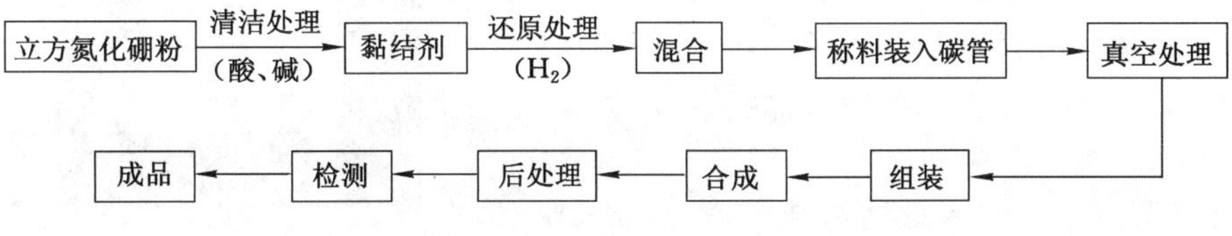

图 9-50　cBN 聚晶制备工艺流程

② 烧结装置。设备：同合成 cBN 单晶。原料：经再次处理的 cBN 细粉、黏结剂。

③ 净化处理工艺：超声波清洗，重新酸碱处理 cBN 粉。

④ 烧结条件的选择：根据所用黏结剂不同，选择合适的温度和压力，通常要保持 cBN 处于其稳定区。

⑤ 烧结效果分析。外观尺寸：完整、正确。检测性能：耐热性、耐磨性、显微硬度等。

9.8.3 cBN 复合片

不带衬底的立方氮化硼聚晶虽然克服了单晶立方氮化硼的各向异性及晶体尺寸较小的缺点，但是在制作切削刃具使用时却存在与支撑杆连接焊接问题。而对硬而脆且不易被通常焊料所浸润、黏结的立方氮化硼多晶烧结体进行直接焊接，实际上是很困难的。低熔点、易焊接的焊料往往缺少足够的机械强度，而高熔点的合适焊料焊接时又有使聚晶性能变差甚至烧毁的危险，因为立方氮化硼晶体在常压、高温下处于亚稳态。为解决此类问题，研制出立方氮化硼聚晶直接在高温、高压下复合在硬质合金表面的立方氮化硼复合片。立方氮化硼复合片的应用更方便，从而推动立方氮化硼刀具的发展。

9.8.3.1 立方氮化硼复合片的制备方法

立方氮化硼复合片是立方氮化硼细粒及添加剂与硬质合金衬底在高温、高压条件下烧结而成的坚韧的超硬材料。其制备方法有：

① 直接转化法：在硬质合金衬底上将 hBN 通过高温、高压转变为立方氮化硼并与硬质合金直接烧结在一起。

② 钎焊法：通过高温、高压首先制备立方氮化硼多晶体，然后通过焊接使立方氮化硼聚晶复合在硬质合金衬底上。用这种方法制备立方氮化硼复合片，由于事先烧结立方氮化硼聚晶，能控制立方氮化硼聚晶的质量，使其满足技术要求，但其缺点是焊接比较困难，整个工艺比较复杂。

③ 高温、高压一次烧结法：将经过处理的立方氮化硼细颗粒经高温、高压使之直接烧结在硬质合金衬底上形成牢固的复合体。在该方法中，立方氮化硼与硬质合金之间的黏结显得更重要，实际应用最多。因此，在这种方法中要解决的首要问题是立方氮化硼与硬质合金之间的脱层问题。

9.8.3.2 立方氮化硼复合片的制备工艺

下面将具体介绍高温、高压下一次烧结立方氮化硼复合片的制备方法：

① 原材料的净化处理：包括对细颗粒 cBN、黏结剂和硬质合金衬底的处理等。cBN 细颗粒经酸、碱处理，以除去其中的杂质。黏结剂视其种类进行相应的处理。去除硬质合金衬底表面氧化层。

② 配混料：混合粒度的细颗粒 cBN 占 60%～95%，其余为添加剂。配好的 cBN 与添加剂要进行研磨混合，以使其混合均匀，粒度进一步细化。一般来说，cBN 含量越高，复合片越硬。

③ 将混合好的料装入烧结组装中，然后将该组装在 1.33×10^{-4} Pa 真空下 400～600 ℃ 处理 1 h。组装示意图如图 10-51 所示。

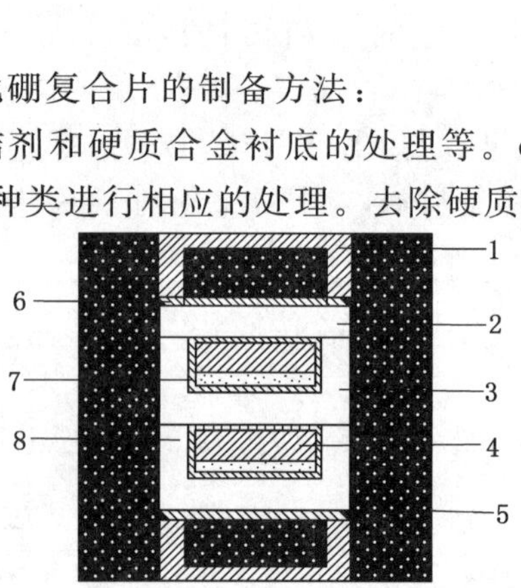

1—导电钢圈；2—碳片盖；3—碳杯；4—硬质合金衬底；5—叶蜡石块；6—导电片；7—cBN 层；8—屏蔽层。

图 9-51 cBN 复合片组装示意图

④ 烧结条件：压力为 5.0～7.0 GPa，温度

为 1 400～1 600 ℃，烧结时间为 2～20 min。

⑤ 检测：包括外观检测和性能检测。外观检测主要包括外形尺寸、裂纹、烧结情况等。性能检测包括耐磨性、耐热性、冲击韧性、硬度及对断口的分析。

⑥ 整形：烧结后的复合片收缩不均匀、表面凹陷、外圆不规则时，需要用金刚石砂轮对其外观修整。

9.8.3.3　立方氮化硼与金刚石聚晶复合体

金刚石、立方氮化硼聚晶复合体是 20 世纪 60 年代末国外发展起来的一种新型复合材料。由于其既具有金刚石硬度高的特点，又具有立方氮化硼的耐热性、抗氧化性和化学惰性等优点，故这种复合体的综合性能优于单一的金刚石聚晶或立方氮化硼聚晶。

这种复合体是将金刚石粉与立方氮化硼粉按一定比例混合后添加适量的黏结剂，在高温、高压下烧结而成。金刚石与立方氮化硼的混合比例视复合体用途而定，一般以 $m_{金刚石}:m_{立方氮化硼}=1:9$ 为宜。该复合体也可以在高温、高压条件下由石墨、立方氮化硼及黏结剂烧结而成。所加的黏结剂必须既是石墨变成金刚石的触媒，又是使金刚石与立方氮化硼牢固结合的黏结剂。由石墨、立方氮化硼和一定量的黏结剂也可以烧结成金刚石、立方氮化硼聚晶复合体，但所需压力极高。

9.8.4　cBN 聚晶制造过程影响因素分析

(1) 黏结剂

cBN 高温、高压烧结所使用的黏结剂可以是 Co、Ni、Ti 等金属或合金。国外普遍使用 Co。Co 比 Ni 硬度高，耐磨性好，又比钛熔点低，允许在较低的温度下高压烧结。与金刚石聚晶类似，在 cBN 聚晶中，不掺杂或少掺杂的产品往往比掺杂较多黏结剂的产品使用寿命长。

(2) 聚晶与衬底之间的黏结

在带衬底复合聚晶中，G. E. 公司样品在聚晶层与衬底交界处没有发现其他金属的中间层。WC 与 Co 相互扩散，形成连续的过渡状态，从而使得两层材料牢固结合起来。

不含 Co 的 cBN 层与 W、Co 类硬质合金衬底之间的黏结则主要靠硬质合金层中的 Co 向 cBN 层扩散。

(3) 聚晶晶粒的细化及其影响因素

众所周知，材料强度与晶粒直径的平方根成反比，因此，细化晶粒可以提高强度。同时，细化晶粒还可以提高致使裂纹形成和扩散的应力水平，即使裂纹难以形成和扩散。因此，细化晶粒还可以提高材料的冲击韧性。影响 cBN 聚晶中晶粒大小的因素主要有以下三个方面：

① cBN 原材料的粒度基本上决定了聚晶中 cBN 的粒度；

② 高压下 cBN 晶粒有细化的倾向；

③ 烧结温度升高和烧结时间延长，晶粒稍有增大，如图 9-52 和图 9-53 所示，主要原因是在烧结过程中有晶粒长大现象。

9.8.5　cBN 聚晶非高压下的烧结

国外报道，使用合金黏结剂可以在真空中或 0.1 MPa 以下，或 100 MPa 以下的不太高的压力和不超过 1 450 ℃的温度下，制成可用作刀具的 cBN 聚晶，黏结剂用量较高，可达到

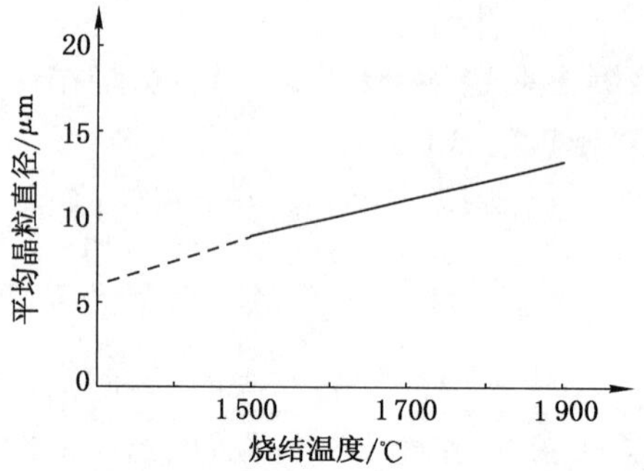

图 9-52　烧结温度对平均晶粒大小的影响

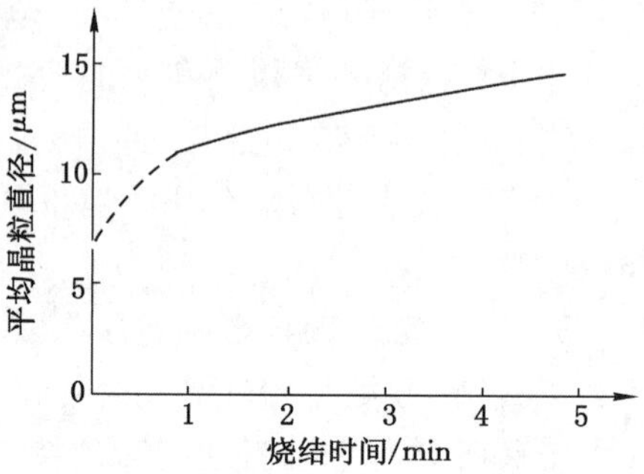

图 9-53　烧结时间对平均晶粒大小的影响

30%以上。所用黏结剂合金与 cBN 有一定的反应活性，可以发生反应生成金属硼化物或氮化物。或者金属能浸润 cBN 并与之形成扩散层。这扩散层可能是 N 原子、B 原子在合金中的间隙固溶体，因而具有比合金更高的熔点和硬度。这种黏结剂可以是二元、三元或更多元合金。合金熔点不得高于 1 450 ℃，以防 cBN 反转化为 hBN。合金元素可以从 Al、Si、Ni、Co、Cr、Mo、W、V、Ti、Nb、Ta、Zr、La 等中选择。该类聚晶硬度和耐磨性虽然不及高压烧结聚晶，但是其优点是烧结时不需要高压条件，因而制备成本较低。

练习题

1. 金刚石聚晶概念。

2. 按黏结机理和烧结机理可将金刚石聚晶分别分为哪些类型？

3. 从金刚石聚晶和金刚石大单晶各自的优势和缺点谈谈为什么常采用将金刚石微粉经高温高压制备成大块聚晶而不是将金刚石单晶长大来制作切削、钻探等工具？（提示：从二者的性能特点及制备成本来考虑）

4. 金刚石聚晶的用途有哪些？

5. 金刚石聚晶黏结剂的种类有哪些？

第 10 章　新型超硬材料

目前，金刚石仍然是最硬的材料，广泛应用于各个领域。然而金刚石也有其弱点：不但在 750 ℃以上发生氧化，而且易与铁类金属发生化学反应，不适合加工钢和铁等金属。因此，人们开始探索、设计可替代金刚石的超硬材料。

早期的研究集中在 B，C 和 N 三种元素的组合，研究其中可能的二元和三元化合物，立方氮化硼的成功合成是其重要体现。此外，人们又开始研究碳的同素异形体和过渡金属硼化物，在理论和实验上均取得了丰富的成果。本章主要介绍 B-C-N 体系化合物、碳的其他超硬材料以及过渡金属硼化物等新型超硬材料。

10.1　B-C-N 体系化合物

超硬材料的合成是目前材料科学研究领域的热门课题之一。近年来，基于石墨和六方氮化硼(h-BN)、金刚石和立方氮化硼(c-BN)在结构上的相似性，启发了人们在理论和实验上对硬度与金刚石接近甚至超过金刚石的材料进行研究。在 B-C-N 体系化合物中，除了金刚石和立方氮化硼(c-BN)以外，氮化碳(β-C_3N_4)、碳化硼以及碳氮化硼($B_xC_yN_z$)等材料得到理论和实验的研究。该类化合物的特点是：可形成 sp、sp^2、sp^3 杂化轨道，其同素异构体和化合物种类繁多，成键类型复杂；容易形成高键密度或电子密度、短键长和小离子性化合物。化合物制备的困难在于需要形成 sp^3 杂化轨道，因此一般需要高压条件。下面简单介绍几种化合物。

10.1.1　B-C-N 三元相图

元素周期表中第二周期元素 B、C、N 的原子半径分别为 0.87 Å、0.77 Å、0.70 Å，由它们的组成容易形成高键密度或电子密度、短键长和小离子性化合物，是寻找新型超硬材料的最佳对象。因此可以预期新型的超硬材料可能在如图 10-1 所示的 B-C-N 三元系相图中产生，而实际上，目前已知的大部分超硬材料，如金刚石、立方氮化硼(c-BN)、碳化硼(B_4C)以及理论上最硬的 β-C_3N_4，均位于 B-C-N 组成的三元相图中。

10.1.2　氮化碳(β-C_3N_4)

基于已知的 β-Si_3N_4 结构，Liu 和 Cohen 通过用 C 原子替代 β-Si_3N_4 中的 Si 原子继而提出了 β-C_3N_4 结构，从理论计算得到的体弹模量出发，认为氮和碳组成的共价固体可能成为新一代的超硬材料。在 β-C_3N_4 结构中，每个 C 原子均为四配位的 sp^3 杂化，与 4 个 N 原子按正四面体方式结合；而每 1 个 sp^2 杂化的 N 原子与 3 个 C 原子成键按平面三角形结合。简六角的 β-C_3N_4 结构具有 P3 对称性，每个单胞由 14 个原子构成：8 个 N 原子和 6 个 C 原子。图 10-2 为 β-C_3N_4 化合物的晶体结构。

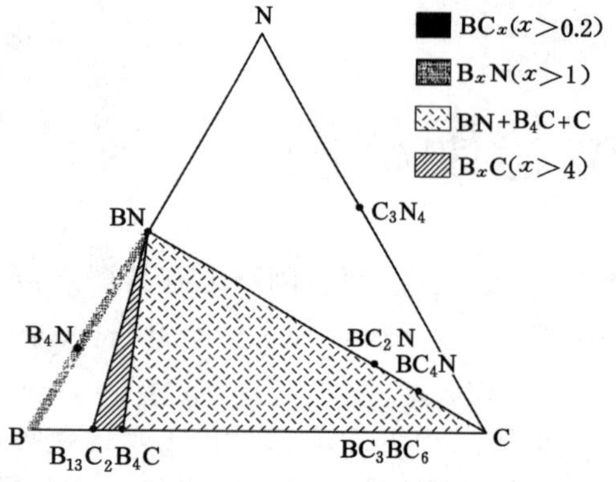

图 10-1　B-C-N 三元系相图

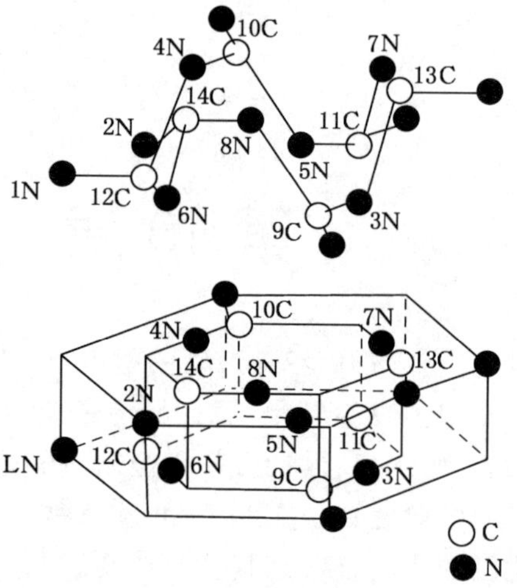

图 10-2　β-C_3N_4 化合物的晶体结构

近年来，世界上诸多研究小组先后采用了不同的方法尝试人工合成 C_3N_4 晶体。藤本等用离子束辅助混合法制备了非晶态 CN 膜，努氏硬度值达到 65 GPa，而 Cohen 小组在非晶 CN 膜中观察到 CN 晶粒占比<5%。Niu 等采用高存石墨的激光蒸发和氮离子束轰击的方法合成了含有 β-C_3N_4 晶相的 CN 薄膜，电子衍射测试表明样品具有理论上预言的 β-C_3N_4 结构。

β-C_3N_4 的高硬度性能已在材料学界掀起一股热潮，但由于合成的晶粒太小，因此其许多重要的物理性能无法测定，而且真正符合化学计量比的 β-C_3N_4 晶体仍然没有在实验中得到验证。另外，初步的硬度测试表明，硬金属在其表面留下划痕。较小的晶粒和较低的氮含量是阻碍获得较高质量 β-C_3N_4 薄膜的两个重要因素。目前对 β-C_3N_4 的研究仍停留在制备方法的发展和改进上。常见的 β-C_3N_4 制备方法有：等离子体法、溅射技术、激光烧蚀沉积法、化学气相沉积(CVD)法、离子束沉积法和高温高压合成法。

10.1.3　碳化硼(B_4C)

在已知物质中，具有菱形结构的 B_4C 的硬度仅次于金刚石和 cBN，尤其是它的高温硬度十分突出(>30 GPa)，B_4C 的密度较小(2.52 g/cm^3)，碳化硼熔点高达 2 450 ℃，沸点为 3 500 ℃，热膨胀系数为 5.71×10^{-6} K^{-1}(28～1 770 ℃)；其 Seebeek 系数较大、热导率较低、高温电导率较高和热稳定性较好，尤其是热电性能随温度升高而提高。同时 B_4C 还具有高弹性模量、低密度、耐酸碱和较高的中子吸收能力等特点，有希望在某些领域代替价格昂贵的金刚石。工业上一般利用硼酸或脱水氧化硼与碳在电炉中发生高温还原反应来制备 B_4C 粉末，除此之外，还可以

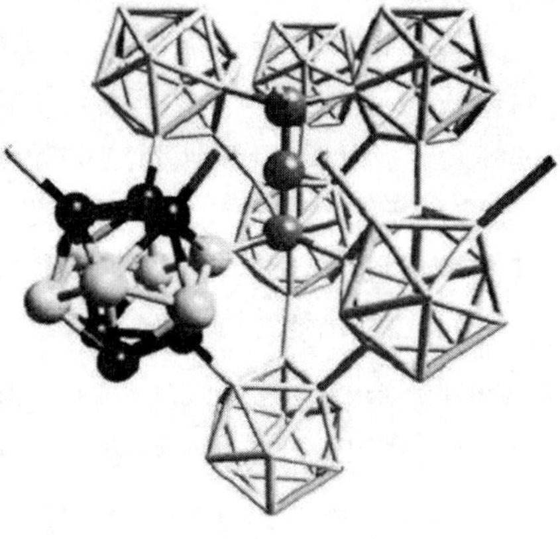

图 10-3　碳化硼(B_4C)的晶体结构

用金属热还原法来生产 B_4C。

碳化硼晶体为菱面体结构，晶格属于 D3d5-R3m 空间点阵，晶格常数为 $a=0.519$ nm，$c=1.212$ nm，$\alpha=66°18'$。碳化硼晶体的菱面体结构如图 10-3 所示，一立方原胞点阵在空间对角线方向上延伸，在每一个角上形成规则的二十面体，平行于空间对角线，由 3 个硼原子与相邻的二十面体互相连接组成线性链，因此单位晶胞含有 3 个二十面体位置，3 个位置位于线性链上。

尽管碳化硼的硬度在已知物质中位居第三，但以下缺点影响其可靠性，并严重制约了其在工业中的应用：① 较低的断裂韧性（约 2.5 $MPa \cdot m^{1/2}$）；② 过高的烧结温度（约 2 300 ℃）；③ 抗氧化能力差（600 ℃开始氧化）；④ 对金属的稳定性较差。近年来的研究表明，B_4C/SiC 复合材料具有良好的抗氧化性和高温性能；而 B_4C/BN 复合材料可使其热稳定性和化学稳定性得到明显改善；B_4C 与金属硼化物（如 TiB_2、W_2B_3 等）的复合材料，可提高其强度、韧性以及耐磨性。

常见的 B_4C 的制备方法有碳热还原法、镁热法、机械化学法、激光诱导 CVD 法、直接制备法以及溶胶-凝胶碳热还原法等，碳化硼基陶瓷烧结的主要方法有无压烧结、热压烧结、热等静压烧结以及放电等离子烧结等。

10.1.4 氮碳化硼($B_xC_yN_z$)

除了金刚石和图 10-1 中 C-N、B-C 和 B-N 二元体系之外，含 B、C、N 的三元体系化合物也被认为是潜在的新型超硬材料。早在 1981 年就有人以量子化学为基础，根据电子结构的相似性，预测了 B-C-N 三元化合物超硬材料出现的可能性。

巴德齐安(Badzian)等最早尝试以 BCl_3、CCl_4、N_2 和 H_2 为原料，采用 CVD 法在较低温度下合成了 $B_xC_yN_z$，而佐佐木(SaSaKi)等以 BCl_3 和 CH_3CN 为原料在 780～900 ℃得到了类石墨结构组分 BC_2N 的生成物。1996 年，首次报道用射频等离子体 CVD 法合成 c-BCN 薄膜。最近有报道用脉冲激光蒸蚀石墨与 h-BN 靶，在室温下得到了 c-BCN 和 h-BCN 的混合物。

类金刚石结构的 c-BCN 材料正在引起国际材料界的重视。由于它具有金刚石和 c-BN 这两种超硬材料的优点，因而必将成为一种理想的新型超硬材料。

10.2 碳的其他超硬材料

除了人们所熟知的石墨和金刚石以外，近年来，富勒烯、碳纳米管以及石墨烯等的出现大大丰富了碳材料科学的研究领域。其中石墨烯具有优异的性能，特别是力学性能，丰富了超硬材料的范围。最近人们又采用超高压方法制备了具有各向同性的纳米聚晶金刚石，其实验硬度已接近甚至超过金刚石单晶体。本节主要介绍石墨烯、纳米聚晶金刚石、纳米弯晶金刚石及非晶态金刚石。

10.2.1 石墨烯

石墨烯是一种由碳原子构成的单层片状结构的新材料，如图 10-4 所示，碳原子以 sp^2 杂化轨道组成六角形呈蜂巢晶格的平面薄膜，只有一个碳原子厚度的二维材料。石墨烯一直被认为是假设性的结构，无法单独稳定存在，直至 2004 年，英国曼彻斯特大学物理学家安德烈·海姆(Andre Geim)和康斯坦丁·诺沃肖洛夫(Konstantin Novoselov),在实验中成功地从石墨中分离出石墨烯,从而证实它是可以单独存在的,二人也因此共同获得2010年诺贝尔物理学奖。

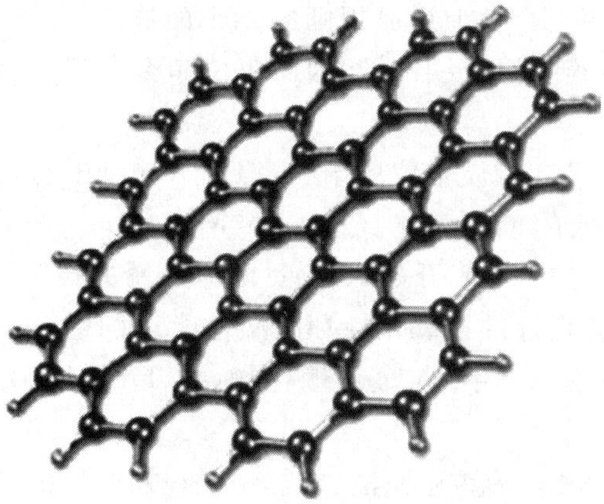

图10-4　石墨烯结构示意图

石墨烯是已知的世上最薄、最坚硬的纳米材料,几乎是完全透明的,只吸收2.3%的光;导热系数高达5 300 W/(m·K),高于碳纳米管和金刚石;电阻率极低,电子迁移的速度极快,常温下其电子迁移率超过15 000 cm^2/(V·s),又比纳米碳管或硅晶体高。而电阻率仅约10^{-8} Ω·cm,比铜或银更低,为世上电阻率最小的材料。因此被期待可用来发展更薄、导电速度更快的新一代电子元件或晶体管。石墨烯实质上是一种透明、良好的导体,也适合用来制造透明触控屏幕、光板,甚至是太阳能电池板。作为目前发现的最薄、强度最大、导电导热性能最强的一种新型纳米材料,石墨烯被称为“黑金”,是“新材料之王”,科学家甚至预言石墨烯将“彻底改变21世纪”,极有可能掀起一场席卷全球的颠覆性新技术、新产业革命。

目前制备石墨烯的方法有物理剥离法和化学还原法。物理剥离法是采用超声剥离等机械手段对石墨进行剥离以得到片层石墨烯。化学还原法中应用比较广泛的是赫默(Hummers)法:先将石墨氧化成氧化石墨,然后将氧化石墨通过还原成石墨。除了以上较基本的两种手段外,还有电泳沉淀法、碳管转换法等新颖的方法来制备石墨烯。

10.2.2 纳米聚晶金刚石

金刚石虽然是最硬的天然材料,但是金刚石单晶具有脆性,易沿(111)解理面破碎,已经商业化生产的聚晶金刚石(polycrystalline diamond,简称PCD)虽没有这样的断裂特性和各向异性,但是含有金属Co、Ni、SiC陶瓷等黏结剂,直接影响聚晶金刚石的硬度、耐磨性和热稳定性。纳米聚晶金刚石(nano-polycrystalline diamond,简称NPD)是由石墨在高温、高压(10.0～18.0 GPa,2 000～2 500 ℃)下直接转变而成的,具有良好的热稳定性、耐磨性、高于金刚石单晶的硬度,同时具有金刚石单晶所不具备的各向同性。

图10-5(a)为使用高压方法制备的聚晶金刚石片,图10-5(b)为聚晶金刚石的微观结构(TEM)。NPD的微观组织由立方结构的金刚石和六方结构的金刚石两种不同的结构组成,随机取向的颗粒(晶粒尺寸在十几到几十纳米)组成的均匀结构和沿(111)面堆叠的层状结构。两种不同结构的转化机制不相同,均匀结构中的金刚石颗粒通过石墨的弯曲变形转

变而来，而层状结构则是石墨通过两步马氏体转变生成。

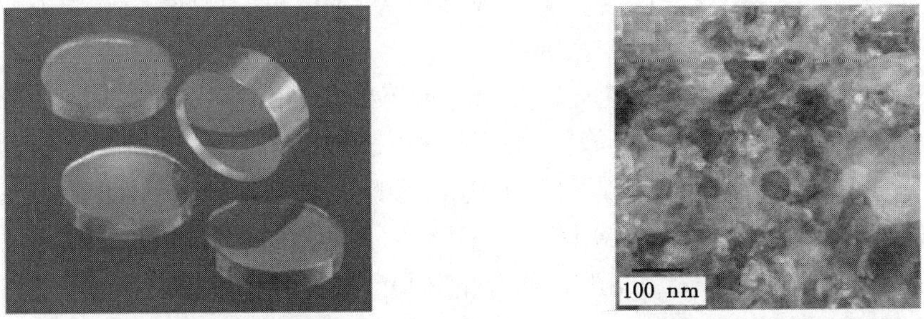

(a) 使用高压方法制备的聚晶金刚石片　　(b) 聚晶金刚石的微观结构(TEM)

图 10-5　使用高压方法制备的聚晶金刚石片及其微观结构

利用碳源在超高压、高温条件下发生相变，不添加烧结助剂，合成的 NPD 仅含立方结构的金刚石和六方结构的金刚石。且随着合成温度的升高，物相越来越单一。温度超过 2 000 ℃以后，NPD 仅含立方相金刚石；合成温度升至 2 300～2 600 ℃时，NPD 表现出良好的光学性能，物相单一、透明。NPD 还具有良好的使用性能、较好的切削性能以及一些良好的物理、机械性能和光学性能。NPD 在高温下能够保持较高的硬度和横向断裂强度，具有良好的使用性能，较好的切削性能，良好的物理、机械性能，高温下的热稳定性，良好的耐磨性。

10.3　过渡金属硼化物

近年来，理论预言在过渡金属(TM)与轻元素(B、C、N 或 O)构成的化合物中可能存在潜在的新型超硬材料，尤其是在过渡金属的硼化物中寻找和制备新型超硬材料。2005 年，卡纳(Kaner)等提出利用具有高价电子密度的过渡金属(TM)与共价元素来合成超硬材料。由于金属锇具有最高的价电子密度，该小组首先合成了 OsB_2，并讨论了其超不可压缩特征。此后，ReB_2 和 WB_4 等先后被成功合成。该类化合物的特点：d 电子参与成键，键能提高，键的方向性增强。过渡族金属具有高价电子密度；轻元素 B、C、N、O 等则可以形成很强的共价键，尤其是以 B 为代表的过渡金属硼化物。

过渡金属通常具有较高的价电子密度，而原子半径较小的轻元素易于形成共价键。在高价电子密度的体系中引入共价键，既可以保持较高的不可压缩性，又可以抵抗剪切变形，因此近几十年来人们对过渡金属硼化物进行了大量的理论和实验研究，例如 Os、Re、Ti、W 等金属的硼化物。

10.3.1　二硼化锇(OsB_2)

实验发现，锇(Os)的体积模量在 365～462 GPa 范围内，与金刚石相当，具有超低可压缩性，但是其硬度大约只有 4 GPa，因而不能称为超硬材料，然而可以利用其高价电子浓度，加入硼、碳、氮、氧等原子，形成锇化合物，可能会成为潜在的超硬材料。

2005 年，卡纳等合成了 OsB_2 晶体，测得其体积模量在 365～395 GPa 范围内，这个值比 B_4C(248 GPa)、Al_2O_3(252 GPa)、SiC(248 GPa)、cBN(367 GPa)的体积模量高，可与金刚石

(442 GPa)相比拟。其 c 轴方向上的不可压缩性甚至超过金刚石 a 轴方向的不可压缩。OsB_2 可以轻易地在蓝宝石上划出痕迹,因此他们认为 OsB_2 的硬度高于蓝宝石,可能是一种超硬材料。

高的体积模量仅表明一种材料具有较大的不可压缩性,并不一定具有高硬度,因为后者取决于抵抗塑性变形的能力。Yang 等采用第一性原理方法研究了 OsB_2 的理想拉伸强度和剪切强度。Yang 的计算结果表明,虽然 OsB_2 的理想拉伸强度高于 20 GPa,但是它的理想剪切强度却只有 9.1 GPa,仅高于纯铁(7.2 GPa)。

OsB_2 具有稳定的斜方晶系结构,其空间点群为 Pmmn,每个单胞含有两个分子。实验晶格参数:$a=4.683$,$b=2.872$ 和 $c=4.076$。两个锇原子位于$\pm(1/4,1/4,z)$,其中 z 为 0.153 5,4 个 B 原子占据$\pm(x,1/4,z)$和$\pm(1/2-x,1/4,z)$,其中 x、z 分别为 0.058、0.632。

分析其原子结构,可发现间隙硼原子通过与 Os 原子形成强的具有方向性的共价键,提高了 OsB_2 沿 c 轴的强度,但是在(001)面上 2 个晶胞相邻的地方含有 Os—Os 键原子层,缺少共价键,在(001)滑移系上很容易由于剪切应力发生形变。因此,Yang 质疑 OsB_2 是否真的是超硬材料。Gu 等测得 OsB_2 的渐近线硬度只有 16.8 GPa,所以 OsB_2 只是一种硬质材料而非超硬材料。OsB_2 的晶胞结构示意图如图 10-6 所示。

10.3.2 二硼化铼(ReB_2)

继研究 OsB_2 之后,基于同样的设计思路,卡纳等于 2007 年又合成了 ReB_2。金属 Re 的价电子密度稍低于 Os,硬度为 1.3～3.2 GPa。将硼原子引入 Re 的间隙位置形成 ReB_2,相比初始的金属 Re 只引起了晶格膨胀 5%。作为对比,形成 OsB2 时硼原子的引入却导致 Os 晶格膨胀约 10%,并且导致晶格扭曲成正交相。因此卡纳等认为 ReB_2 结构中的化学键比 OsB_2 结构中的化学键更短且更强。

ReB_2 具有稳定的六方晶系结构,空间点群为 P63/mmc,每个单胞含有 2 个分子。实验晶格参数 a 和 c 分别为 2.9(29 nm)和 7.478(74.78 nm)。2 个 Re 原子位于(1/3,2/3,1/4)和(2/3,1/3,3/4),4 个 B 原子分别位于$(2/3,1/3,z)$,$(1/3,2/3,1/2+z)$,$(2/3,1/3,1/2-z)$和$(1/3,2/3,1-z)$,其中 z 为 0.048。ReB_2 的晶胞结构示意图如图 10-7 所示。

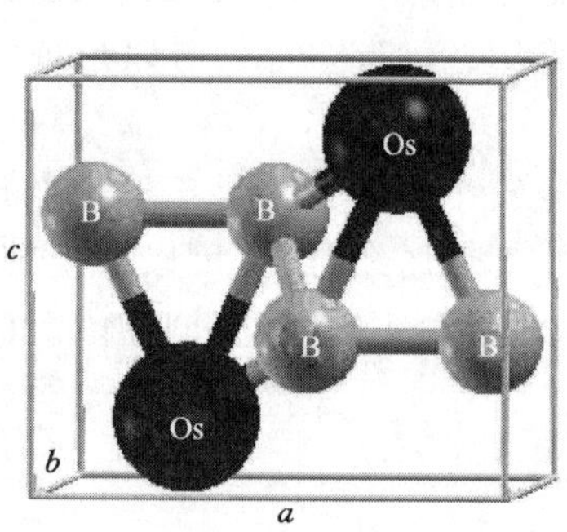

图 10-6 OsB_2 的晶胞结构示意图

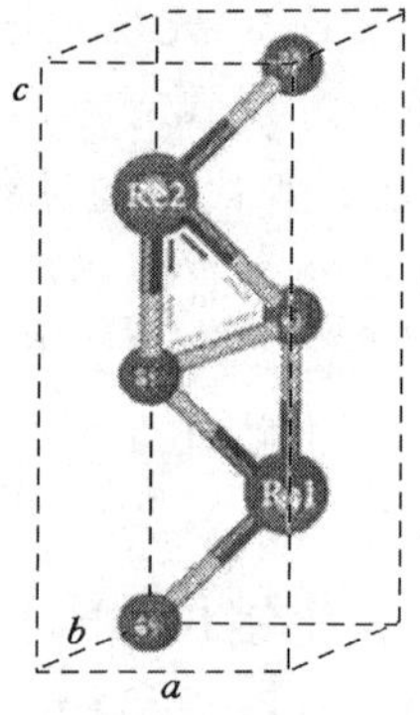

图 10-7 ReB_2 的晶胞结构示意图

另外,在 ReB_2 晶体中没有双金属原子层,因为金属原子之间的成键很弱,这也是限制 OsB_2 硬度值的主要原因。Gu 等测得 ReB_2 的渐近线硬度为 26.6 GPa。奥塔尼(Otani)等

报道了单晶 ReB_2 的硬度在 1.96 N 的载荷下为 30.8～35.8 GPa。ReB_2 晶体在剪切应变作用下，最弱的滑移系为(0001)[10-10]滑移系。在应变不断增加的情况下，ReB_2 经历两次不可逆的结构转变，而结构转变之后的亚稳相具有更低的抵抗塑性变形的能力。以上研究表明，尽管 ReB_2 拥有很高的体积模量，但是并不是一种本征的超硬材料。

10.3.3　二硼化钛(TiB_2)

二硼化钛(TiB_2)是一种多功能陶瓷材料，具有优异的物理、化学性能，如高熔点、高硬度、良好的化学稳定性、金属导电性、高热导率、优异的高温力学性能等。

TiB_2 是硼和钛元素之间形成的最稳定化合物，图 10-8 是 Ti-B 合金的二元相图。TiB_2 晶体是 C_{32} 型结构，属于六方晶系的准金属化合物，空间群为 P6/mmm。完整晶体的点阵常数为：$a=b=3.028$ Å，$c=3.228$ Å。如图 10-9 所示，Ti 原子占据六棱柱的顶角和底心位置，而 B 原子处于 Ti 原子构成的三棱柱中心，其在 x-y 平面的投影正好位于 Ti 原子组成的等边三角形的中心。TiB_2 晶体中，硼原子面和钛原子面交替出现，构成二维平面网状结构。

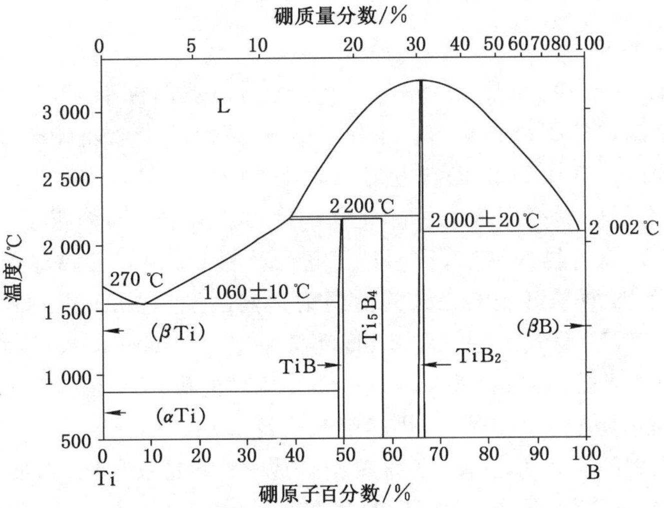

图 10-8　Ti-B 合金的二元相图

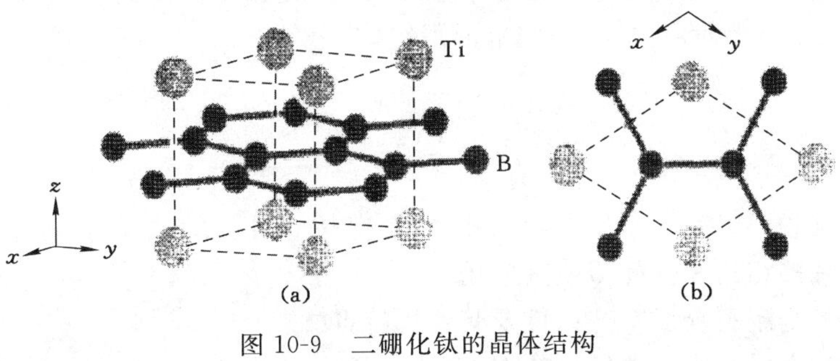

图 10-9　二硼化钛的晶体结构

在 TiB_2 的晶体结构中，每个 Ti 原子失去 2 个电子后以 Ti^{2+} 形式存在，而每个 B 原子则得到 1 个电子成为 B^-。在 B^- 的 2s 轨道上 2 个电子与其 2p 轨道一个电子发生 sp^2 杂化，形成B^-与B^-之间的σ键。由于B^-与B^-之间是sp^2轨道杂化，则B^-的2s轨道上2个电子与其2p轨道1个电子处于同一平面且相互夹角为120°，就形成了以σ键相连的二维六角网状结构。相应的，B原子中另一个没有参与杂化的2p电子的轨道垂直于由σ键构成的二维六角网状面。这样每个B原子都能有1个相互平行的p轨道，并且电子数目和所提供的p轨道数目恰好相等，形成一个离域大π键。因此在与B^-构成的二维空间网状面垂直的方向上，B^-原子的2p电子相互重叠后，形成了离域大π键。

TiB_2晶体的价带和导带电子主要由Ti原子在3d轨道和B原子在2p轨道上的价电子构成。这些价电子通过离域大π键在晶体内部传输。这种独特的电子输运方式决定了TiB_2具有优良的导电性能。价电子在TiB_2中的输运方式与自由电子在金属中的传输类似。Ti^{2+}和B^-间的共价键与B^-和B^-间的σ键构成TiB_2晶体结构的骨架，决定了TiB_2晶体具有高熔点、高硬度以及优良的化学稳定性。由二硼化钛的晶体结构可知，在其a，b轴方向为共价键，c轴方向则主要为离子键。在离子键与σ键共同作用下，Ti^{2+}与B^-均难以发生迁移，其具有强烈的各向异性，因此TiB_2晶体中的原子自扩散系数很低。这种独特的晶体结构和化学键构成方式决定了其烧结十分困难。

10.3.4 四硼化钨(WB_4)

尽管B原子的引入并没有使OsB_2和ReB_2达到超硬的标准，但是由于共价键的存在，硬度确实比原有金属单质提高了很多。卡纳等认为提高过渡金属硼化物中的硼含量，有助于进一步提高其硬度。WB_4中的硼含量是二硼化物中的2倍，较贵的金属含量的减少降低了材料的成本，硼含量的提高还降低了硼化物的密度。Wang等分析了WB_4的结构和成键特性，并估算了MB_4化合物的硬度，均超过了超硬材料40 GPa的临界条件，认为W-B键对硬度的贡献很小，而B原子形成的三维共价网络是其高硬度的原因。Gu等合成了WB_4化合物，并测得其渐近线硬度为31.8 GPa。而莫汉曼迪(Mohammadi)等测得WB_4在4.9 N荷载下的维氏硬度为28.1 GPa。虽然WB_4具有很高的硬度，但是不属于超硬材料。尽管如此，WB_4由于其晶体结构存在争议，仍然引来广泛关注。

过渡金属硼化物的制备方法有：高温固相合成、气相沉积合成、溶胶-凝胶合成等，相应的陶瓷烧结方法有：无压烧结、热压烧结、热等静压烧结以及放电等离子烧结等。

上述几种过渡金属硼化物，实际硬度虽然均没有达到超硬材料的标准，但是其20～30 GPa的维氏硬度值已远超常见的陶瓷材料，加上理论计算的结果，相信在不久的将来，人们通过优化材料的制备手段和方法，一定能取得突破。

练习题

1. 名词解释：石墨烯、纳米聚晶金刚石、纳米孪晶金刚石、非晶态金刚石。
2. 从石墨烯的结构和性能谈谈其应用。
3. 介绍非晶金刚石合成工艺条件及其结构特点。
4. 介绍纳米孪晶金刚石的结构特点、性能。
5. 纳米聚晶金刚石的微观组织如何？

参考文献

[1] 陈光华,张阳,等. 金刚石薄膜的制备与应用[M]. 北京:化学工业出版社,2004.
[2] 陈启武. 人造金刚石合成规律的研究[M]. 北京:中国建材工业出版社,1998.
[3] 方啸虎. 超硬材料科学与技术—下卷[M]. 北京:中国建材工业出版社,1998.
[4] 房超,贾晓鹏,颜丙敏,等. 高温高压下氮氢协同掺杂对{100}晶面生长宝石级金刚石的影响[J]. 物理学报,2015,64(22):228101-228106.
[5] 龚春生,李尚升,张贺. P型和N型金刚石薄膜研究进展[J]. 材料导报A,2016,30(5):36-40.
[6] 韩佳宁,赵庆勋,辛红丽,等. 金刚石n型掺杂的研究进展[J]. 河北大学学报(自然科学版),2002,22(1):87-91.
[7] 韩奇钢,马红安,肖宏宇,等. 基于有限元法分析宝石级金刚石的合成腔体温度场[J]. 物理学报,2010,59(3):1923-1927.
[8] 韩奇钢. 人造金刚石的制备方法及其超高压技术[J]. 高压物理学报,2015(4):313-320.
[9] 郝兆印,陈宇飞,邹广田. 人工合成金刚石[M]. 长春:吉林大学出版社,1996.
[10] 郝兆印,贾攀,卢灿华. 金刚石生长基础[M]. 长春:吉林大学出版社,2012.
[11] 胡美华,毕宁,龚春生. 硼和氮掺杂金刚石单晶的合成与Raman光谱研究[J]. 人工晶体学报,2016,45(6):1477-1481.
[12] 苟清泉. 人造金刚石合成机理研究[M]. 成都:成都科技大学出版社,1986.
[13] 贾晓鹏. 金刚石合成的溶剂理论及当今行业热点问题的探讨[M]. 南京:[出版者不祥],2001.
[14] 黎军军. 二硼化钛和二硼化钛—碳化钛的高温高压制备及物性[D]. 长春:吉林大学,2013.
[15] 李彦涛,王改民,贾晓鹏,等. 粉末触媒合成高品级金刚石的工艺研究[J]. 金刚石与磨料磨具工程,2011,31(4):23-28.
[16] 李颖. 超硬材料及制品专业实验教程[M]. 北京:冶金工业出版社,2014.
[17] 李颖. 超硬材料制造[M]. 郑州:郑州大学出版社,2017.
[18] 马红安. 碳氮化合物的高温高压合成及其表征[D]. 长春:吉林大学,2003.
[19] 闵乃本. 晶体生长的物理基础[M]. 上海:上海科学技术出版社,1982.
[20] 孙蕾,满卫东,汪建华,等. CVD金刚石薄膜半导体材料的研究进展[J]. 真空与低温,2008,14(3):134-139.
[21] 孙兆达,李志宏,温淑英. 2017上半年超硬材料行业运行及进出口市场统计简析[J]. 金刚石与磨料磨具工程,2017,37(6):1-11.
[22] 陶强. MoB_2 和 WB_3 的高温高压合成及其结构和硬度性质研究[D]. 长春:吉林大

学,2015.
[23] 王光祖,李刚,张相法.立方氮化硼合成与应用[M].郑州:河南科学技术出版社,1995.
[24] 王光祖.超硬材料[M].郑州:河南科学技术出版社,1996.
[25] 王光祖.超硬材料制造与应用技术[M].郑州:郑州大学出版社,2013.
[26] 王海阔,贺端威,许超,等.基于国产铰链式六面顶压机的大腔体静高压技术研究进展[J].高压物理学报,2013,27(5):633-661.
[27] 王海阔,任瑛,贺端威,等.六面顶压机立方压腔内压强的定量测量及受力分析[J].物理学报,2017,66(9):63-71.
[28] 王健康,李尚升,宋艳玲,等.有限元法在金刚石合成中的应用进展[J].高压物理学报,2019,33(1):55-61.
[29] 王秦生.超硬材料及制品[M].郑州:郑州大学出版社,2006.
[30] 王秦生.超硬材料制造[M].北京:中国标准出版社,2002.
[31] 谢有赞.金刚石理论与合成技术[M].长沙:湖南科学技术出版社,1993.
[32] 于昆鹏,李尚升,明黄亮,等.金刚石合成用触媒的应用及展望[J].人工晶体学报,2018,47(8):1714-1721.
[33] 张聪,马红安,韩奇钢,等.高压下国产六面顶压机铰链梁和工作缸的应力分析[J].高压物理学报,2010,24(5):321-325.
[34] 张贺,李尚升,宿太超,等.温度对Ⅰb型和Ⅱa型金刚石大单晶(100)表面特征的影响[J].物理学报,2015(19):198103.
[35] 张铁臣,邹广田.立方氮化硼[M].长春:吉林大学出版社,1993.
[36] 赵文东.铁基粉末触媒合成金刚石作用机理的研究[D].北京:北京有色金属研究总院,2010.
[37] 中国机械工业联合会.超硬磨料堆积密度测定方法:JB-T 3584—2012 [M].北京:机械工业出版社,2012.
[38] 中国机械工业联合会.超硬磨料抗压强度测定方法 JB/T 7988.1—1999[M].北京:机械工业出版社,2000.
[39] 中国机械工业联合会.超硬磨料粒度检验:GB/T 6046—2016[M].北京:中国标准出版社,2016.
[40] 中国机械工业联合会.超硬磨料冲击韧性测定方法:GB/T 33144—2016[M].北京:中国标准出版社,2016.
[41] 中国机械工业联合会.超硬磨料人造金刚石杂质含量检验方法:JB/T 10986—2010[M].北京:机械工业出版社,2010.
[42] 周东晨,赵国权.金刚石合成工艺[M].北京:机械工业出版社,1998.
[43] BADZIAN A, BADZIAN T. High pressure crystal phase of carbon nitride[J]. Diamond and related materials,1996,5(9):1051-1052.
[44] BOVENKERK H P, BUNDY F P, HALL H T, et al. Preparation of diamond[J]. Nature,1959,184:1094-1098.
[45] BUNDY F P, HALL H T, STRONG H M, et al. Man-made diamonds[J]. Nature,1955,176(4471):51-55.

[46] BURNS R C, HANSEN J O, SPITS R A, et al. Growth of high purity large synthetic diamond crystals[J]. Diamond and related materials, 1999, 8(8/9): 1433-1437.

[47] CHEN N, MA H A, FANG C, et al. Synthesis and characterization of IIa-type S-doped diamond in FeNi catalyst under high pressure and high temperature conditions[J]. International journal of refractory metals and hard materials, 2017, 66: 122-126.

[48] GONG C S, LI S S, ZHANG H R, et al. Study on synthesis and electrical properties of slab shape diamond crystals in FeNiMnCo-C-P system under HPHT[J]. International journal of refractory metals and hard materials, 2017, 66: 116-121.

[49] HALL H T. The synthesis of diamond[J]. Journal of Chemical Education, 1961, 38(10): 484.

[50] HAN F, LI S S, JIA X F, et al. Inclusions in large diamond single crystals at different temperatures of synthesis[J]. Chinese physics B, 2019, 28(2): 028103.

[51] HAN Q G, LI M Z, JIA X P, et al. Modeling of effective design of high pressure anvils used for large scale commercial production of gem quality large single crystal diamond[J]. Diamond and related materials, 2011, 20(7): 969-973.

[52] HU M H, BI N, LI S S, et al. Effects of FeNi-phosphorus-carbon system on crystal growth of diamond under high pressure and high temperature conditions[J]. Chinese physics b, 2015, 24(3): 038101.

[53] HU M H, BI N, LI S S, et al. Studies on synthesis and growth mechanism of high quality sheet cubic diamond crystals under high pressure and high temperature conditions[J]. International journal of refractory metals and hard materials, 2015, 48: 61-64.

[54] HU M H, BI N, LI S S, et al. Synthesis and characterization of boron and nitrogen Co-doped diamond crystals under high pressure and high temperature conditions[J]. Crystengcomm, 2017, 19(31): 4571-4575.

[55] LI R, MA H A, HAN Q G, et al. Simulation of pressure distribution in a pyrophyllite high-pressure cell by finite-element analysis[J]. High pressure research, 2007, 27(2): 249-257.

[56] LI S S, GONG C S, SU T C, et al. Precipitation mechanisms of micro-crystal graphite powder during type IIa large diamonds crystallization process[J]. International journal of refractory metals and hard materials, 2017, 62: 37-41.

[57] LI S S, ZHANG H, SU T C, et al. Different effect of NiMnCo or FeNiCo on the growth of type-IIa large diamonds with Ti/Cu as nitrogen getter[J]. Chinese physics B, 2017, 26(6): 068102.

[58] LI Y, JIA X P, MA H A, et al. Electrical properties of diamond single crystals Co-doped with hydrogen and boron[J]. CrysTENGCOmm, 2014, 16(32): 7547-7551.

[59] LIU X B, JIA X P, ZHANG Z F, et al. Crystal growth and characterization of diamond from carbonyl iron catalyst under high pressure and high temperature conditions[J].

Crystal growth & design,2011,11(9):3844-3849.

[60] MICHAU D,KNADA H,YAMAOKA S. Crystal growth of diamond from a phosphorus solvent under high pressure-high temperature conditions[J]. Diamond and related materials,1999,8(6):1125-1129.

[61] NASSAU K,NASSAU J. The history and present status of synthetic diamond[J]. Journal of crystal growth,1979,46(2):157-172.

[62] NIU C M,LU Y Z,LIEBER C M. Experimental realization of the covalent solid carbon nitride[J]. Science,1993,261(5119):334-337.

[63] OGATA F F. Formation of carbon nitride films by means of ion assisted dynamic mixing (IVD) method[J]. Japanese journal of applied physics,1993,32(3B):L420.

[64] PALYANOV Y N,KUPRIYANOV I N,BORZDOV Y M,et al. Diamond crystallization from a sulfur-carbon system at HPHT conditions[J]. Crystal growth & design, 2009,9(6):2922-2926.

[65] PAL'YANOV Y,BORZDOV Y,KUPRIYANOV I,et al. High-pressure synthesis and characterization of diamond from a sulfur-carbon system[J]. Diamond and related materials,2001,10(12):2145-2152.

[66] RIEDEL P R. Novel ultrahard materials[J]. Advanced materials,1994,6(7/8): 549-560.

[67] STRONG H M. Catalytic effects in the transformation of graphite to diamond[J]. The journal of chemical physics,1963,39(8):2057-2062.

[68] SUGANO T,OHASHI N,TSURUMI T,et al. Pressure and temperature region of diamond formation in systems graphite and Fe containing alloy[J]. Diamond and related materials,1996,5(1):29-33.

[69] SUMIYA H,HARANO K. Distinctive mechanical properties of nano-polycrystalline diamond synthesized by direct conversion sintering under HPHT[J]. Diamond and related materials,2012,24:44-48.

[70] SUN S S,CUI W,JIA X P,et al. The synthesis of "BCN" diamond materials with different B/N additives under high pressure and high temperature[J]. International Journal of refractory metals and hard materials,2016,59:56-60.

[71] WANG H K,HE D W,YAN X Z,et al. Quantitative measurements of pressure gradients for the pyrophyllite and magnesium oxide pressure-transmitting mediums to 8GPa in a large-volume cubic cell[J]. High pressure research,2011,31(4):581-591.

[72] WANG J K,LI S S,CUI J L,et al. N-type large single crystal diamond with S doping and B-S co-doping grown in FeNi-C system[J]. International journal of refractory metals and hard materials,2019,81:100-110.

[73] WANG J K,LI S S,JIANG Q W,et al. Effect of FeS doping on large diamond synthesis in FeNi-C system[J]. Chinese physics B,2018,27(8):088102.

[74] WANG J K,LI S S,WANG N,et al. Synthesis and characteristics of type ib diamond doped with NiS as an additive[J]. Chinese physics letters,2019,36(4):046101.

[75] WENTORF R H JR. Diamond growth rates[J]. The journal of physical chemistry, 1971,75(12):1833-1837.

[76] WENTORF R H, DEVRIES R C, BUNDY F P. Sintered superhard materials[J]. Science,1980,208(4446):873-880.

[77] YAN B M, JIA X P, FANG C, et al. The effect of phosphorus and nitrogen Co-doped on the synthesis of diamond at high pressure and high temperature[J]. International journal of refractory metals and hard materials, 2016, 54:309-314.

[78] ZHANG H, LI S S, LI G H, et al. Effect of B-S co-doping on large diamonds synthesis under high pressure and high temperature[J]. International journal of refractory metals and hard materials, 2017, 66:26-30.

[79] ZHANG H, LI S S, SU T C, et al. Large single crystal diamond grown in FeNiMnCo-S-C system under high pressure and high temperature conditions[J]. Chinese physics B, 2016, 25(11):118104.

[80] ZHANG H, LI S S, SU T C, et al. Synthesis of N-type semiconductor diamonds with sulfur, boron co-doping in FeNiMnCo-C system at high pressure and high temperature[J]. Chinese physics B, 2017, 26(5):058102.